Klaus-Peter Müller

Lehrbuch Oberflächentechnik

Klaus-Peter Müller

Lehrbuch Oberflächentechnik

Mit 128 Bildern und 43 Tabellen

ISBN 978-3-528-04953-9   ISBN 978-3-322-89804-3 (eBook)
DOI 10.1007/978-3-322-89804-3

Vorwort

Wenn ein Auto ein Jahr nach Kauf rostet, oder wenn das Getriebe des Wagens schon nach 50 000 km Laufleistung entzwei geht, oder wenn der Auspuff des Autos schon den ersten Winter nicht heil übersteht, sprechen wir von außergewöhnlich schlechter Qualität des Produktes. Schlecht ist hier die oberflächentechnische Behandlung des Produktes. Die Fertigungstechnik, die mit der oberflächentechnischen Behandlung verbunden ist und die zu einem qualitativ hochwertigen Produkt führt, ist notwendiger Bestandteil aller Verarbeitungsprozesse in der metallverarbeitenden Industrie. Das gefertigte Produkt erhält erst durch eine oberflächentechnische Endbearbeitung seinen höherwertigen Gebrauchswert. Aus diesem Grunde ist Oberflächentechnik aus unserem heutigen industriellen Leben nicht mehr fortzudenken. Nur durch die Kenntnisse auf dem Gebiet Oberflächentechnik und die daraus sich ergebenden höherwertigen Erzeugnisse kann sich ein modernes Industrieprodukt von billiger Massenware unterscheiden. Nur durch bessere Qualität der Erzeugnisse ist der Konkurrenzkampf gegen Billiglohnländer erfolgreich zu bestehen.

Es gehört deshalb zum Wissensstand moderner Ausbildung in einem metallverarbeitenden Beruf, mit welchen Fertigungsmethoden man welche Oberfläche ökonomisch und ökologisch am günstigsten herstellen kann und welche Oberflächen für welchen Einsatzzweck am geeignetsten sind. Die vorliegende Ausgabe des Buches schließt eine Lücke in der Reihe der Fachbücher, die für die Ausbildung in metallverarbeitenden Berufen angeboten werden. Es behandelt die klassischen Arbeitstechniken in der Oberflächentechnik wie Galvanisieren, Lackieren, Reinigen und Phosphatieren etc. Es behandelt aber auch zukunftsträchtige Methoden wie die Dünnschichttechnologie und das Beschichten mit Hartstoffen, Technologien also, mit denen die Werkzeuge und Formen in der metallverarbeitenden Industrie zu längeren Standzeiten und damit zu kostengünstigeren Einsatzbedingungen gebracht werden können. Das Buch ist ein Lehrbuch, bei dem es darauf ankommt, dem Auszubildenden einen Überblick über das Fachgebiet zu verschaffen.

Iserlohn, im Februar 1996   Klaus-Peter Müller

Inhaltsverzeichnis

1 Oberflächentechnik - Anwendung und Gliederung

Die Oberfläche eines Werkstücks, das durch die Formgebung sein körperliches Aussehen bekommen hat, muß durch geeignete technische Maßnahmen in gebrauchsfähigen Zustand versetzt werden, bei denen die Oberfläche bearbeitet werden muß. Die Fertigungsprozesse, die man dabei einsetzt, nennt man eine oberflächentechnische Bearbeitung. Thema dieses Buches sind daher die industriell eingesetzten oberflächentechnischen Fertigungsprozesse und die Eigenschaften der im Prozeß hergestellten Oberflächen.

Die Techniken, mit denen verschiedenartige Oberflächen bearbeitet werden müssen, lassen sich in eine Reihe von Grundoperationen einteilen. Dem Arbeitsablauf folgend bietet sich die in Tabelle 1 gegebene Einteilung an.

Tabelle 1-1 Einteilung der Oberflächentechnik

Mechanische Oberflächenbearbeitung	Chemische Oberflächenbehandlung	Physikalisch-chemische Oberflächenbehandlung
Entgraten Schleifen Strahlen Polieren	Reinigen Entgraten Beizen Ätzen Brünieren	Strahlen Aufkohlen Härten Carbonitrieren Borieren Silicieren
Beschichten der Oberfläche mit nichtmetallischen, anorganischen Schichten	Beschichten der Oberfläche mit organischen Schichten	Beschichten der Oberfläche mit metallischen Schichten (außenstromlos)
Phosphatieren Chromatieren Aloxieren Emaillieren	Lackieren Bekleben Bedrucken	chemisch Metallisieren Schmelztauchbeschichten Metallspritzen Alitieren Inchromieren Auftragsschweißen Plattieren
Beschichten der Oberfläche mit galvanischen Metallschichten		Beschichten der Oberfläche mit tribologisch wirkenden Schichten
Galvanisieren		Befetten Gleitlacke Dispersionsschichten CVD-Verfahren PVD-Verfahren Sonderverfahren

2 Mechanische Verfahren der Oberflächentechnik

Bearbeitet man die Oberfläche durch Schleifen, Strahlen oder Polieren, so wird die Oberflächenrauhigkeit verändert. Obgleich viele derartige Verfahren auch dazu dienen, die Maßgenauigkeit eines Werkstücks herzustellen, werden in diesem Abschnitt die Verfahren nur unter dem Gesichtspunkt der Veränderung der Oberflächenrauhigkeit behandelt.

2.1 Schleifen und Polieren metallischer Werkstücke

Schleifen ist ein Bearbeitungsverfahren, bei dem durch eine Vielzahl harter Kristalle (Schleifkörner) unterschiedlicher Geometrie ein Werkstoffabtrag erzielt wird, wenn zwischen Werkstückoberfläche und Schleifmittel eine reibende Relativbewegung entsteht. Das Schleifen metallischer Werkstoffe ist eine spanabhebende Bearbeitung. Das Schleifkorn erzeugt eine Ritzspur auf der Werkstückoberfläche, die umso tiefer ist, je grober das Schleifkorn gewählt wurde. Der Erfolg einer Bearbeitung durch Schleifen ist von der richtigen Wahl zahlreicher Faktoren abhängig:

- Art der Schleifmaschine
- Wahl der Maschinenparameter
- Materialeigenschaften des Schleifkorns wie Härte, Kornform, Splitterfähigkeit
- Korngröße der Schleifkörper in Relation zur Rauhigkeit

Eine zu bearbeitende Oberfläche ist zunächst eine rauhe Oberfläche. Sie könnte wie in Bild 2-1 aussehen.

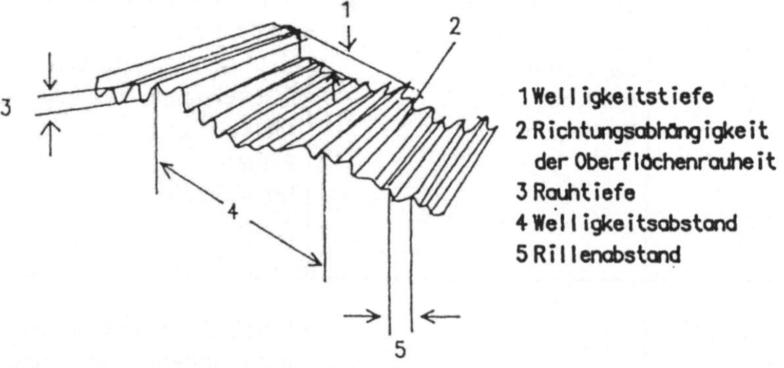

Bild 2-1 Schematisches Modell einer rauhen Oberfläche nach [1]

Bei schleifender Bearbeitung können beachtlich hohe Temperaturen infolge der Reibung entstehen (>1000°C beim Trockenschleifen). Da hohe Temperaturen zur Veränderungen im Material führen, verwendet man flüssige Kühlmittel, die man über Rohrleitungen und Düsen zuführt (Naßschleifen). In anderen Maschinen vermengt man Schleifkörper, Kühlmittel und Werkstücke miteinander und bringt auf die nasse Schüttung eine Vibration (Gleitschleifen) oder eine Rotation (Trommelschleifen) auf. Die Schleifmittelkorngröße, mit der man eine Schleifarbeit beginnt, sollte der zu Beginn vorliegenden Rauhtiefe angepaßt werden. Daran anschließende Schleifarbeiten sollten dann ausgewogen abgestuft vorgenommen werden. Wählt man die Korngrößenabstufung zu fein, verteuert sich die Schleifarbeit. Wählt man zu große Schritte, werden nicht alle noch vorhandenen Rauhigkeiten beseitigt. Die folgende Tabelle gibt Anhaltswerte für einen Bearbeitungsvorgang.

Tabelle 2-1 Zusammenhang zwischen erreichbarer Rauhtiefe und Korngröße des Schleifmittels

Erreichbare Rauhtiefe (μm)	Korngröße (mesh)	Bezeichnung
16 - 6	16 - 24	Schruppen, Entgraten
6 - 2,5	30 - 80	Schlichtschleifen
2,5 - 1	100 - 180	Feinschleifen
< 1	200 - 400	Feinstschleifen

Polieren unterscheidet sich bei metallischen Werkstoffen vom Schleifen dadurch, daß beim Polieren keine spanabhebende Bearbeitung mehr erfolgt. Beim Polieren werden lediglich die Rauhigkeiten zugezogen. Dabei fließt der hochstehende Metallgrat und füllt die Täler der Rauhigkeit aus. Zum Polieren werden aus den gleichen Gründen Trockenverfahren oder Naßverfahren angewendet, wobei die zur Kühlung verwendeten Kühlmittel oft erst bei erhöhter Temperatur flüssig werden.

2.2 Schleif- und Poliermittel

Die Härte von Schleif- und Poliermitteln mißt man mit der Härteskala nach Mohs.

Tabelle 2-2 Härteskala nach Mohs

Härte nach Mohs	Mineral	Bemerkung
1	Talk	mit dem Fingernagel ritzbar
2	Steinsalz	mit dem Fingernagel ritzbar
3	Calcit	mit dem Messer ritzbar
4	Flußspat	mit dem Messer ritzbar
5	Apatit	mit dem Messer ritzbar
6	Feldspat	ritzt Fensterglas
7	Quarz	ritzt Feldspat
8	Topas	ritzt Quarz
9	Korund	ritzt Topas
10	Diamant	ritzt alle anderen Materialien

Die Körnung von Schleif- und Poliermitteln wurde vielfach von der Federation Europeenne des Fabricants des Produits Abrasifs (Paris) in der FEPA-Norm festgelegt (vgl. auch DIN 69100). Für Feinmaterial wird in der internationalen FEPA-Angabe eine Unterteilung in 11 Stufen vorgenommen. Abweichend davon sieht die deutsche FEPA-Reihe nur eine Einteilung in 8 Stufen vor.

Tabelle 2-3 Internationale FEPA-Mikrokörnungsreihe

Bezeichnung	Mittlere Korngröße (μm)	Bezeichnung	Mittlere Korngröße (μm)
F 230/53	53,0	F 500/13	12,8
F 240/45	44,5	F 600/9	9,3
F 280/37	36,5	F 800/7	6,5
F 320/29	29,2	F 1000/5	4,5
F 360/23	22,8	F 1200/3	3,0
F 400/17	17,3		

Tabelle 2-4 Zusammenhang FEPA-Körnung und der Bezeichnung nach DIN 69100

Bezeichnung nach DIN 69100	FEPA-Körnung Nr.	Nennkorngröße in (μm)
sehr grob	8	2830-2380
	10	2380-2000
	12	2000-1680
grob	14	1680-1410
	16	1410-1190
	20	1190-1000
	(22)	1000-840
	24	840-710
mittel	30	710-590
	36	590-500
	(40)	500-420
	46	420-350
	54	350-297
	60	297-250
fein	70	250-210
	80	210-177
	90	177-149
	100	149-125
	120	125-105
sehr fein	150	105-74
	180	88-62
	220	74-53
	240	<74

Tabelle 2-5 Deutsche FEPA-Mikrokörnungsreihe

Bezeichnung	Mittlere Korngröße in (μm)
D 240	54,7
D 280	48,0
D 320	41,6
D 360	35,5
D 400	29,5
D 500	24,3
D 600	19,6
D 800	15,2

Unter mittlerer Korngröße wird hier der 50%-Wert verstanden. Die zulässigen Korngrößenabweichungen liegen je nach Korngröße bei 0,5 bis 3 μm.

Tabelle 2-6 Schleif-(S) und Poliermittel (P)

Produkt	Verwendung	Bemerkung
Naturprodukte:		
Quarz	S	Achtung: Quarzstaub erzeugt Silikose! Härte n.M. 7
Naturkorund	S, P	Abart: Diamantine. Härte n.M.:9
Bims	S	für Holz und Kunststoff. Härte n.M.:5-6
Schmirgel	S	enthält 50-70% Korund
Diamant	S, P	Korngrößenbezeichnung nach DIN 848 Härte n.M.: 10
Tripel	P	T. ist ausgeflockte Kieselsäure
Polierkreide	P	enthält 80-85% Kieselsäure, 10-15% Tonerde
Polierschiefer	P	Härte n.M.: 5-6
Synthetische Produkte:		
Siliziumcarbid	S	Härte n.M.: 9. Splittert leichter.
Borcarbid	S	Härte n.M.: 9
cubische Bornitrid	S	Härte n.M.: 9-10
Elektrokorund	S	Härte n.M.: 9
Normalkorund	S	blaue bis graue Farbe,große Härte u. Zähigkeit
Halbedelkorund	S	hellgrau bis braun, Zähigkeit geringer als bei Normalkorund
Weißer Edelkorund	S	99,9 % Al_2O_3, größere Sprödigkeit
Rosa Edelkorund	S	ca. 0,2% Cr_2O_3,weniger spröde als weißer
Roter Edelkorund	S	ca. 3% Cr_2O_3

Spezialkorund	S	teures Material für Schneidwerkzeuge. Einkristalle mit ca. 99,1% Al_2O_3
Tonerde	P	universell einsetzbar
Poliergrün	P	Cr_2O_3 . Härte n.M.: 8-9.
Polierrot	P	Fe_2O_3 . Härte n.M.: 6-7.
Wiener Kalk	P	sehr weich, gebrannter Dolomit

Bei allen Naturprodukten besteht die Gefahr, daß sie mit Quarz verunreinigt sind. Quarzstaub erzeugt jedoch die Lungenkrankheit Silikose, was den Einsatz von Naturprodukten begrenzt.

Die verwendeten Schleif- und Poliermittel können in verschiedenen Formen dargeboten werden. Man unterscheidet Schleifen mit

- starr gebundenem, auf der Maschine fest positioniertem Korn (Schleifscheiben, Schleifbänder),
- starr gebundenem Korn in lose beweglichen Schleifkörpern (Gleitschleifen),
- lose gebundenem Korn (Schleif- und Polierpasten),
- ungebundenem Korn (Schleifpulver).

Zum Schleifen mit starr gebundenem Korn werden die Schleifmittel mit Hilfe von Bindemitteln in eine feste Form gepreßt (Schleifscheiben) oder auf Papier- oder Textilbänder aufgeklebt (Schleifbänder). Scheiben oder Bänder werden dann fest auf einer Maschine positioniert. Als Bindemittel für Schleifscheiben werden Kunstharze, keramische Massen oder Metallschichten verwendet. Derartige Schleifkörper werden gemäß DIN 69100 durch Angaben über Schleifmittel, Körnung, Härtegrad (hier Härte der Scheibe und nicht des Korns), Gefügeaufbau, Bindungsart, geometrische Maße der Scheibe, maximale Umfangsgeschwindigkeit und Drehzahl bei Nenndurchmesser gekennzeichnet.

Schleifscheiben tragen aus Sicherheitsgründen zusätzlich eine farbliche Kennung, mit der ein Fehleinsatz z.B. durch unzulässig hohe Arbeitsgeschwindigkeit vermieden werden soll. (Bild 2-2). Die häufigsten Formen der festen Bindung der Schleifkörner sind die Kunstharzbindung und die keramische Bindung.

Bei kunstharzgebundenen Schleifkörpern muß darauf geachtet werden, daß diese Schleifkörper nur begrenzt temperaturbelastbar sind. Dafür sind die Bindungen mechanisch hoch belastbar und die Scheiben praktisch porenfrei.

Keramisch gebundene Scheiben dagegen sind höher temperaturbelastbar und daher formtreuer, allerding nicht porenfrei. Sie werden daher insbesondere zum Präzisionsschleifen eingesetzt. Werkzeuge mit metallischer Bindung sind ebenfalls weit verbreitet, insbesondere, wenn als Schleifkorn Materialien eingesetzt werden sollen, die sehr teuer sind. In solchen Werkzeugen wird der Kornbesatz in Form einer Dispersionsschicht auf einen metallischen Grundkörper vorgenommen.

Schleifscheiben besitzen eine der Schleifaufgabe angepaßte Form. Diese muß natürlich nach gewisser Gebrauchszeit durch Abrichtwerkzeuge, die meist mit Diamant besetzt sind, wieder hergestellt werden.

Schleifbänder stellen eine weitere Form des Schleifens mit gebundenem Korn dar. Hier wird das Schleifkorn auf Endlosbänder aus Papier oder Gewebe aufgeklebt. Zur gleichen Kategorie gehören Lamellenschleifkörper, bei denen Schleifbandsegmente senkrecht auf eine Achse aufgeklebt worden sind.

Der Einsatz von Schleifscheiben wie auch das Läppen und Honen sind typische Arbeitsgänge der spanabhebenden Formgebung und nicht nur auf oberflächentechnische Bearbeitungen begrenzt. Da letztlich aber eine den Anforderungen der Oberflächentechnik genügende Oberfläche entstehen soll, sollten auch alle Belange der Schleiftechnik aus Sicht der Oberflächentechnik berücksichtigt werden.

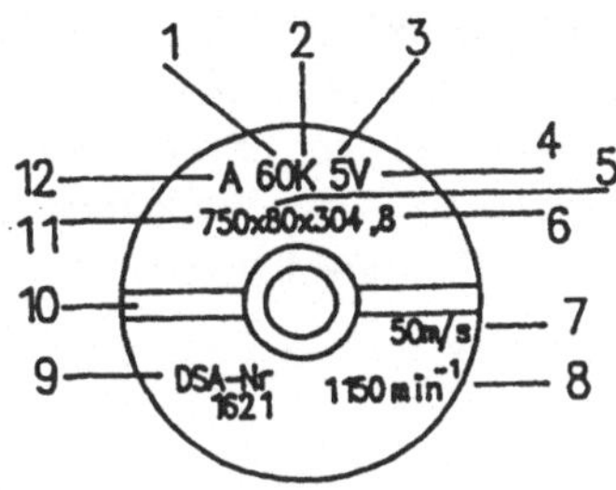

Bild 2-2 Kennzeichnung einer Schleifscheibe
1 Schleifmittel durch Kennbuchstaben
2 Körnung nach DIN 69100
3 Härtegrad
4 Gefüge
5 Bindung
6 Außendurchmesser der Scheibe
7 Breite der Scheibe
8 Bohrungsdurchmesser
9 maximale Umfangsgeschwindigkeit
10 maximale Drehzahl bei Nenndurchmesser
11 Zulassungsnummer
12 Farbkennzeichnung für maximale Umfangsgeschwindigkeit

Das Schleifen mit Schleifbändern dagegen ist eine Technik, die überwiegend für ausschließlich oberflächentechnische Bearbeitungen eingesetzt wird.

Das Schleifen mit losem Korn bedeutet, daß keine feste Bindung zwischen Schleifkorn und Trägermaterial besteht. Man gibt hier das Korn lose auf eine feste, in Bewegung befindliche Unterlage. Man setzt gewöhnlich etwas Flüssigkeit (Wasser, Öl etc.) hinzu, um kein Schleifmittel durch Stauben zu verlieren. Diese Schleifmethode ist insbesondere bei waagrechten Vibrationsschleifanlagen in Anwendung. Vorteil des Verfahrens ist die geringe Umweltbelastung. Es ist lediglich Schleifkorn und Metallabrieb zu entsorgen. Nachteil des Verfahrens ist, daß Metall- und Schleifkornabrieb sich im Schleifmittel anreichern und damit die Eigenschaften des Schleifmittels im Laufe der Zeit verändern können.

Ein Mittelweg zwischen losem und gebundenem Korn ist das weit verbreitete Schleifen mit lose gebundenem Korn, bei dem das Schleifkorn in Fette oder Wachse eingebettet als Schleifpaste angeliefert wird. Diese Paste wird in Form von Stangen oder Riegeln angeboten, die in rotierende Schleifunterlagen (Schleif- und Polierringe) eingetragen werden. Bild 2-3 zeigt eine Auswahl der im Handel erhältlichen Schleif- und Polierringe. Durch die Reibung schmilzt das Fett oder Wachs, und es entsteht eine flüssige Schleifemulsion, die vom Träger aufgenommen wird.

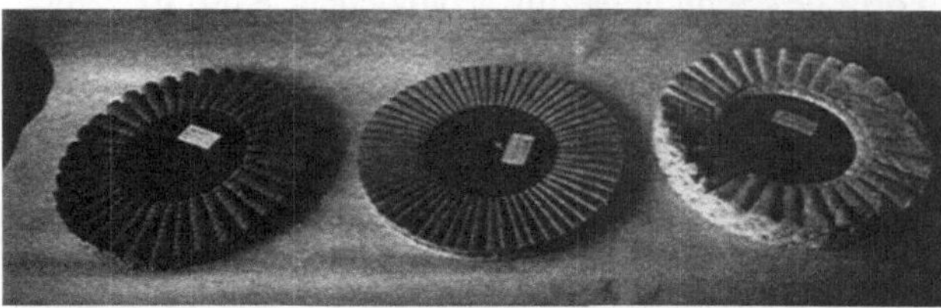

Bild 2-3
Schleif- und Polierringe
Foto OT-Labor der MFH

Schleifen mit fest gebundenem Korn mit beweglichem Schleifkörper bedeutet, daß das Schleifkorn mit Bindemittel zusammen zu einem geometrischen Körper geformt wird, der selbst beweglich eingesetzt wird. Diese Art des Schleifens, die insbesondere bei Massenartikeln eingesetzt wird, erfolgt so, daß Schleifgut und Schleifkörper (Chip) gemeinsam in einen bewegten Behälter eingesetzt werden. Man gibt zur Unterstützung der Arbeit wäßrige Lösungen von Zusätzen hinzu und setzt das unter wäßriger Lösung liegende Schüttgut in Bewegung. Man nennt diese Form des Schleifen, weil Werkstück und Schleifkörper aneinander vorbeigleiten, Gleitschleifen oder auch Trowalisieren.

Bild 2-4
Gleitschleifkörper

2.3 Schleif- und Poliermaschinen und -verfahren

Auf dem Markt sind eine Vielzahl verschiedener Konstruktionsarten für die verschiedensten Schleif- und Polieraufgaben im Angebot. Für Details sei auf entsprechende Unterlagen der Anbieter und auf weiterführende Literatur verwiesen.

Für Schleifaufgaben im Bereich der spanabhebenden Formgebung und der Oberflächenveredelung unterscheidet man grundsätzlich zwischen Flach-, Profil- und Rundschleifmaschinen. In allen Fällen werden Formgebungsarbeiten und gleichzeitig Arbeiten zur mechanischen Oberflächenveredelung durchgeführt. Die Werkstücke werden dabei entweder gleichmäßig bewegt und der Schleifkörper der Form entsprechend CNC- gesteuert auf und ab gefahren, oder das Werkstück wird von einem Roboter geführt. Zum Beispiel wird beim Schleifen von Nockenwellen die Welle gleichmäßig gedreht, während die Schleifscheibe entsprechende Bewegungen azur Formgebung ausführt. Roboter sind sowohl zum zweidimensionalen als auch zum dreidimensionalen Schleifen im Einsatz, wobei die Bearbeitung mit Schleifscheiben wie auch mit Schleifbändern erfolgen kann. Schleifen mit Schleifbändern ergibt eine weniger präzise geometrische Nachbearbeitung als die mit Schleifscheiben. Die Bearbeitung von Werkstücken in Gleitschleifanlagen dient ausschließlich der Verbesserung der Oberflächengüte. Derartige Anlagen können mit Rotationsantrieb als rotierende Trommel oder als Vibrationsanlage (Bild 2-5) ausgeführt werden, wobei man für jede Schleifgüte eine weitere Trommel verwendet.

Bild 2-5
Gleitschliff-Rundvibrator,
Bauart Spalek,
Foto OT-Labor der MFH

Man kann die Trommeln so schalten, daß die Werkstückübergabe automatisch erfolgt. Beim Gleitschleifen wird der Abrieb in der wäßrigen Zusatzlösung (Compound) mitgeführt.

Gleitschleifanlagen werden insbesondere vorteilhaft zur Bearbeitung von Massenteilen nicht zu großer Dimensionen eingesetzt. Der dazu günstigste Schleifkörper muß im Versuch ermittelt werden. Zu beachten ist, daß das Mischungsverhältnis zwischen Werkstück und Schleifkörper ein Volumenverhältnis von 1:4 nicht überschreiten sollte, weil sonst zu zahlreiche Kontakte zwischen zwei Werkstücken vorkommen, was zu Riefenbildung führt. Eine Trommel von z.B. etwa 500 l Inhalt kann bis zu 100 l Werkstücke und 400 l Schleifkörper enthalten, wobei das einzelne Werkstück z.B.100 x 35 mm groß sein kann. Die Abtrennung der Schleifkörper vom Werkstück erfolgt durch Siebe, durch die die kleineren Schleifkörper hindurchfallen. Die Förderung von Schleifkörper und Werkstück erfolgt durch die Schwungbewegung des Vibrators. Die fertig geschliffenen Werkstücke sollten anschließend getrocknet werden, wozu z.B. Banddurchlauftrockner gut geeignet sind.

Übungsaufgaben:

Frage 2.1: Die mittlere Rauhtiefe eines Werkstücks aus Zinkdruckguß beträgt 8 μm. Welche Schleifoperationen sollten angewendet werden, um ein poliertes Werkstück zu erhalten?

Frage 2.2: Der Schleifvorgang aus 2.1 soll in einer Gleitschleifanlage vorgenommen werden. Wieviel Maschinen werden dazu benötigt und warum?

3 Oberflächenbehandlung durch Strahlmittel

3.1 Der Arbeitsvorgang

Unter einer mechanischen Oberflächenbehandlung mit Strahlmitteln versteht man, daß die Oberfläche mit körnigen Materialien unterschiedlicher Form und Größe beworfen wird, wodurch ein spanabhebender Angriff erfolgt. Das körnige Material wird dabei durch einen Luft- oder Wasserstrom oder durch ein Schleuderrad beschleunigt. Das Transportmedium wird zunächst durch Pumpen oder Kompressoren beschleunigt ehe das Korn in das Transportmedium eingetragen wird. Das beschleunigte Korn wirkt dann spanabhebend auf der Werkstückoberfläche. Je nach Größenrelation zwischen Rauhigkeit der Oberfläche und Korngröße des Strahlmittels ist der Strahleffekt unterschiedlich:

- Bei zu kleinem Korn wird nur geringe Wirkung beobachtet, weil das Korn vorwiegend in die Vertiefungen der Oberfläche trifft.
- Bei zu großem Korn geht etwas kinetische Energie durch Kippen des Korns verloren. Es kann sogar die Rauhigkeit erhöht werden.

Strahlen führt auch zu einer manchmal gewollten Verdichtung der Oberfläche, die damit günstigere mechanische Eigenschaften erhält. Bild 3-1 zeigt schematisch die Wirkung eines einfallenden Strahlkorns.

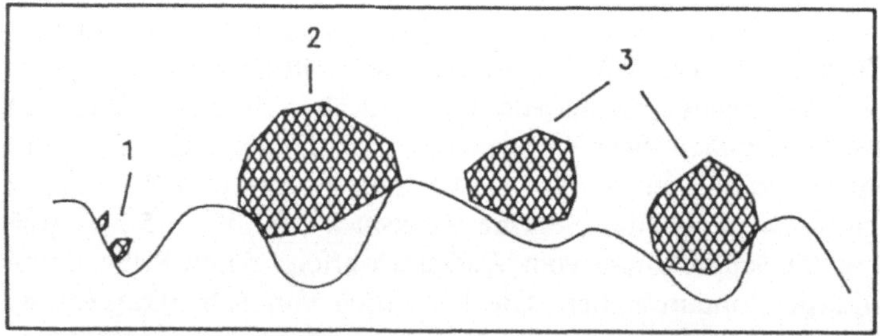

Bild 3-1 Wirkungsweise von Strahlkorn auf eine rauhe Oberfläche [1]
1 zu kleines Korn
2 zu großes Korn
3 passende Körnung

Im Gegensatz zu Schleif- und Poliermitteln spielt bei Strahlmitteln auch die äußere Kornform eine entscheidende Rolle. Allerdings darf nicht übersehen werden, daß Strahlmittel im Laufe längeren Gebrauchs sich abrunden und schließlich der Kugelform immer näher kommen. Die gebräuchlichsten Strahlmittel, die in DIN 8201 erfaßt sind, sind in der nachfolgenden Tabelle aufgeführt.

Tabelle 3-1 Gebräuchliche Strahlmittel

	Einsatzgebiet	Bemerkung
Quarzsand,gesiebt	Wasser-/Sandstrahlen	Silikosegefahr
Stahlschrot	Grauguß, niedrig legierte Stähle	
Stahlkies	E-Metalle	sehr preiswert
Stahldrahtschnitte	niedrig legierter Stahl, Guß etc.	
Stahldrahtschnitte	E-Metalle	sehr preiswert
Zirkonsand		
Elektrokorund	universell	
Siliciumcarbid	universell	
Hochofenschlacke		sehr preisgünstig
Kupferschlackensand		
Aluminiumgranulat	für Aluminiumoberflächen	
Bronzeschrot	für Kupfer und -legierungen	
Bronzedrahtabschnitte	für Kupfer und -legierungen	
gehacktes Hartholz (Walnuß-,Aprikosenkerne)	für NE-Metalle	
Kunststoffgranulat	für GfK-Behälter	
Glasperlen	für NE-Metalle	

3.2 Strahlanlagen

Handbetriebene Druckluft-Strahlanlagen, bei denen das Strahlgerät per Hand geführt
und das Strahlmittel mit Druckluft gefördert wird, sind vielfach im Gebrauch. Bild 3-2
zeigt den Schnitt durch eine mit Druckluft betriebene Strahlpistole. Der Luftstrom tritt
aus der Düse A in die Unterdruckkammer B und erzeugt dort einen Sog.

Das über Schläuche herangeführte Strahlmittel tritt durch den Kanal C in die Ansaugkammer B ein. Das sich ausdehnende Gemisch aus Luft und Strahlmittel verläßt die Pistole durch die große Düse D. Die Leistung von Handstrahlgeräten ist begrenzt. Bei Einsatz von Wasser als Trägermedium werden gleichartig gebaute Strahlpistolen eingesetzt. Bei Verwendung von Wasser wird allerdings das Staubproblem vermieden, weil Strahlmittel und Abrieb als Schlamm niedergeschlagen werden, was der Verwendung von Luft als Trägermedium heute entgegensteht. Angewendet wird das Strahlen mit Handgeräten im Baugewerbe oder bei Reinigungsarbeiten in Behältern etc.

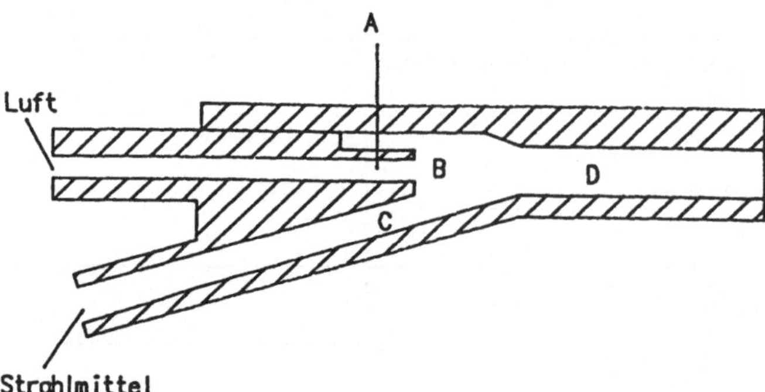

Bild 3-2
Luftdruck-Strahlpistole, schematisch

Handstrahlgeräte, die mit Wasser betrieben werden, sind in ihrer Leistung begrenzt. Bei mehr als 40 l Wasser/min Wurfleistung liegt im allgemeinen die Einsatzgrenze. Für größere Wurfleistungen werden fest installierte oder fahrbare Geräte eingesetzt. Solche Geräte sind ebenfalls im Baugewerbe oder zum Beispiel zum Entlacken von Stahlbauten etc. im Einsatz.

Zur Bearbeitung von Werkstücken werden fest installierte Strahlkabinen verwendet, die mit Druckluft oder Schleuderrädern betrieben werden. Die Wirkungsweise eines Schleuderrades (Bild 3-4) zeigt Bild 3-3.

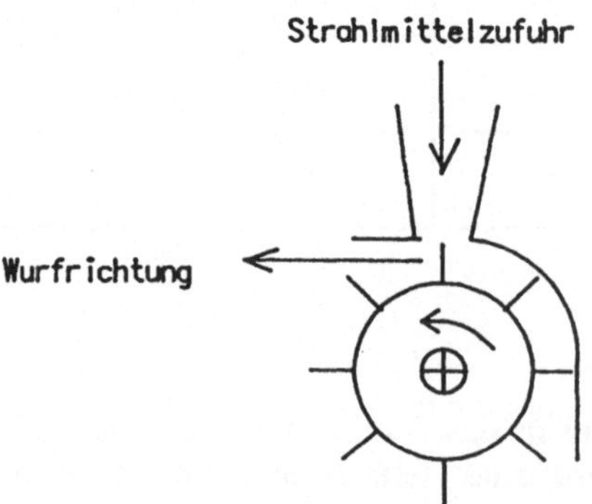

Bild 3-3
Wirkung eines Schleuderrades,
schematisch

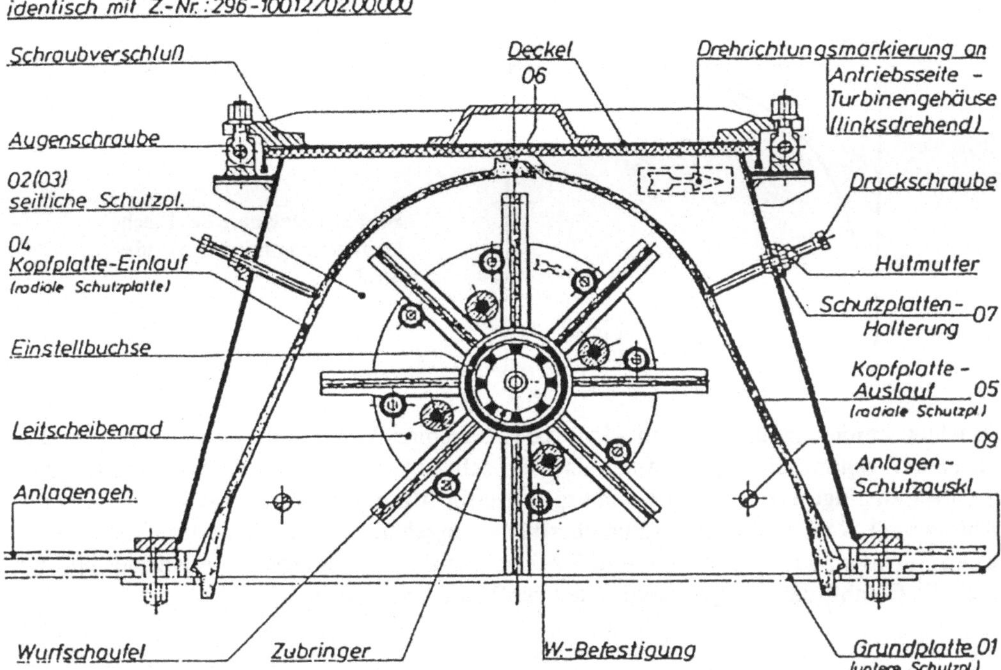

Bild 3-4 Schleuderrad, Zeichnung Vogel & Schlemmann

Beim Strahlen mit Schleuderradanlagen werden im allgemeinen mehrere Schleuderräder an verschiedenen Stellen positioniert. Das Werkstück wird je nach Schwere auf einem Transportwagen oder an einer Förderkette oder auf einem Förderband in die Kabine gefahren und dort nach Abdichten der Kabine mit Strahlmittel beaufschlagt. Das verbrauchte Strahlkorn wird abgesaugt, in einem Zyclon abgeschieden und durch Sieben zur Wiederverwendung aufbereitet. Dabei werden zerbrochene Strahlkörner und der Metallabtrag ausgesiebt.
Die Abhängigkeit der Standzeit von Stahlschrot von der Härte des Korns zeigt Bild 3-5. Es gibt dabei ein Optimum bei etwa HRC 50.

Ein Maß für die Güte der Strahlwirkung ist die Flächenüberdeckung, die mikroskopisch bei 50facher Vergrößerung ermittelt werden kann. Man versteht darunter den Prozentsatz einer Beobachtungsfläche, der vom Strahlmittel getroffen wurde. Trägt man den Flächenüberdeckungsgrad gegen die Strahlzeit auf, erhält man eine sich asymptotisch der 100% Linie nähernde Kurve. Zu langes Strahlen, zu hohe Flächenüberdeckung erhöhen die Strahlkosten überproportional (Bild 3-6).

Der Einsatz von Hartholzstrahlmitteln ist insbesondere bei weichen oder bei polierten Oberflächen zu empfehlen. Oberflächen von Bleiartikeln oder von polierten Edelstahlkesseln werden beim Einsatz von Hartholz nachpoliert.

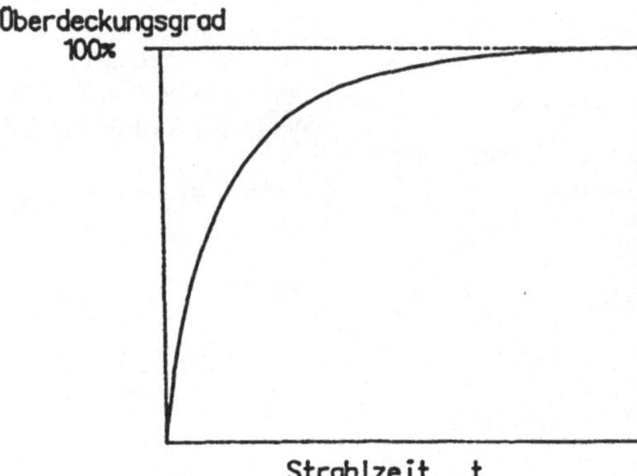

Bild 3-5 Zunahme der Flächenüberdeckung mit wachsender
Strahlzeit

Beachtet werden muß, daß man nicht jedes beliebige Werkstück nacheinander in der gleichen Strahlmittelmenge strahlen darf. So sollte man z.B. in einer zum Strahlen von Stahlwaren eingesetzten Kabine nicht gleichzeitig Aluminiumwaren strahlen, weil sonst Abtrag vom Stahl in die Aluminiumoberfläche eingehämmert werden wird (Rostflecke). Beim Entrosten von Stahlwaren wird Strahlen ebenfalls oft eingesetzt. Auch hier besteht u.U. die Gefahr, daß Rostpartikel in die Oberfläche eindringen.

Übungsaufgaben:

Frage 3.1: Welche Strahlmittel werden bevorzugt zum Strahlen von Zinkdruckgußteilen eingesetzt?

Frage 3.2: Strahlen wird oft auch als dekoratives Element angesehen. Warum sollten Bemusterungen mit gestrahlten Oberflächen nicht bei Einsatz von ungebrauchtem Strahlmittel vorgenommen werden?

4 Öle und Fette in der Industrie

Oberflächentechnik beginnt schon beim Einkauf der metallischen Rohware. Bleche, Coils, Rohre, Drähte, Profile etc. sind mit Bearbeitungsrückständen oder/und Korrosionsschutzölen versehen, die den Anforderungen der nachfolgenden oberflächentechnischen Behandlung nicht hinderlich im Wege stehen sollten.

Die metallischen Rohmaterialien werden im Betrieb mit weiteren Schmierstoffen und Bearbeitungsölen wie Kühlschmierstoffen, Schneidölen, Honölen, Ziehfetten etc. in Berührung kommen, an die die gleichen Anforderungen der Verträglichkeit mit nachfolgenden Bearbeitungsschritten gestellt werden müssen. Undichtigkeiten an den Bearbeitungsmaschinen bedingen es, daß der Werkstoff auch noch mit Maschinenschmierstoffen, Hydraulikölen etc. in Kontakt kommen. Alle diese Stoffe befinden sich möglicherweise auf der Werkstückoberfläche, wenn das Werkstück im Betriebsbereich Oberflächentechnik eintrifft und weiter bearbeitet werden soll. Ehe man sich daher mit der Entfernung dieser Stoffe von der Oberfläche befassen soll, sollte man etwas über die Chemie der Schmierstoffe und Öle erfahren.

4.1 Eigenschaftsgrößen von Schmierstoffen

Die wichtigste Kenngröße eines Schmierstoffs ist die Zähigkeit oder Viskosität. Unterschieden werden die dynamische Viskosität η (in Pa·s) und die kinematische Viskosität

$$\nu = \eta / \rho \quad \text{in (mm}^2\text{·s}^{-1}) \qquad \rho \text{ ist hierbei die Dichte in (g.cm}^{-3}).$$

Die Viskosität von Schmierstoffe sinkt mit steigender Temperatur, wobei der Temperaturverlauf sich durch die Darstellung

$$\log \log (\nu + c) = k - m \log T$$

mit c, k, m = empirische Konstanten, T = absolute Temperatur in (K) linearisieren läßt. Die Viskosität vieler Schmierstoffe steigt mit steigendem Druck stark an gemäß

$$\eta_p = \eta_o * e^{\alpha * p}$$

α = Viskositäts-Druck-Koeffizient.

Dem Druckverhalten von Schmierstoffen kommt große Bedeutung zu, weil zu einer guten Schmierwirkung ein tragender Flüssigkeitsfilm die jeweiligen Reibpartner von einander trennen muß. Bild 4-1 zeigt verschiedene Reibungszustände, wobei bei Misch- oder reiner Festkörperreibung bereits Verschleiß entsteht.

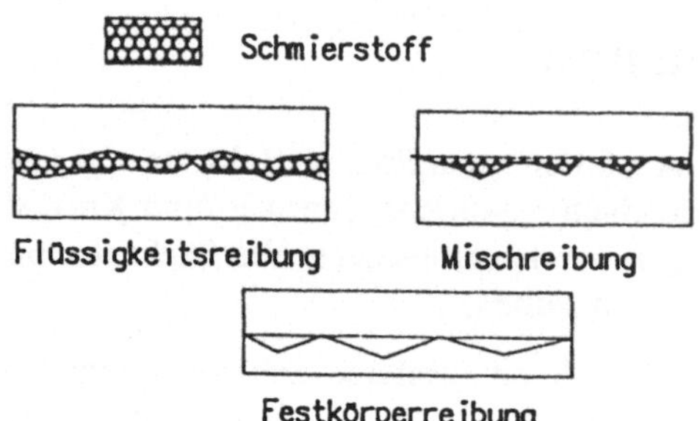

Bild 4-1 Schematische Darstellung verschiedener Reibungszustände nach [2]

4.2 Chemische Komponenten des Schmierstoffaufbaus und ihre Bewertung aus Sicht des Oberflächentechnikers

65 bis 75% aller in der metallverarbeitenden Industrie eingesetzten Bearbeitungsschmierstoffe haben Mineralölraffinate (Paraffine) als Basismaterial. Bei paraffinischen Raffinaten werden die in Tabelle 4-1 angegebenen Schnitte eingesetzt.

Tabelle 4-1 Einsatzgebiete von paraffinischen Raffinaten

Siedebereich des Raffinats	Viskosität η_{40} bei 40°C (Pa.s)	Einsatzgebiet
250-300°C	4	Honöl für Stahl
280-370°C	11	Walzöl für Stahlblech
300-410°C	27	Schneidöl
350-500°C	100	Profilzugöl
370-520°C	200	Tiefziehöl
> 520°C	>200	Rohrzugöl

In den in der metallverarbeitenden Industrie eingesetzten Produkten findet man neben Paraffinen, die für das Kälteverhalten der Schmierstoffe verantwortlich sind, Naphthene, die neben gutem Verhalten in der Kälte gutes Lösevermögen für Zusätze besitzen, und Aromaten mit besten Lösevermögen für Zusätze, aber schlechtem Temperaturverhalten.

Man kennzeichnet Schmierstoffe nach dem Prozentsatz des Kohlenstoffs in der jeweiligen Bindung. Typische parafinische Basismaterialien enthalten z.B.

$$C_P = 67\%, \quad C_N = 27\%, \quad C_A = 6\%,$$

typische naphthenische Materialien z.B.

$$C_P = 50\%, \quad C_N = 38\%, \quad C_A = 12\%.$$

Wachsende Bedeutung kommt synthetischen Ölen wie Polyolefinen, Polyglykolen, aber auch natürlichen Fetten zu.

Polare Schmierstoffe wie Metallseifen (Alkali-,Erdalkali- oder Zinkseifen, z.B. Zinkbehenat) kommen für das bei der Bearbeitung von Metalloberflächen auftretende Mischreibungsgebiet, zum Einsatz z.B. im Drahtzug, beim Tiefziehen von Aluminiumdosen oder beim Rohrzug.

Bei natürlichen Fettölen wie Rüböl, Sojaöl, Rizinusöl, Palmkernöl besteht wegen des Gehaltes an ungesättigten Fettsäure erhebliche Verharzungsgefahr. Fettsäuren bilden mit dem Oxidfilm auf der Metalloberfläche fettsaure Metallsalze, die zwar von guter Schmierwirkung sind, insbesondere bei Eisenwerkstoffen aber zu Reinigungsproblemen führen [3].

Wichtigste Zusätze in Verarbeitungsölen sind die Hochdruckzusätze (Extreme-Pressure-Additives oder EP-Additive), die den Viskositäts-Druck-Koeffizienten α erhöhen. EP-Additive wirken meist dadurch, daß sie mit der Metalloberfläche bei erhöhter Temperatur reagieren und Schutzfilme bilden. Der Schutzfilm wird bei abrasiver Belastung abgetragen und wieder neu gebildet, so daß anstelle eines abrasiven Verschleißes ein geringer chemischer Verschleiß eintritt. Die Produkte enthalten daher meistens Verbindungen mit Chlor, Schwefel oder Phosphor. Ebenso werden zink-, blei- oder molybdänhaltige Zusätze verwendet, deren Wirkung auf Eindiffundieren in die Oberfläche und Bildung eutektoider Zustände beruht.

Chlorhaltige Zusätze mit 35 bis 70% Chlorgehalt werden in Schneid- oder Schleifölen oder beim Profilzug verwendet. Chlorierte organische Öle sind jedoch ökologisch als CKW zu behandeln, so daß oft die Entsorgung der Öle teurer ist als deren Anschaffung. Kenntlich sind Öle mit chlorhaltigen Zusätzen schon daran, daß sie schwerer als Wasser sind. Die Wirkung des Chlors beruht auf der Bildung von $FeCl_3$-Filmen auf der Werkstückoberfläche, der bis etwa 400°C stabil ist. Während des Gebrauchs reichert sich das anorganische Chlor im Öl an, wodurch es zu Korrosionsschäden kommen kann. Bedeutung haben insbesondere noch Produkte, die durch Umsetzung von Olefinen oder Fettsäureestern mit S_2Cl_2 entstehen.

Schwefelhaltige EP-Additive bilden auf der Werkstückoberfläche Sulfidschichten mit reibmindernder Wirkung. Sie werden eingesetzt bei hohen Bearbeitungsgeschwindigkeiten von niedrig legierten Werkstoffen oder bei schwer zerspanbaren Werkstoffen. Die Wirkung phosphorhaltiger EP-Zusätze beruht auf der Bildung von Phosphatschichten bei erhöhter Temperatur.

Die häufigste Verwendungsform im Zerspanungs- oder im Umformbereich ist die Verwendung als Emulsion vom O/W-Typ (Öl- in-Wasser-Emulsion). Solche Öle enthalten dann Emulgatoren, die mit den oberflächenaktiven Substanzen der Reinigungsmittel verwandt oder identisch sind. Für schwere Umform- oder Zerspanungsarbeiten können auch Emulsionen vom W/O-Typ (Wasser in Öl Typ) verwendet werden.

Weiter zu beachten sind inhibierende Zusätze, unter denen besonders, der Nitrosaminbildung wegen (krebserregend), auf die Abwesenheit von Nitrit geachtet werden muß.

4.3 Anforderungen und Auftragsmengen der Schmierstoffe und Korrosionsschutzöle in der Blechbearbeitung

Schmierstoffe werden überwiegend mit Hilfe der Bearbeitungsmaschinen bei vorhergehenden Fertigungsschritten aufgetragen. Auftragsverfahren für Schmierstoffe können daher in einschlägiger Fachliteratur nachgelesen werden [7]. Zum Auftragen von Korrosionsschutzölen geeignet sind Sprüh- und Walzverfahren, wie sie in Bild 4-2 und 4-3 zu sehen sind.

Die Auftragsmengen für Schmier- und Korrosionsöle sind recht unterschiedlich. Beim Ziehprozeß z.B. richten sich Konsistenz und Auftragsmenge nach der Materialstärke. Mit folgenden Auftragsmengen muß bei Tiefziehprozessen gerechnet werden:

Tiefziehen sehr dünner Bleche: 0,5 bis 1 μm Ölschicht, die meist aus dem mit dem Blech gelieferten Einfettöl besteht.
Tiefziehen dickerer Bleche: 2 bis 2,5 μm Ölschicht, meist Einfettöl.
Tiefziehen von dicken Blechen erfordert den Einsatz spezieller Ziehfette.

Die Menge der Einfettöle, die lösemittelfrei auf ein Blechcoil aufgebracht werden, beträgt etwa 0,5 bis 2,5 g/m², entsprechend einer Schichtstärke von etwa 0,5 bis 2,5 μm. Öle, die dazu benutzt werden, enthalten heute Thixotropie-Zusätze, die es verhindern sollen, daß beim lagernden Coil das Einfettöl langsam in Bodenrichtung fließt. Öle, die zum Schneiden eingesetzt werden, sind höher additivierte Öle mit EP-Additiven.

4.4 Festschmierstoffe

Festschmierstoffe sind Schmierstoffe, die in festem Zustand vorliegen. Einige von ihnen lassen sich bei Warmumformungsprozessen bis 450°C, kurzzeitig bis 1000°C, einsetzen. Eingesetzt werden:

- Graphit, dessen Schmierwirkung auf dem plättchenförmigen Aufbau des Graphitkristalls beruht, der parallel zur dreizähligen a-Achse leicht abscherbar ist.
- Graphitfluorid $(CF_x)_n$, das durch Aktivieren von Graphit mit Fluor hergestellt wird, zeigt eine verbesserte Schmierwirkung als Graphit, wird aber seltener eingesetzt.
- Molybdändisulfid MoS_2

Alle drei Schmierstoffe erweisen sich als in der Reinigung schwer entfernbar mit wäßrigen Reinigungsmitteln, so daß ihr Einsatz vom Standpunkt der Oberflächentechnik in Prozessen der Umformtechnik nicht erwünscht ist. Ebenso sind Schmierstoffe, die durch Zersetzung beim Umformprozeß Kohlenstoff ausscheiden nicht einsetzbar, wenn nachfolgend wäßrige Reinigungsprozesse stattfinden.

- Organische Polymere wie Polyamide, Polyethylene oder Polyacetate werden insbesondere manchmal als Ziehschmierstoff ebenso wie Teflonpulver in der Blechverarbeitung eingesetzt. Dabei muß beachtet werden, daß ein im Verlauf des Prozesses aufgeschmolzener Kunststoff reinigungstechnisch nicht mehr abgelöst werden kann, was den Einsatz des Schmierstoffs verbietet. Eine sorgfältige Prüfung ist im Einzelfall angeraten.

- Anorganische Alkali- oder Erdalkalicarbonate oder -hydroxide erzeugen beim Drahtziehprozeß eine dünne Fe_3O_4-Schicht, die den Schmierprozeß unterstützt.

- Silikate in Form von Glimmern, Talk, Montmorillonit, ferner Kieselgel, Borate oder Borsäure oder auch Zinksulfid ZnS oder Schwefelblüte finden im Draht- oder Profilzug Anwendung.

- Trockenziehseifen (Natrium- oder Calciumstearate) oder Zinkbehenat $(C_{21}H_{43}COO)_2Zn$ werden in Ziehprozessen verwendet. Alle drei Gruppen von Trockenschmierstoffen können im nachfolgenden Reinigungsverfahren auf wäßriger Basis abgelöst werden.

- Bei Ziehprozessen mit Chrom-Nickel-Stählen werden Oxalatschichten verwendet, die in nachfolgenden wäßrigen Reinigungsschritten entfernbar sind.

- Bei niedrigerer Temperatur erweichende Silikat-, Phosphat- oder Boratgläser dienen beim Strangguß im Stahlwerk bzw. beim Rohrzug z.B. im Edelstahlwerk als Schmiermittel. Reste dieser Gläser werden normalerweise im nachfolgenden Walzprozeß rein mechanisch abgelöst. Beim Rohrzug verbleiben jedoch geringe Glasreste auf der Rohrwandung. Zu ihrer Entfernung muß dann eine Säurebehandlung unter Zusatz von Flußsäure (HF) durchgeführt werden.

Übungsaufgaben:

Frage 4.1: Nenne Zusätze, die in Kühlschmierstoffen vorhanden sind.

Frage 4.2: Welcher Schmierstoffauftrag ist zum Tiefziehen eines Blechs von 3 mm Stärke erforderlich?

Frage 4.3: Warum kann Getriebeöl nicht zum Tiefziehen eingesetzt werden?

5 Reinigen und Entfetten

Werkstücke, die aus der Bearbeitung in die Oberflächentechnik gelangen, tragen alle Rückstände, die mit dem Vormaterial hereingebracht oder im Laufe der Bearbeitung aufgetragen wurden. Die Rückstände sind Fette, Öle, Rost, Staub, Abrieb, Schleif- und Poliermittel und anderes. Alle Verunreinigungen der Oberfläche müssen daher im ersten Schritt durch eine Reinigung entfernt werden. Besonder Bedeutung hat die Reinigung in der Galvanik, der Dünnschichttechnik, aber auch in der Elektronik [35].

5.1 Theorie der Reinigung

Die meisten der aufgezählten Verunreinigungen haften mehr oder weniger locker auf der Oberfläche. Sie werden durch Van der Waalssche oder auch durch chemische Bindungskräfte festgehalten. In manchen Fällen bilden die Verunreinigungen auch eine feste Beschichtung, die es zu entfernen gilt.

Verunreinigungen, die durch schwache Kräfte adsorbiert vorliegen, können durch Substanzen von der Oberfläche verdrängt werden, die selbst stärker adsorbiert werden. Substanzen, die durch chemische Bindungskräfte festgehalten werden, müssen dagegen zusätzlich chemisch zersetzt werden, ehe sie desorbiert werden können. Substanzen, die eine feste Schicht auf der Oberfläche bilden, müssen verflüssigt werden, denn nur fließfähige Fette und Öle sind beweglich und können nach Desorption abtransportiert werden. Im einfachsten Fall wird ein flüssiges Öl von der Metalloberfläche dadurch entfernt, daß Bestandteile der Reinigerlösung zwischen Ölschicht und Metalloberfläche dringen und dort vom Metall adsorbiert werden. Das so desorbierte Öl fließt dann der Schwerkraft folgend an den Rand des Werkstücks, bildet eine Wulst und wird unter der Wirkung des Reinigers in Tropfen zerteilt und in das Innere des Reinigers transportiert. Unterstützt wird der Abtransport durch mechanische Einwirkung einer Strömung oder eines Spritzstrahls. Durch chemische Kräfte gebundene Verunreinigungen müssen dagegen mit Hilfe des Reinigers in lösliche Verbindungen zerlegt werden. So läßt man z.B. auf Metallseifen starke Alkalilaugen einwirken, so daß Alkaliseifen gebildet werden, die leicht abgelöst werden können. Fette, die bei Raumtemperatur eine feste Schicht bilden, müssen bei der Reinigung verflüssigt werden. Das kann man dadurch erreichen, daß man den Reiniger wie bei Lösungsmittelreinigern in das Fett eindiffundieren läßt, so daß der Schmelzpunkt des Fettes sinkt, oder daß man die Reinigertemperatur so weit anhebt, daß der Stockpunkt des Fettes überschritten und das Fett damit verflüssigt wird. Der Stockpunkt der Fette hängt mit ihren Schmiereigenschaften zusammen. Weil die Anforderungen an die Schmiereigenschaften z.B. mit der Bearbeitungsgeschwindigkeit bei Umform- oder Stanzvorgängen zusammenhängen, bestimmt die Bearbeitungsgeschwindigkeit des Werkstücks in der vorhergehenden Fertigung den Stockpunkt der Fette und damit auch die Temperatur, mit der ein wäßriges Reinigungsbad nachfolgend betrieben werden kann. Feststoffe werden im allgemeinen nur durch van der Waalssche Kräfte auf der Oberfläche festgehalten. Obgleich derartige Kräfte relativ klein sind, haften einige Feststoffe so stark auf der Oberfläche, daß sie mit wäßrigen Reinigern kaum entfernt werden können.

Solche Feststoffe sind insbesondere Graphit und Molybdändisulfid, deren gute Schmierstoffeigenschaften zwar bekannt sind, die aber dennoch nicht in der Umformtechnik eingesetzt werden sollten. Feststoffe, die auf der Oberfläche aufkristallisiert sind (z.B. Oxidbeläge), müssen chemisch zersetzt werden, ehe sie entfernt werden können. Diese Arbeit wird mit Entrostungsmitteln und Beizen durchgeführt.

5.2 Produkte zum industriellen Reinigen

Im Prinzip und in der Praxis kann jede Reinigungsaufgabe ohne Verwendung organischer Lösungsmittel durchgeführt werden. Behandelt werden deshalb an dieser Stelle Reiniger zum Einsatz in wäßrigen Lösungen. Reinigungsmittel zum Einsatz in wäßrigen Reinigungslösungen werden im Handel nach verschiedenen Gesichtspunkten eingeteilt:

- nach Einsatzverfahren (z.B. Spritz-, Tauch- Ultraschallreiniger)
- nach Eignung für bestimmte Oberflächen (Aluminium-, Kunstoffreiniger etc.)
- nach Aggregatzustand des Konzentrats oder nach Anwendungsbesonderheiten (Flüssigreiniger, Zweikomponentenreiniger, Kaltreiniger etc.)
- nach Emulgierverhalten (stark emulgierender Reiniger etc.)
- nach pH-Wert der Anwendungslösung. Dabei bedeutet "stark alkalisch" einen pH-Wert der Anwendungslösung von etwa 12 bis 14, "mildalkalisch" einen von etwa 9 bis 12, "neutral" einen von etwa 7 bis 9 und "sauer" meist einen pH-Wert unterhalb von 2 bis 3.
- nach Besonderheiten der Zusammensetzung (mit Korrosionsschutz, phosphatfrei etc.)

Bestandteile von Reinigern können folgende Produkte sein:

- Alkalitätsträger:
  NaOH für Pulverprodukte oder feste Produkte anderer Form. KOH überwiegend für Flüssigprodukte wegen der im Vergleich besseren Löslichkeit im Konzentrat
- Acidititätsträger:
  HCl, H_3PO_4, Essigsäure, Ameisensäure, Citronensäure
- grenzflächenaktive Substanzen (Tenside):
  anionische, neutrale oder kationische Tenside
- Schmutzträger (Builder):
  Alkalisilikate oder Wasserglas in alkalischen Reinigungsprodukten Alkaliorthophosphate oder Alkalihydrogen- oder -dihydrogenphosphate je nach pH-Wert des Reinigers
  Alkalicarbonate und Alkaliborate z.B. in mildalkalischen Reinigern oder in Neutralreinigern. Alkaligluconate
- Härtebinder wie Polyphosphate, Phosphonate
- Komplexbildner wie Nitrilotriacetat, Gluconat, Heptonat, Polyoxicarbonsäure (in Neutralreinigern), Cyanid
- Inhibitoren (vgl. Abschnitt Beizen)
- Korrosionsschutzmittel wie organische Amine verschiedenster Art

- Emulgatoren
- Entschäumer
- Aktivatoren, z.B. zum Ablösen dünner Oxidfilme
- Biozide bei Neutralreinigern

Aciditäts- oder Alkalitätsträger sollen von den Werkstückoberflächen alle jene Produkte ablösen, die durch chemische Kräfte gebunden sind. Sie sollen chemische Verbindungen auf der Oberfläche zersetzen und damit ablösbar machen.

Tenside sollen für eine Desorption der Verunreinigungen von der Oberfläche sorgen und die abgelösten Verunreinigungen (Öltropfen) in der Waschflotte stabilisieren. Filmbildende Tenside, die z.B. eingesetzt werden, wenn sehr viele Feststoffpartikel (z.B. Polierpastenrückstände) von der Oberfläche abgelöst werden, sollen zusätzlich auf der Oberfläche aufziehen und einen Schutzfilm bilden.

Bei Tensiden muß auch beachtet werden, daß viele Tenside in Wasser nur in einem begrenzten Temperaturbereich löslich sind. Überschreitet man diese Entmischungstemperatur, so wird die wäßrige Lösung trübe und das Tensid tritt aus. Die Entmischungstemperatur wird auch "Trübungspunkt" genannt. In technischen Reinigern wird daher bei Tauchprodukten die Arbeitstemperatur unterhalb des Trübungspunktes gewählt. Bei Überschreiten dieser Temperatur tritt das Tensid aus und bildet eine "Öllache" auf der Oberfläche des Beckens. Die Herkunft dieser Lache kann dadurch nachgewiesen werden, daß die Lache in kaltem Wasser leicht löslich ist, wenn sie aus Tensiden besteht.

Spritzreiniger dagegen arbeiten oberhalb des Trübungspunktes des Tensidgemisches, damit sie nicht schäumen. Bei Anlagen, bei denen die Badumwälzung nur über die Spritzregister erfolgen kann, darf in einer Aufheizphase erst nach Überschreiten des Trübungspunktes die Umwälzung angeschaltet werden.

Schmutzträger (Builder) haben die Aufgabe, insbesondere Festpartikel, aber auch Fetttropfen in der Waschflotte zu stabilisieren. Diese Stabilisierung erfolgt entweder durch Adsorption von Ionen (z.B. Phosphationen) oder durch Umhüllen der Partikel mit Schutzkolloiden, die aufgrund ihrer eigenen großen Hydrathülle ein Koagulieren verhindern.

Zu beachten ist dabei, daß Phosphate nur eingesetzt werden können, wenn der Betreiber eine eigene Abwasserbehandlung durchführt. Setzt der Betreiber Maschinen zum Standzeitverlängern ein, sind Silikate ungeeignet. Borate werden von keiner Abwasserbehandlung erfaßt. Obgleich es bislang keine Grenzwerte für den Boratgehalt in Abwässern gibt, sind erste Beanstandungen durch zuständige Behörden zu verzeichnen.

Komplexbildner sind in vielen Reinigern überflüssigerweise enthalten. Einzig Gluconate, die auch zu den Buildern gerechnet werden, sind akzeptabel, weil Gluconate abwassertechnisch beherscht werden können. Nach [4,5] sind Schwermetallgluconatkomplexe nur stabil, wenn das Molverhältnis von

Gluconat:Schwermetall > 5:1

eingehalten wird. Wird abwasserseitig aber eine Abwasserbehandlung mit Eisenflocken durchgeführt, zersetzen sich die Komplexe, weil das Molverhältnis stark unterschritten wird. Gluconate können daher auch als Härtebinder eingesetzt werden.

Polyphosphate sind ebenfalls sehr wirkungsvolle Härtebinder. Sie sind in Verruf gekommen, weil man bei Abwasserbehandlungen nicht für eine Polyphosphatzersetzung sorgt. Biozide sollten in Reinigern eingesetzt werden, die im pH-Bereich um 7 betrieben werden. Reiniger sind dann nämlich idealer Nährboden für Kleinlebewesen. Korrosionsschutzzusätze beruhen meist auf dem Zusatz organischer Amine oder von Aminen und Fettsäuren (z.B. Caprylsäure). Es entstehen geringe Schutzfilme auf der Oberfläche, die z.B. Rostbildung verhindern. Die Korrosionsschutzzusätze sind allerdings für unterschiedliche Werkstoffe unterschiedlich. Die Verwendung von Nitrit sollte vermieden werden, insbesondere, wenn Amine im Betrieb eingesetzt werden. Nitrit und Amine bilden stets Nitrosamine, unabhängig davon, um welches Amin es sich handelt. Technische Amine sind einmal keine Reinstsubstanzen. Zum anderen werden Amine in technischen Anlagen z.B. oxidativ zersetzt, so daß stets zur Nitrosaminbildung befähigte Moleküle vorhanden sind. Nitrosamine gelten als Substanzen mit hohem Krebsbildungspotential.

5.3 Reinigungsverfahren

Unter Reinigungsverfahren versteht man die technisch eingesetzten apparativen Methoden und die zugehörigen Betriebsmittel, um die Reinigung eines gegebenen Werkstücks durchzuführen. Es gibt eine Vielzahl verschiedener Reinigungsverfahren, die alle mehr oder weniger ihre Existenzberechtigung haben. Entscheidend für die Auswahl eines Reinigungsverfahrens sind die Dimensionen der zu reinigenden Werkstücke, deren Gewicht, Konstruktion, zeitliche Häufigkeit und Produktionsmenge, die Zugänglichkeit der Oberfläche, die Empfindlichkeit der Werkstücke aus chemischer und thermischer Sicht, Abwasser- und Abluftkosten und ökologische Anforderungen an den Reiniger.

5.3.1 Reinigen mit und ohne Lösemittel

Auf die Gefährdung der Umwelt durch CKW-, FKW- und FCKW-Produkte weisen zahlreiche Veröffentlichungen hin (6). Trotzdem werden auf dem Markt noch vollautomatisierte, vollgekapselte Edelstahlanlagen zum Reinigen mit CKW angeboten, deren Einsatz für Kleinteile und Korbware gepriesen wird. Die Reinigung erfolgt in diesen Anlagen durch Waschen mit stets in der Anlage selbst destillativ wieder aufbereitetem Lösemittel (Bild 5-1). Man erkennt in dem Bild links oben zwei Kammern mit Lösungsmittel zum Reinigen und zum Spülen, darunter die Kammer zum Aufnehmen des verbrauchten Lösungsmittels, in der die Erwärmung und das Abtreiben des Lösungsmittels erfolgt. Über den Kammern ist der Kondensator angebracht, von dem das Kondensat in den kleineren Wasserscheider abläuft, weil Wasser mit vielen CKW-Produkten azeotrop überdestilliert wird. In der Mitte ist die geschlossene Behandlungskammer zu sehen, die mit Hilfe der Kreiselpumpe entleert wird. Das gebrauchte Lösungsmittel wird im Spänefilter und im nachgeschalteten Filter von Feststoffen befreit und zur Wiederverwendung oder zur Destillation gegeben. Nach beendeter Reinigung und Spülung wird das Werkstück getrocknet. Man erkennt Gebläse mit vorgeschaltetem Lufterhitzer und davor liegenden Tiefkühler (Demister) zur Dampfkondensation. Obgleich die Werkstücke auch innerhalb der Anlage durch Kreislaufluft getrocknet und über eine Schleuse ausgeschleust werden, ist die Umgebung nicht unbelastet. Die durch Adsorption an den Werkstücken mit ausgeschleusten Lösemittelanteile sind nicht zu vernachlässigen. Anlagen dieser Art sollten für die Zukunft auf den Einsatz brennbarer Produkte umgestellt werden, weil die Produktion halogenierter Kohlenwasserstoffe in wenigen Jahren eingestellt werden wird. Der Einsatz von brennbaren Lösemittel zum Reinigen ist ökologisch weit weniger bedenklich, besitzt aber den großen Nachteil, daß die verwendeten Anlagen und die Betriebsräume explosionsgeschützt ausgeführt werden müssen. Eingesetzt wer-

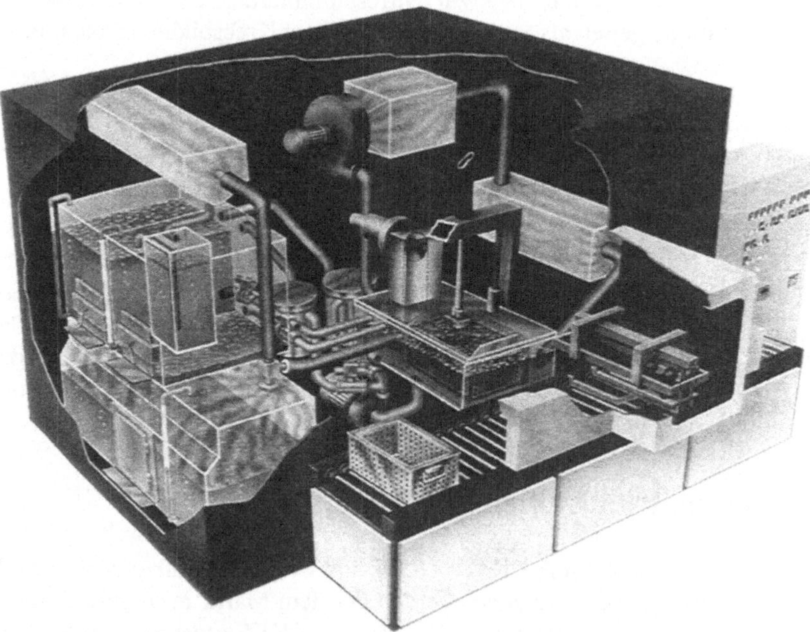

Bild 5-1: Vollgekapselte Reinigungsanlage für Betrieb mit CKW-Produkten, Foto K. Roll GmbH & Co

den gekapselte Tauchanlagen, in denen insbesondere Bauteile für die Elektroindustrie wie Leiterplatten gereinigt werden. Auf ein Schleusensystem wird oft verzichtet, es sollte aber in modernen Anlagen vorhanden sein. Außer Leichtbenzin werden biologisch abbaubare Lösemittel wie z.B. Orangenterpene eingesetzt. Die Anlagen besitzen oft eine eigene integrierte Lösemitteldestillationsanlage.

5.3.2 Reinigen mit wäßrigen Lösungen

Der Einsatz wäßriger Reinigungslösungen ist nicht mit den kostenintensiven Schutzmaßnahmen verbunden, wie sie bei Lösemitteleinsatz vorgesehen werden müssen. Bis auf Emulsionsreiniger, in denen im allgemeinen ein Paraffinkohlenwasserstoff emulgiert ist und die einige zusätzliche Schutzeinrichtungen für die Abwasserentsorgung benötigen, sind Reiniger nach gesetzlicher Vorschrift nur mit biologisch voll abbaubaren organischen Zusätzen und mit anorganischen Salzen versehen, so daß spezielle Schutzeinrichtungen für die Umwelt sich erübrigen. Bei der Wahl des optimalen Reinigungssystems kann man daher auf eine sehr große Angebotspalette zurückgreifen und das kostenoptimale wirksame und auf den Problemfall zugeschnittene Reinigungssystem auswählen. Als Richtlinie hat es sich dabei bewährt, die folgenden Auswahlkriterien anzuwenden:

Zur Reinigung sehr großer Bauteile, von Bauteilen in sehr geringer Stückzahl und zur Anwendung in Reparaturbetrieben, bei der Werksinstandsetzung oder bei Reinigungsarbeiten in Werkhallen sind Hochdruck- oder Dampfstrahlreiniger die geeigneten Maschinen. Hochdruckreinigungsanlagen bestehen aus einer mit Frisch- oder Brauchwasser gespeisten Hochdruck-Kolben- oder Plungerpumpe, in die über einen Injektor das flüssige Reinigungskonzentrat angesaugt wird. Die eingesetzten Reiniger sind schwach konzentriert mit etwa 0,5 % Reinigerzusatz und werden nach einmaligem Gebrauch verworfen. Die Reinigungslösung tritt an der Düse mit bis etwa 80 Bar Druck aus. Die Düse kann mit Hilfe einer Lanze handgeführt oder eingesetzt in rotieren Sprühköpfe automatisch bedient werden. Bei Reparatur- oder Instandsetzungsarbeiten wird oftmals das Reinigerkonzentrat zunächst auf die zu reinigende Fläche gegeben, die dann mit Druckwasser abgespült wird. Hierbei werden vielfach Emulsionsreiniger verwendet. Dampfstrahlgeräte, auch beheizte Hochdruckreinigungsanlagen genannt entsprechen im Aufbau den Hochdruckgeräten, nur wird nach der Druckpumpe ein Wärmetauscher nachgeschaltet, der es erlaubt, die Reinigungsflüssigkeit auf bis auf etwa 120°C zu erwärmen. Vorteil der

Bild 5-2: Behälterinnenreinigung
mit rotierendem Hochdrucksprühkopf,
Foto WOMA

Dampfstrahlgeräte liegt darin, daß der Reinigungsvorgang durch Wärme unterstützt wird. Wird auch das Spülwasser im nachfolgenden Spülgang erhitzt, bekommen die Werkstücke genügend Eigenwärme, so daß das Trocknen oft ohne zusätzliche Wärmezufuhr erfolgen kann.

Reinigungsprodukte für Hochdruck- oder Dampfstrahlreiniger sollen beim Verspritzen eine mittlere Schaumentwicklung zeigen, damit die Reinigungslösung insbesondere an senkrechten Flächen eine verlängerte Einwirkungszeit bekommt. Dies steht im Gegensatz zur Forderung an Spritzprodukte allgemein, die keine Schaumbildung aufweisen sollen. Nach der Reinigung von zum Rosten neigenden Werkstücken muß mit einer Korrosionsschutzlösung zum Behandlungsende nachgespritzt werden, weil in diesen Reinigungsverfahren der Trocknungsprozeß relativ viel Zeit beansprucht, so daß es zu Flugrostbildung kommen kann.

Eine Anlagenskizze für einen Spritzstand für Hochdruck- oder Dampfstrahlgeräte mit angeschlossenem Öl- und Sandabscheider zeigt Bild 5-3. Derartige Arbeitsplätze sind auch zum Einsatz von Emulsionsreinigern geeignet.

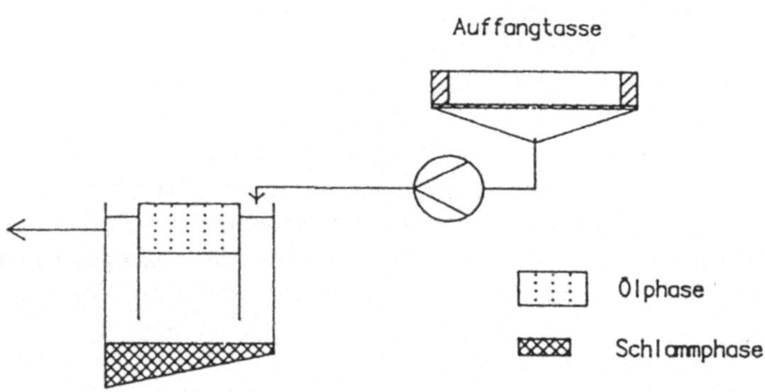

Bild 5-3: Aufbau eines Spritzstandes für Hochdruck- oder Dampfstrahlgeräte, schematisch

Zur Reinigung von Werkstücken mit leicht zugänglichen Reinigungsflächen sind Spritzreinigungsanlagen vorteilhaft einzusetzen. Die Art und Ausführung einer Spritzreinigungsanlage kann sehr unterschiedlich sein. Schwere Werkstücke, Werkstücke in Einzelstückfertigung, Kleinteile in Körben etc. können vorteilhaft in Einkammerwaschmaschinen gereinigt werden. Diese Waschmaschinen besitzen fest installierte Düsenstöcke innerhalb des Spritzraumes, wobei für jedes Produkt und für das Spülwasser eigene Vorratsbehälter und Pumpen vorgesehen werden. Günstig ist es, in diesen Maschinen auch das Einblasen von Heißluft vorzusehen, so daß die Werkstücke in schon getrockneter Form anfallen. In modernen Maschinen wird vielfach das Werkstück während des Reinigungsoperation in Rotation versetzt, um für eine gleichmäßige Behandlung zu sorgen.

Zum Reinigen von Blechteilen, die an einer Transportkette aufgehängt werden können und ein nicht zu großes Eigengewicht besitzen, können getaktete Spritzkammern mit periodischer Beschickung verwendet werden, die eine weitere Tür zum rückseitigen Warenaustrag besitzen. Die Werkstücke können auf diese Weise automatisch, ohne sie umzuhängen, in den weiteren Fertigungsablauf eingespeist werden. Der Spritzdruck in Kammerwaschanlagen liegt im Bereich von 0,8 bis 5 bar. Die Form der Spritzdüsen kann sehr vielfältig sein. Im Einsatz sind Flachdüsen, Kegeldüsen, Glockendüsen u.a.

Werden in der Produktion Blechteile in größeren Stückzahlen gefertigt, sind periodisch arbeitende Spritzanlagen unvorteilhaft. In diesem Fall zerlegt man den Arbeitsgang in einzelnen Arbeitsschritte und ordnet diese Arbeitsschritte jeweils einer Spritzkammer zu. Die Kammern werden dann hinter einander in der Reihenfolge der Arbeitsgänge angeordnet. Die Werkstücke werden direkt oder auf Gestellen aufgehängt an einem Kettenförderer befestigt und wandern mit konstanter Geschwindigkeit durch die einzelnen Behandlungszonen. Dadurch muß jede Behandlungszone so lang sein, wie es das Produkt aus Kettengeschwindigkeit L (m/min) und Behandlungszeit t (min) ergibt.

Länge der Behandlungszone (m) = L x t

Zwischen jedem Arbeitsschritt wird eine Abtropfzone installiert, um die Vermischung der Produkte zu minimieren. Nach [7] ist eine Abtropfzone dann richtig ausgelegt, wenn die Abtropfzeit etwa 30 s beträgt.
Kürzere Abtropfzeiten bedingen eine stärke Produktvermischung, längere Abtropfzeiten bergen die Gefahr in sich, daß es zu Produktauftrocknungen, die oft kaum mehr entfernbar sind, oder zur Flugrostbildung kommt. Man kann dem Auftrocknen dadurch entgegenwirken, daß man in den Abtropfzonen ein Auftrocknen durch Vernebeln von Wasser verhindert. Für Spritzdruck und -düsen gelten die Angaben für Kammerspritzanlagen.
Bei Spritzanlagen werden die Vorratsbehälter für die Spritzlösung unter der Spritzanlage installiert. Die Größe dieser Vorratsbehälter wird nach einer der beiden Faustformeln berechnet:

Badvolumen (m³) > Blechdurchsatz (m²/h)/ 150 bis 450

oder

Badvolumen (m³) > 2,5 x Spritzdurchsatz (m³/min)

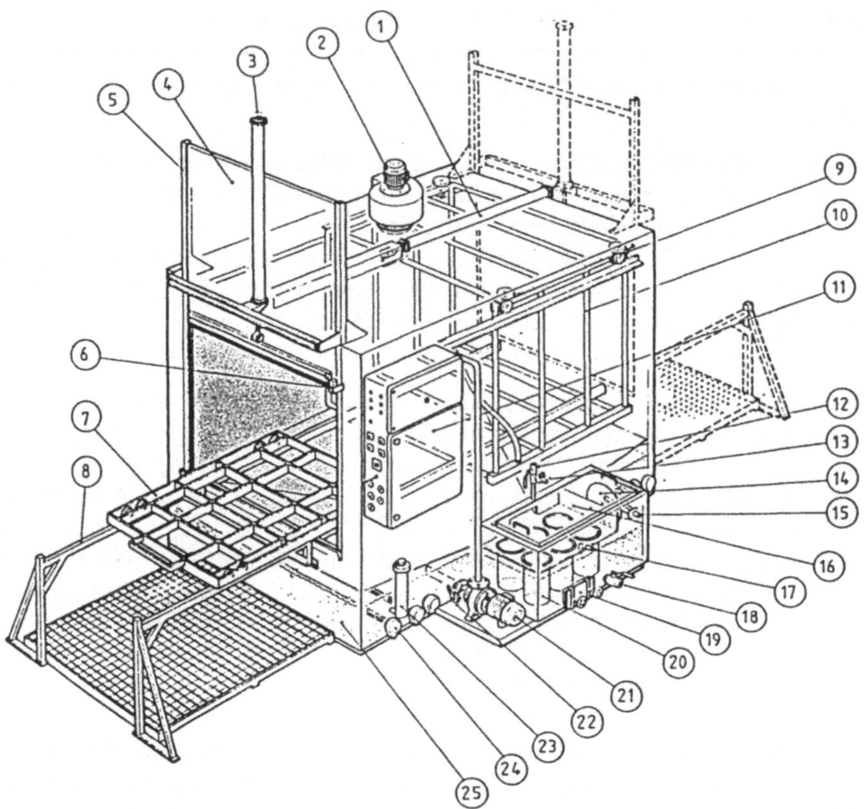

Bild 5-4: Kammerspritzanlage, Zeichnung J. Schneider Industriesysteme

Bei der Konstruktion der Behälter sollte man Schrägböden oder Spitzböden vorsehen, auf denen sich anfallender Schlamm konzentriert ansammelt. Für alle Spritzanlage gilt, daß die Wärmeverluste durch Verdampfen von Wasser während des Spritzvorgangs groß sind. Der Innenraum der Spritzanlagen ist stark korrosionsgefährdet. Als Baumaterial sollte man daher höher legierten, nicht rostenden Stahl (z.B. 1.4301 oder besser) vorsehen.

Reinigungsprodukte, die in Spritzanlagen eingesetzt werden, dürfen auch bei Spritzdrücken von bis 5 bar keinen Schaum bilden, weil sonst die Anlage überläuft. Um die Baugröße von Spritzanlagen nicht zu lang werden zu lassen, betragen übliche Behandlungszeiten bis 2 min für jeden Reinigungsvorgang, bis 1 min. für jeden Spül- und Passivierungsvorgang, 0,5 min für jede Übergabestelle (Abtropfzone) an den nachfolgenden Behandlungsschritt. In Sonderfällen können diese Behandlungszeiten auch erheblich unterschritten werden. Übliche Fördergeschwindigkeiten der eingesetzten Kettenförderer betragen 1 bis 4 m/min. Spritzanlagen werden mit wiederverwendbaren Reinigungsprodukten betrieben.

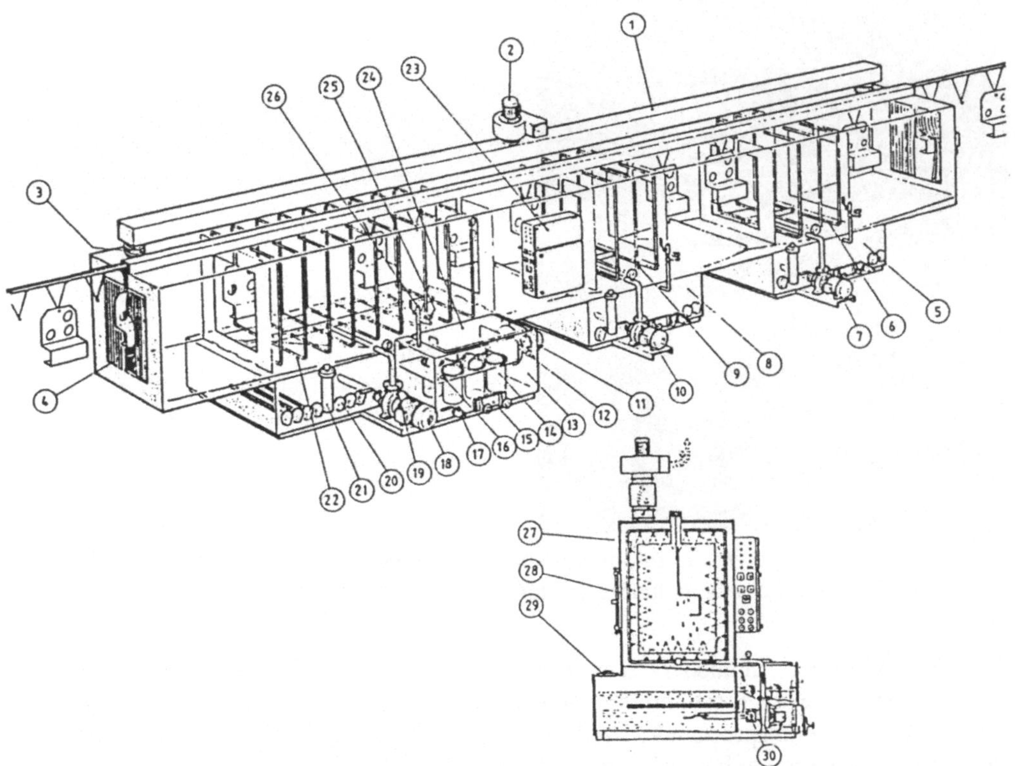

Bild 5-5: Durchlaufspritzanlage, Zeichnung J. Schneider Industriesysteme

Werkstücke mit schwieriger zugänglicher Oberfläche, Innenräume von Boilern etc. werden vorteilhaft in Tauchanlagen behandelt. Tauchanlagen bestehen aus rechteckigen Tauchbecken, die meist in Reihe oder hufeisenförmig angeordnet sind. Für jeden Behandlungsschritt muß ein Becken vorgesehen werden. Die Becken werden entweder durch eingezogene Rohrbündel oder über außen stehende Wärmetauscher beheizt. Die Größe der Becken richtet sich nach der Größe der Warenkörbe oder Einzelwerkstücke, die behandelt werden müssen und ist damit von der Größe der Werkstücke und der Produktionsmenge pro Zeiteinheit abhängig. Die Becken werden außen gegen Wärmeverluste isoliert. Um bei heiß betriebenen Becken die Verdampfungsverluste zu vermindern, werden gelegentlich Klappdeckel installiert, die das Bad nur beim Beschicken oder Entleeren mit Werkstücken öffnen. Gelegentlich wird auch versucht, durch Auflegen einer Schicht von etwa 5 cm im Durchmesser messenden Plastikbällchen die Wärmeverluste zu vermindern.

Bild 5-6:
Tauchanlage mit Portalumsetzer,
Foto Eisenmann, Böblingen

Die Warenbeförderung erfolgt im allgemeinen in Drahtkörben oder in Gestellen, die mit Hilfe von Elektrokettenzügen manuell oder automatisch von Portalumsetzern befördert werden.

Der Warentransport in modernen Tauchanlagen mit Hilfe von einem oder mehreren Portalumsetzern erfolgt programmgesteuert. Die Warenkörbe werden dabei dem Behandlungsschema entsprechend weiterbefördert. Der Fahrweg dieser Portalumsetzer wird in einem Fahrdiagramm beschrieben (Bild 5-7).

Zur Reinigung einseitig offener, kleinerer Behälter wie Geschirrware (Haushaltsgeschirr, Töpfe etc.) kann eine kontinuierliche Spritzanlage verwendet werden, bei der der Rohling mit der Öffnung nach unten auf ein kontinuierlich laufendes, endloses Siebband aufgelegt wird. Spritzdüsen sorgen dann dafür, daß der Rohling allseitig benetzt wird, wobei die Spritzarbeit bei Drücken von 0,5 bis 0,8 Bar eher als Schwallarbeit bezeichnet werden muß. Die Reinigung dauert in Tauchverfahren länger als in Spritzverfahren, weil die Mithilfe der Spritzmechanik fehlt. Zur Verkürzung der Behandlungszeit sollte man daher das Reinigungsbad umpumpen, durch Einpressen von Druckluft umwälzen oder für eine Warenbewegung sorgen. Beim Einsatz von Pumpen genügt es, einmal je Stunde den Badinhalt umzupumpen. Man sollte jedoch magnetisch gekoppelte, stopfbuchsenlose Pumpen einsetzen, um das Einziehen von Luft auf der Pumpensaugseite und die damit verbundene Schaumbildung zu vermeiden. Warenbewegung kann entweder mit Hilfe von Kettenzügen oder durch Einsatz von Hubbalkenanlagen oder durch Hin- und Herbewegen der Warenträger durchgeführt werden. Zur Einleitung von Luft genügt normalerweise ein perforierter Schlauch, der am Ende verschweißt wird. Kleinteile werden häufig in durchlochte Trommeln verpackt, die sich in der Waschflotte drehen und damit für eine Verstärkung der Reinigungswirkung sorgen. Auch die Trommeln werden z.B. mit Hilfe von Portalumsetzern von Bad zu Bad weitergefördert.

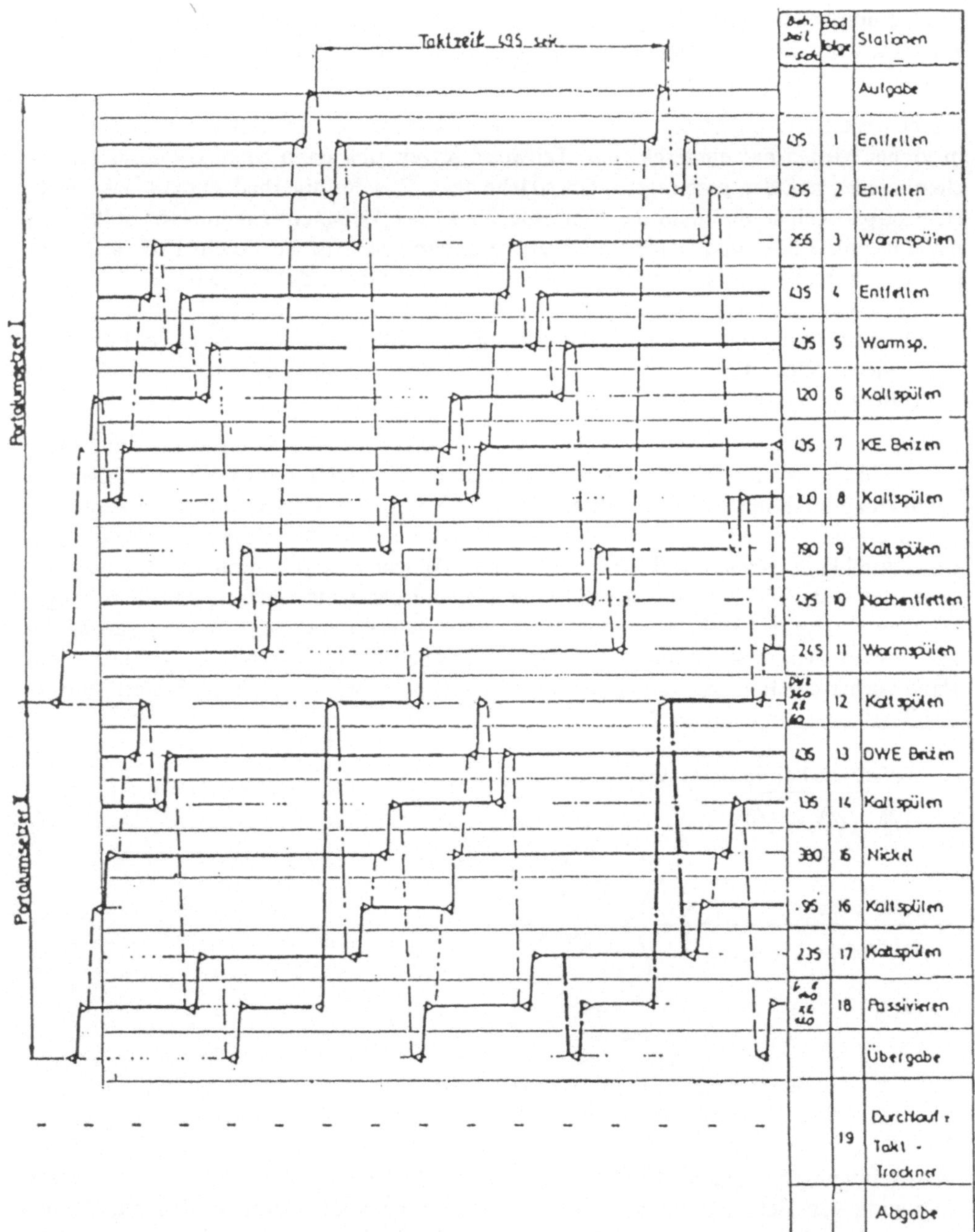

Bild 5-7: Fahrdiagramm zweier Portalumsetzer, Unterlagen Fa. Eisenmann, Böblingen

Reiniger, die für Tauchanlagen geeignet sind, sind im allgemeinen schwach bis stark schäumende Produkte. Lediglich wenn Luft zum Umwälzen eingeblasen werden soll, muß ein schwach bis nicht schäumendes Produkt eingesetzt werden. Tauchreinigungen werden normalerweise bei Temperaturen von Raumtemperatur bis 85°C betrieben. Die

Behandlungszeiten liegen dabei etwa zwischen 5 und 15 min. Längere Behandlungszeiten sollten nur in Ausnahmefällen, z.B. bei Vorliegen von mit Kapillaren versehenen Preßteilen, akzeptiert werden.

Werden Werkstücke gereinigt, die vorher poliert wurden, werden Poliermittelrückstände in großer Menge mit eingeschleppt. Teilweise setzen sich dann sogar die Feststoffteilchen wieder auf der gereinigten Oberfläche fest. Das Reinigerbad enthält sehr viele Feststoffpartikel, so daß man die überschleppte Flüssigkeitsmenge reduzieren sollte, um nachfolgende Bäder und Spülen nicht zu verunreinigen. Nur in diesem Fall setzt man dem ersten Reinigungsbad ein hydrophobierendes Tensid zu, das auf dem Werkstück einen Film bildet und das Festsetzen der Partikel verhindert. Gleichzeitig bewirkt der Film eine Verminderung der Überschleppungsmenge. Der Film muß aber im nächst folgenden Bad wieder abgewaschen werden. Die Hydrophobierung stört alle nachfolgenden Beschichtungsprozesse.

Kräftigere Reinigung in Tauchanlagen, insbesondere, wenn die Anlagen kontinuierlich, z.B. mit Bandstahl als durchlaufendes Band, beschickt werden, erfordert nachhaltige Unterstützung durch mechanische Mittel. Geeignet sind hierzu Bürstreinigungssysteme, bei denen gegenläufig zur Bandlaufrichtung sich drehende Bürsten eingesetzt werden. Das Band durchläuft dabei zunächst ein Spritz- oder Tauchbad und kommt anschließend mit dem Bürstsystem in Kontakt, das für eine mechanische Unterstützung des Reinigungsvorganges sorgt. Bild 5-8 zeigt eine Skizze einer solchen Anlage. Bürstreinigungsanlagen werden auch in Kombination mit Spritzreinigungsanlagen verwendet, bei denen das Band vorher mit Reinigerlösung beschwallt wird, oder/und bei denen Reinigerlösung in das Bürstsystem injiziert wird.

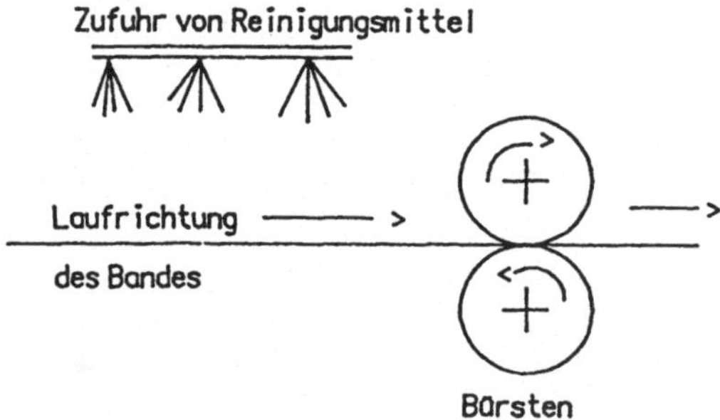

Bild 5-8: Bürstreinigungsanlage für die Bandbehandlung

Bürstreinigungsanlagen werden nicht nur zur Bandbehandlung, sondern auch zur Innenreinigung von Behältern in der Farbenindustrie eingesetzt. Dann werden die Bürsten aber im Behälterinnern bewegt. Reinigungsprodukte, die in Bürstwaschanlagen eingesetzt werden, sollten schwach schäumende Reiniger sein, bei denen die Schaumdecke für eine etwas längere Benetzung der Werkstückoberfläche sorgt.

Unterstützung der Reinigung in Tauchbecken kann auch durch Erzeugung starker Strömungen oder von Schwingungen gegeben werden. Beim Injektionsflutverfahren werden die in die Waschflotte eingetauchten Werkstücke eine starken Strömung ausgesetzt, die über Pumpen und ein spezielles Düsensystem erzeugt wird. Um die Düsen nicht zu verstopfen, wird die Lösung ständig filtriert. Das Reinigungsverfahren verbessert die Reinigung kompliziert geformter Werkstücke. Allerdings ist der Pumpenergieaufwand hoch.

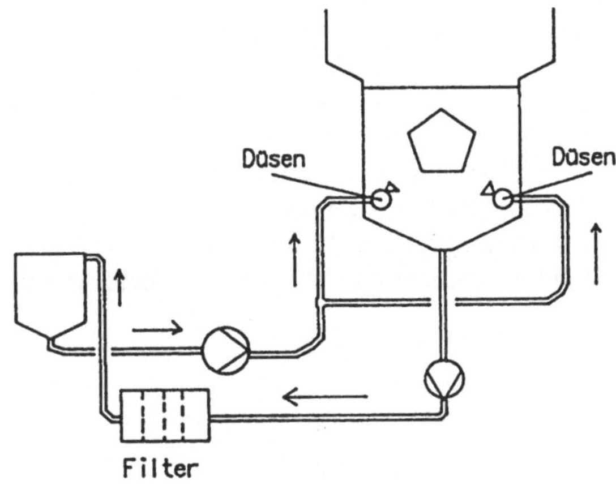

Bild 5-9: Injektionsfluten, schematisch

Schwingungen werden wirkungsvoll mit Hilfe von Ultraschallgebern erzeugt, die außen an das Becken angesetzt oder angeschweißt oder korrosionsgeschützt gekapselt in das Bad eingehängt werden und so den Ultraschall in das Flüssigkeitsinnere übertragen. Ultraschallbäder sind in ihrer Baugröße begrenzt. Die Obergrenze liegt dabei bei etwa 3 m^3 Badinhalt. Dies liegt daran, daß die für eine wirksame Reinigung notwendige Energiedichte bei noch größeren Becken nicht mehr erreicht werden kann. Ultraschallwellen wirken nur auf die frei zugänglichen Oberflächen ein. Abschirmungen und Schattenwurf müssen ebenfalls vermieden werden. Ultraschallschwinger erzeugen transversale Wellen. Trifft ein Wellenberg auf eine Werkstückoberfläche, entsteht ein Druck, der reinigungstechnisch unwirksam ist. Das danach folgende Wellental erzeugt einen Sog (Kavitation) auf der Oberfläche des Werkstücks, in dessen Folge sich Verunreinigungen ablösen. Ultraschallbäder arbeiten im Frequenzbereich von 20 bis 40 kHz. Ultraschallbäder sind empfindlich gegen heterogene Badbestandteile wie Luft-, Dampf- oder Gasblasen oder

Tropfen, die den Schall absorbieren und die Wirksamkeit des Ultraschalls senken. Reinigungsprodukte für US-Bäder können diegleichen sein, wie sie im Tauchverfahren verwendet werden. Ultraschallbäder arbeiten bei Raumtemperatur bis etwa 85°C mit Behandlungszeiten von etwa 30 bis 50 s. Zur Reinigung von Drähten oder Bändern verwendet man Ultraschall-Rohrreiniger (Bild 5-10), bei denen mehrere US-Köpfe kreisförmig um den Achsmittelpunkt angeordnet werden.In der Tauchreinigung kann auch elektrischer Strom als Hilfsmittel verwendet werden (elektrolytische Reinigung). Man verwendet dazu Gleichstrom und schaltet das Werkstück je nach Material als Anode, Kathode oder polt wechselseitig um. Anodisch erfolgt dabei ein geringer Abtrag von der Werkstückoberfläche, kathodisch wird Wasserstoff entwickelt, der reduzierend wirkt und Verunreinigungen von der Oberfläche absprengt. Bei anodischer Schaltung können auf der Oberfläche aber auch Oxidfilme gebildet werden, bei kathodischer Polung kann u.U. das Werkstück Wasserstoff aufnehmen. Die Arbeitsbedingungen in der elektrolytischen Reinigung sind Raumtemperatur bis 85°C, 10 bis 40 s Behandlungszeit und 3 bis 10 A/dm^2 Stromdichte. Reinigungsprodukte für die elektrolytische Reinigung besitzen eine hohe elektrische Leitfähigkeit, um die Wärmeproduktion zu minimieren, und sind häufig tensidarm bis -frei. Tauchreinigung, US-Reinigung und elektrolytische Reinigung sind Standardverfahren in der Galvanotechnik, in der sie meist kombiniert eingesetzt werden.

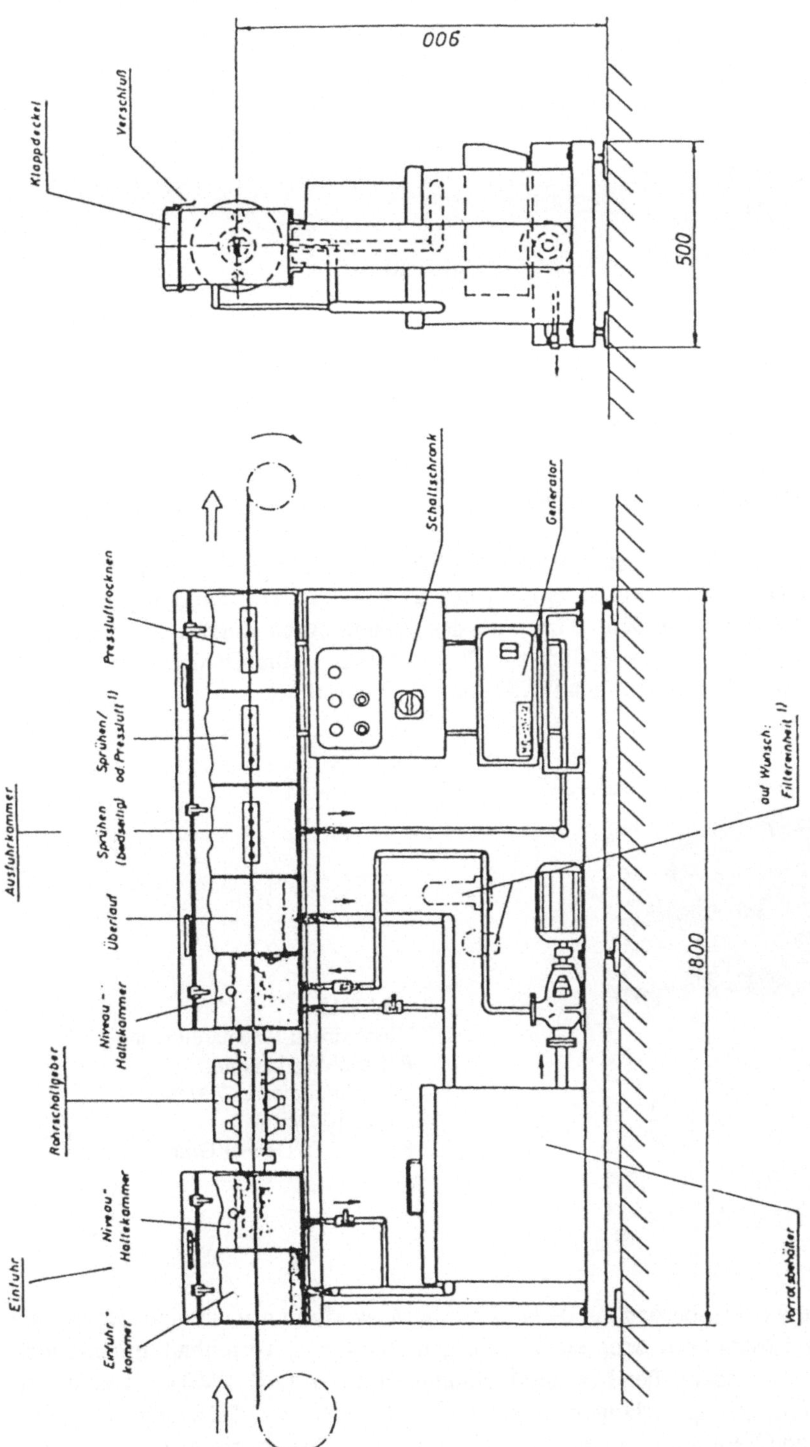

Bild 5-10: Ultraschall-Band- und Drahtreinigungsanlage, Zeichnung Fa. Branson

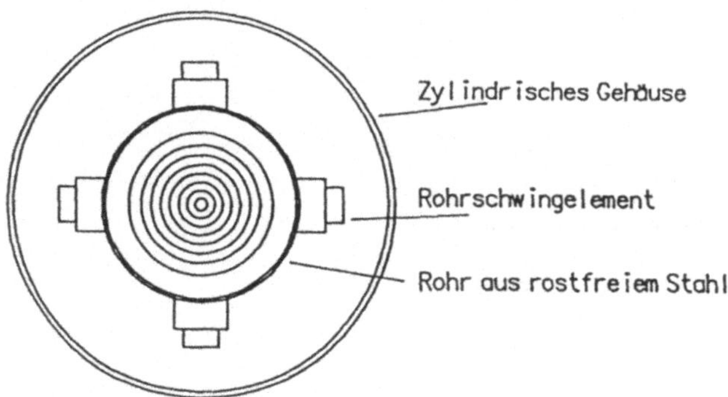

Bild 5-11: Anordnung der Schwingungsgeber in einer Drahtreinigungsanlage

5.3.3 Niederdruck-Plasmareinigen

Setzt man eine Oberfläche im Vakuum von 0,1 bis 1 mbar der Einwirkung elektromagnetischer Felder aus und erzeugt so ein Plasma, so können Verunreinigungen organischer Natur leicht entfernt werden. Dazu wird das Plasma durch Zugabe von Sauerstoff oxidierend eingestellt, so daß zusätzlich zur Plasmawirkung eine Oxidation stattfindet, die die organischen Verunreinigungen in CO_2 und H_2O überführt.

Bild 5-12:
Niederdruck-Plasmareinigung
Behandlungskammer:
Innendurchmesser 700 mm
Länge 1000 mm.
Foto MOC, Danner GmbH

Dieses Verfahren wird insbesondere als Nachreinigungsverfahren nach einer Reinigung mir organischen Lösemitteln oder einer wäßrigen Reinigung vorteilhaft angewendet, wenn die Oberfläche anschließend in Beschichtungsverfahren (z.B. PVD), die eine sehr geringe Restverschmutzung verlangen, behandelt werden soll. Bild 5-12 zeigt eine kommerziell angebotene Reinigungsanlage für das Niederdruck-Plasmareinigen.

Übungsaufgaben:

Frage 5.1: Was ist zu beachten, wenn eine frisch befüllte Spritzreinigungsanlage in Betrieb genommen werden soll?

Frage 5.2: Die Geschwindigkeit der Transportkette, an der die Werkstücke hängen, beträgt 4 m/min. Wie lang muß die Reinigungsstrecke sein, wenn die Reinigung dreistufig erfolgt und je Reinigungsstufe 2 min, 1 min oder 30 s benötigt werden?

Frage 5.3: Welche Substanzen sind in einem stark alkalischen, pulverförmigen, phosphatfreien Abkochentfetter für Stahlware zu erwarten?

Frage 5.4: Welche Fehler können zu einer Beeinträchtigung der Reinigungswirkung einer Ultraschall-Reinigungsanlage führen?

Frage 5.5: Warum sollte eine Abkochentfettung nicht bei Temperaturen oberhalb 85°C betrieben werden?

Frage 5.6: Welche Ursache kann es haben, wenn in einer Entfettung das abgetrennte Fett auf dem Boden des Entfettungsbades liegen bleibt?

Frage 5.7: In der Entfettung werden Schleifstaub und Polierpastenreste abgewaschen. Wie können Sie es verhindern, daß nichtschöpfende Teile große Mengen des in der Waschflotte dispergierten Feststoffs überschleppen?

6 Phosphatieren

Der Korrosionsschutz durch organische Überzüge wird beachtlich verbessert,wenn man zwischen Beschichtung und metallischem Werkstoff eine Phosphatschicht als Dampfsperre gegen den durch Lackschicht und Poren eindiffundierenden Dampf aufbaut. Eindiffundierende Wassermoleküle werden dadurch von der Phosphatschicht absorbiert, ehe sie mit dem darunterliegenden Metall in chemische Reaktion treten können. Andere Phosphatschichten werden als Schmiermittelträger bei schweren Umformarbeiten oder als Trockenschmierstoff eingesetzt. Neben reinen Phosphatschichten, in denen nur eine Kationensorte eingebaut wird, werden vielfach Mischphosphatierungen eingesetzt, deren Fertigung sich aber nicht prinzipiell von der reiner Phosphatschichten unterscheidet.

6.1 Systematik der Phosphatierungen

Die Eisenphosphatierung unterscheidet sich von allen anderen Phosphatierungen insbesondere dadurch, daß die Phosphatschicht aus basischen, amorphen Produkten leicht wechselnder Zusammensetzung besteht. Natürlich sind bei allen anderen Phosphatierver-

Tabelle 6-1: Systematik der Phosphatschichten

Name	Chemische Zusammensetzung	Schichtgewicht (g/m^2)	Verwendung
Eisen phosphatierung	$2\ FePO_4.Fe(OH)_3$ amorph	0,2 - 1,2	Lackiervorbehandlung
Manganphosphatierung	$(Mn,Fe)_5H_2(PO_4)_4.$ $4H_2O$ Hurèaulith, kristallin	8 - 12	Gleitschicht
Zinkphosphatierung	$Zn_3(PO_4)_2.4\ H_2O$ Hopeit, kristallin	1,8 - 2,2 2 - 8 >8	Lackiervorbehandlung Beölung Gleitschicht
Zink-Eisen-Phosphatierung	$Zn_2Fe(PO_4)_2.$ $4\ H_2O$ Phosphophyllit,krist	1,8 - 2,2	Lackiervorbehandlung
Zink-Calcium-Phosphatierung	$Zn_2Ca(PO_4)_2.$ $2\ H_2O$ Scholzit,krist	1,8 - 2,2	Lackiervorbehandlung
Zink-Mangan-Phosphatierung	$Mn_2Zn(PO_4)_2.$ $4\ H_2O$ Mn-Hopeit,krist. neben $Zn_2(Mn,Fe)(PO_4)_2.$ $4\ H_2O$ Mn-Phosphophyllit,krist	1,8 - 2,2	Lackiervorbehandlung Gleitschicht Rollreibung

fahren nicht immer nur die aufgeführten kristallinen Phasen auf der Oberfläche vertreten. Je nach Badführung tritt z.B. Hopeit neben Phosphophyllit auf.
Unter den Mischphosphatierungen zeichnet sich die Zn-Ca-Phosphatierung durch besondere Feinkörnigkeit aus. Die Zn-Fe-Phosphatierung ist besonders stabil bei nachfolgender KTL-Beschichtung. Die Zn-Mn-Phosphatierung hat sich z.B. bei der Herstellung von Schrauben sehr bewährt.

6.2 Theorie der Phosphatschichtbildung

Phosphatschichten haften deshalb außerordentlich gut auf einem Werkstoff, weil sie direkt auf dem Kristallgitter des Werkstoffs aufkristallisieren bzw. aufwachsen. Daraus folgt, daß nicht jeder Werkstoff zum Phosphatieren geeignet ist. Tatsächlich sind phosphatierfähige Werkstoffe nur sehr begrenzt zu finden:

- niedrig oder unlegierte Stähle bis etwa 5% Fremdbestandteil
- Zink und verzinktes Material
- einige wenige Aluminiumlegierungen

Die erste Reaktion bei einer Phosphatierung ist eine Beizreaktion, ein saurer Beizangriff auf die Werkstoffoberfläche. Bei dieser Reaktion werden Metallionen (Eisen-II-Ionen) in Lösung gebracht. Es entsteht zunächst atomarer Wasserstoff, der die Beizreaktion behindert:

$$Fe + 2\,H^+ = Fe^{2+} + 2\,H$$

Soll die Beizreaktion mit entsprechender Geschwindigkeit weitergehen, muß der atomare Wasserstoff durch Einsatz von Depolarisatoren verbraucht werden. Diese Depolarisatoren sind Oxidationsmittel wie Nitrit, Nitrat, Chlorat oder organische Nitroverbindungen oder durch Luftsauerstoff regenerierbare Sauerstoffüberträger wie Molybdat oder Fumarate. Der wirksamste Depolarisator ist das Nitrit, so daß Spritzphosphatierverfahren nur mit nitritbeschleunigten Bädern ausgeführt werden können. Ausnahme dazu bildet die Eisenphosphatierung, die normalerweise molybdatbeschleunigt ist.

Die zweite Reaktion bei jeder Phosphatschichtbildung ist dann die eigentliche spezifische Phosphatierreaktion, die zur Abscheidung der Phosphatschicht führt und die bei den behandelten Phosphatierungen besprochen wird.

6.3 Die amorphe Phosphatschicht - die Eisenphosphatierung

Eisenphosphatschichten sind das preiswerteste Mittel, den Korrosionsschutz einer Lackierung zu verbessern. Allerdings reicht dieser Korrosionsschutz nach heutiger Beurteilung lediglich für trockene Innenausbauten aus wie für Werkstatt- oder Büromöbel u.a.m.. In den folgenden Abschnitten werden Schichteigenschaften und die Schichtherstellung beschrieben.

6.3.1 Eigenschaften von Eisenphosphatschichten

Eisenphosphatschichten sind keine kristallinen, sondern röntgenamorphe Schichten. Bild 6-1 zeigt eine REM-Aufnahme einer Eisenphosphatschicht auf Stahlblech. Ihre chemische Zusammensetzung ist nicht ganz konstant, neben Eisen-III-Phosphat sind wechselnde Mengen an Eisenhydroxid, im Mittel etwa 1 Mol Eisen-III-Hydroxid auf 2 Mol Eisenphosphat, enthalten. Die Schichten sind mehrheitlich sehr dünn. Ihre Schichtstärke liegt in der Größenordnung der Wellenlänge des sichtbaren Lichtes, wodurch Interferenzerscheinigen und je nach Schichtstärke wechselnde Farben der Schicht von violett bis gelb-rot entstehen können. Selbst auf ein und demselben Werkstück sind manchmal viele Farben anzutreffen, was nicht als Qualitätsmangel gelten darf. Überschreiten die Schichten etwa 0,6 g/m², so ist das Farbspiel vorbei. Stärker ausgebildete Schichten sind grau gefärbt. Eisenphosphatschichten sind dichte Schichten mit geringem Porengehalt.

Die Abscheidung der Eisenphosphatschicht erfolgt auf der Oberfläche des Werkstücks, weil bedingt durch die Beizreaktion an der Oberfläche ein pH-Wertanstieg auftritt, der zur Löslichkeitsverminderung für Eisenphosphat führt. Bild 6-2 veranschaulicht diesen Vorgang. Ist die Beizreaktion zu heftig, so ist der pH-Wertanstieg in der am Werkstück adhärierenden Flüssigkeitsschicht zu steil, und es kommt schon vor der Werkstückoberfläche zum Ausfallen von Eisenphosphat. Dieser Fehler macht sich durch eine staubige Schicht bemerkbar, die sich bei nachfolgenden Lackierungen als schädlich erweist. Da das Eisenion der Schicht ebenfalls aus dem gelösten Zustand abgeschieden wird, und weil eine Schicht gebildet wird, ist die Eisenphosphatierung eine schichtbildende Phosphatierung. Anderslautende Angaben der Literatur sind falsch. Dies zeigt sich auch dadurch, daß man Eisenphosphatierbäder erst dann soweit aktiviert hat, daß hochwertige Schichten gebildet werden, wenn man durch Zusatz von Eisensalzen oder durch Einarbeiten von Eisen (Einhängen von Schrott über Nacht) eine gewisse Eisenkonzentration

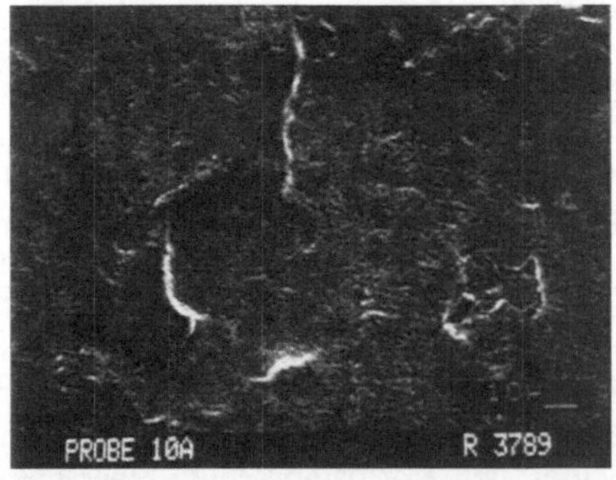

Bild 6-1:
REM-Aufnahme einer
Eisenphosphatschicht

in Lösung gebracht hat. Die Bezeichnung der Eisenphosphatierung als Alkalimetallphosphatierung ist veraltet und nicht eindeutig, da sie sich nur auf den Einsatz von Alkaliphosphaten bezieht, die auch bei anderen Phosphatierungen verwendet werden können. Typische Eisenphosphatierprodukte enthalten etwa 80-90% Natriumphosphate, 1% Na-Molybdat, 0-1% m-Nitrobenzoesäure, Rest Tenside. In Flüssigprodukten sind etwa 40-50% Wasser enthalten, und es werden Na-Phosphate durch H_3PO_4 und K-Phosphate ersetzt.

Eisenphosphatschichten wachsen nur auf freien Metallflächen auf. Die entstehende Schichtdicke erreicht vielfach einen produktspezifischen Grenzwert, der auch nach mehrfachem Einsatz der phosphatierten Oberfläche in das gleiche Phosphatierbad nicht weiter aufwächst. Eisenphosphatschichten schützen die mit Eisenphosphatierbädern beschickten Anlagenteile vor Korrosion durch die Phosphatierlösung, selbst wenn die Phosphatierung im sauren pH-Bereich knapp oberhalb pH 4 vorgenommen wird. Deshalb wurden in früheren Jahren selbst Spritzanlagen zur Eisenphosphatierung aus Baustahl ST 37 gefertigt. Sie erreichten Betriebszeiten von 10 bis 20 Jahren. Störend wirken sich allerdings die oftmals im Wasser enthaltenen Sulfat- und Chlorid-ionen aus. Die in Eisenphosphatierlösungen enthaltenen Chlorid- und Sulfationen sollten 50 mg/l nicht überschreiten, weil sonst in den Anlagen Lochfraß auftritt.

Der Arbeits-pH-Bereich von Eisenphosphatierlösungen liegt je nach Produkt zwischen 4 und 6. Welcher pH-Bereich der für ein Produkt günstigste ist, ist außer vom Produkt auch von der Stahlqualität abhängig. Härtere Stähle und leicht legierte Stähle benötigen einen etwas tieferen pH-Wert als Baustahl.

Der Arbeitstemperaturbereich von Eisenphosphatierlösungen liegt bei etwa 45 bis 65°C, die Behandlungszeiten bei 30 bis 120 s im Spritzverfahren bzw. 2 bis 5 min. im Tauchverfahren. Eisenphosphatierbäder sind im allgemeinen luftbeschleunigt. Als Sauerstoffüberträger dienen dabei überwiegend Molybdate, gelegentlich auch Fumarsäure und aromatische Nitroverbindungen. Molybdatfreie Bäder arbeiten bei höheren Temperaturen und sind etwas reaktionsträger. Da die Beizreaktion Säure verbraucht, müssen Eisenphosphatierbäder mit Phosphorsäu-re und etwas Beschleuniger nachgeschärft werden. Diese Arbeit ist leicht und einfach mit Hilfe einer pH-Messung und einer Dosierpumpe durchführbar. Manche Firmen verwenden auch

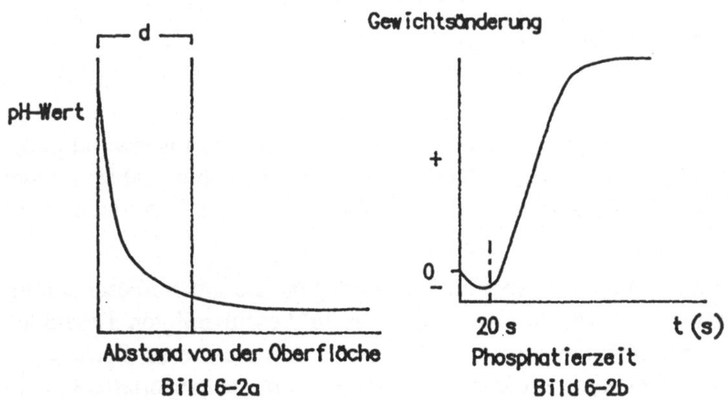

Bild 6-2: Prinzip der Eisenphosphatbildung (a) Schichtbildung bei Dünnschichtverfahren (b)

leitfähigkeitsgesteuerte Dosierpumpen, was ungefähr vergleichbar ist, weil die Leitfähigkeit des Hydroniumions in diesem pH-Bereich weit dominiert.

6.3.2 Eisenphosphatierverfahren

In Eisenphosphatierverfahren früherer Jahre wurden die Reinigung der Werkstücke und die Eisenphosphatierung in getrennten Arbeitsschritten vorgenommen. Der Arbeitsablauf umfaßte also die Schritte

    1 - 2x   Reinigen mit alkalischen Reinigern
       2x   Spülen
             Phosphatieren
             VE-Spüle (VE = Vollentsalztes Wasser)
             Trocknen

Bei dieser Arbeitsweise, die auch heute noch von einigen Firmen vertreten wird und die immer funktioniert, fallen alkalische und saure Spülwässer an. Da die Spülwassermengen und die Alkali- bzw. Säuregehalte der Spülwässer meist nur zufällig konstant sind, wird die Neutralisationsanlage wechselseitig von alkalischen oder sauren Spülwässer beaufschlagt, was zusätzlichen Regelaufwand bedeutet. Da Alkalien von Stahloberflächen nicht vollständig abspülbar sind, werden stets Restmengen an Alkalien in das Phosphatierbad verschleppt, so daß dort der Säureverbrauch vergrößert wird. Ein gleichzeitiges Benutzen eines einzigen Spülbades für alle Arbeitsvorgänge verbietet sich, da die Gefahr der Rückbefettung zu groß ist. Diese Schwierigkeiten, die Tatsache, daß für eine billige Eisenphosphatierung Anlagen mit 6-7 Bädern installiert werden mußten und der für solche Anlagen entsprechend hohe Energie-, Wasser- und Chemikalienverbrauch entstand, führte Anfang zur Entwicklung der Eisen-Wasch-Phosphatierung, bei der das Phosphatierprodukt gleichzeitig zu einem sauren Reiniger umfunktioniert wurde. Das Verfahren umfaßte jetzt folgende Arbeitsschritte:

    1 - 2x   Reinigen und Phosphatieren
             Spülen
             Trocknen.

Aus Anlagen mit 6 bis 7 Bädern wurden solche mit 3 - 4 Bädern. Die Eisenwaschphosphatierung, die gleich gute Ergebnisse wie das getrennte Verfahren liefert, hat sich heute allgemein durchgesetzt. Die Halbierung der Anlage halbierte auch die Verbrauchs- und Betriebskosten.

Die Mehrzahl der Eisenphosphatieranlagen sind Spritzanlagen, die mit luftbeschleunigten Produkten betrieben werden. Tauchanlagen, die mit luftbeschleunigten Produkten betrieben werden, erhalten günstigerweise eine künstliche Luftzufuhr in Form eines durchperlenden Luftstroms über eine am Boden des Bades verlegte perforierte Druckluftleitung.

Für den Bau der Spritzphosphatieranlagen gelten die schon für Reinigungsanlagen zu beachtenden Gesichtspunkte. Insbesondere sollte die Länge der Abtropfzonen bei 30 s Abtropfzeit gehalten werden, besonders dann, wenn mit zwei Phosphatierbädern gearbeitet wird und die Phosphatschicht nach Durchlaufen der ersten Spritzzone noch nicht dicht ausgebildet worden ist. Werkstücke mit gut ausgebildeten Eisenphosphatschichten können nach Durchlaufen der VE-Spüle naß-in-naß lackiert werden ohne Trocknung. Geeignet sind z.B. auch Elektrotauchlackierungen.

Störend wirkt sich bei Eisenphosphatierungen die durch die Beizreaktion bedingte Schlammbildung in der Lösung aus. Schlammbildung, Bildung von Eisenphosphatschlamm, kann prinzipiell nicht vermieden werden. Je nach Produktzusammensetzung kann der Schlamm Krusten bilden oder sehr feinteilig in der Arbeitslösung verteilt vorliegen. Letzteres ist anzustreben, damit die Bäder nicht ständig gereinigt werden müssen. Man kann den gebildeten Eisenphosphatschlamm auch kontinuierlich aus den Bädern entfernen, indem man die Badlösung mit Hilfe eines selbstentschlammenden Tellerseparators oder eines Filters ständig entsorgt. Eisenphosphatierbäder stellen keine besonderen Aufgaben bei der Entsorgung von Bädern und Spülwässern. Beim neutralen pH-Wert sind Eisenphosphate schwerlöslich. Im Prinzip genügt es, Eisenphosphatlösungen einer chemischen Abwasserbehandlung (Neutralisation mit Kalkmilch, Eisenhydroxidflokkung) zu unterziehen. Bei Spülwässern reicht im allgemeinen schon die Entfernung der Feststoffpartikel in einem Absitzbecken aus, weil Spülwässer annähernd neutral ablaufen. Eisenphosphatschlämme sind als Sondermüll zu behandeln und sollten nicht als Phosphatdünger auf den Ackerboden gebracht werden, solange Molybdate und aromatische Nitroverbindungen in den Phosphatierlösungen verwendet werden. Eisenwaschphosphatierungen sind damit das einfachste Mittel, um in der Großbehälterfertigung die Reinigung mit CKW-Produkten endgültig abzulösen. Eisenspritzphosphatierungen können in Dampfstrahlreinigungsgeräten verarbeitet werden. Nicht nur, daß man die Ökologie des Prozesse entscheidend verbessert, auch der erzielbare Korrosionsschutz wird entscheidend qualitativ aufgewertet. Auch hier gilt, ökologisch sinnvoll produzieren heißt ökonomisch produzieren. Eisenphosphatierlösungen werden vielfach auch als saure Reiniger verwendet. Insbesonder für Aluminium- und Zinkteile eignen sich derartige Produkte als Reiniger. Man muß allerdings wissen, daß bei Zinkoberflächen im Rahmen der Reinigung der Zinkoxidfilm aufgelöst wird, weil die Löslichkeit von Zinkhydroxid im pH-Bereich um 5 noch nachweisbar ist. Eine Phosphatierung erfolgt dabei nicht.

6.4 Kristalline Phosphatierungen

Die Eisenphosphatierung ist die einzige amorphe Phosphatierung. Alle anderen Phosphatierungen bilden kristalline Schichten und ähneln sich im Verfahrensablauf sehr stark. Unter den kristallinen Schichten sind die Zinkphosphatierungen und die Zinkmischphosphatierungen, in denen außer Zink noch ein weiteres Fremdmetall mit abgeschieden wird, die technisch bedeutsamsten. Die Badzusammensetzungen und die Betriebsbedingungen zeigt die Tabelle 6-2, wobei die Angaben als Richtwerte anzusehen sind.

Tabelle 6-2: Verfahrensparameter kristalliner Phosphatierungen

Badtyp (Beschleuniger)	Badzusammensetzung (g/l)	-temperatur (°C)	Tauch-zeit (min)	Schicht-gewicht (g/m²)
Zn-Phosphat. (Nitritbeschl.)	$1,5\text{-}3\ Zn^{2+}$, $1,2\text{-}2,5\ NO_3^-$, $5\text{-}10\ P_2O_5$, $0,1\text{-}0,3\ Ni^{2+}$, $0,05\text{-}0,5\ NO_2^-$	55 - 85	5 - 10	2 - 12
Zn-Phosphat (Chloratbeschl.)	$5\ Zn^{2+}$, $1\ NO_3^-$, $14\ P_2O_5$ $5\ ClO_3^-$	60 - 70	5 - 10	2 - 8
Zn/Fe-Phosphat (Nitratbeschl.)	$6\ Zn^{2+}$, $5\ NO_3^-$, $12\ P_2O_5$ $2\text{-}3\ Fe^{2+}$	60 - 85	5 - 10	2 - 8
Zn/Ca-Phosphat (Nitritbeschl.)	$6\ Zn^{2+}$, $30\ NO_3^-$, $8\ P_2O_5$ $6\ Ca^{2+}$, $0,1\text{-}0,3\ NO_2^-$	55 - 70	3 - 5	2 - 4
Mn/Fe-Phosphat (Nitratbeschl.)	$4\text{-}6\ Mn^{2+}$, $6\text{-}10\ NO_3^-$, $20\ P_2O_5$ $0,2\text{-}0,3\ Ni^{2+}$, $2\text{-}3\ Fe^{2+}$	85 - 95	10 - 20	10 - 20

6.5 Zinkphosphatierungen

Die Zinkphosphatierung soll als Beispiel für eine kristalline Phosphatierung behandelt werden. Zinkphosphatierungen sind qualitativ weit bessere Lackiervorbehandlungen als Eisenphosphatierungen. Sie sind kostspieliger, weil das Schwermetall nicht aus dem Werkstoff herausgelöst, sondern von Außen zugeführt werden muß (Ausnahme Zinkwerkstoffe). Sie werden eingesetzt für Lackierungen im Außen- oder Feuchtraumbereich, also z.B. Autokarosserien oder Spinde in Waschräumen u.a.m. In den folgende Abschnitten wird über Grundlegendes und die Eigenschaften der Schichten und die Verfahren zu ihrer Herstellung und deren Varianten berichtet.

Die naturwissenschaftlichen Abläufe, die zur Ausbildung von Phosphatschichten führen, wurden bereits beschrieben. Angemerkt werden muß, daß nicht jeder Stahl mit einer Zinkphosphatschicht belegt werden kann. Sowohl die Vorgeschichte des Stahlblechs als auch der Gehalt an Legierungsbestandteilen beeinflussen die Zinkphosphatierung. Als Faustregel gilt, daß Stahlsorten mit mehr als 5% Fremdelementen nicht zur Zinkphosphatierung eingesetzt werden. Zinkphosphatschichten sind grundsätzlich kristalline Schichten, die auf der Oberfläche aufwachsen. Damit Kristalle auf einer Oberfläche aufwachsen, müssen auf der Oberfläche Kristallkeime vorhanden sein. Bei der Zinkphosphatschichtbildung werden daher Kristallkeime mit anderer chemischer Zusammensetzung (heterogene Keimbildung) entweder in einem der vorgeschalteten Bäder oder innerhalb der Phosphatierungsbäder auf der Oberfläche abgeschieden. Heterogene Keimbildung innerhalb des Phosphatierbades erfolgt durch eine Austauschreaktion, bei der etwas Nickel oder Kupfer auf der Eisenoberfläche abgeschieden wird, wobei eine entsprechende Eisenmenge in Lösung geht. Tatsächlich enthalten alle Zinkphosphatierprodukte einen nicht zu vernachlässigenden Nickel- oder Kupferanteil.

Heterogene Keimbildung kann auch in einem vorgeschalteten Aktivierungsbad durchgeführt werden, in dem eine alkalische Form eines kolloidalen Titanylphosphats suspendiert wurde.

Zinkphosphatierungen werden durch Aluminiumionen gestört, wenn der Gehalt an freien Aluminiumionen etwa 3 mg/l überschreitet. Man kann dieses Problem durch Komplexieren mit Fluorid als $[AlF_6]^{3-}$-Ion und Ausfällen als Kryolith Na_3AlF_6 lösen. Auch ein zu hoher Gehalt an Eisen-II-Ionen stört die Zinkphosphatierung. Die Zugabe von Oxidationsmitteln während des Phosphatiervorganges hat nicht nur den Sinn, die Beizreaktion zu beschleunigen, sondern bezweckt auch, den Gehalt an Eisen-II-Ionen herabzusetzen. Dabei wird natürlich unlöslicher $FePO_4$-Schlamm gebildet, der aus den Bädern entfernt werden muß.

Der Arbeits-pH-Wert von Zinkphosphatierlösungen liegt normalerweise bei 2,5 bis 3,2. Deshalb müssen Zinkphosphatieranlagen grundsätzlich aus Edelstahl gefertigt werden. Über die Haltbarkeit von seit etwa 2 Jahren auf dem Markt angebotenen Anlagen aus glasfaserverstärktem Kunststoff liegen keine Erfahrungen vor. Oberhalb von pH 3,5 wird Zinkphosphat schwerlöslich. Sollte der pH-Wert einer Zinkphosphatlösung insbesondere beim Ansetzen des Bades zu niedrig sein, ist es besser, die Säure durch Betreiben der Anlage mit Stahlware (Schrott) zu verbrauchen, als mit Hilfe von Neutralisationsmitteln den pH-Wert einzustellen. Schon bei geringer örtlicher Überschreitung der Löslichkeit fällt Zinkphosphat aus, das kaum wieder in Lösung gebracht werden kann.

Als Oxidationsmittel (Beschleuniger) werden in der Technik vor allem Nitrite, Nitrate und Chlorate in Form ihrer Natriumsalze eingesetzt. Chloratbeschleuniger sind giftig. Sie werden im Verlauf der Reaktion zu Chlorid reduziert. Da Chloride den Beizangriff beschleunigen, sind chloratbeschleunigte Bäder zwar sehr betriebssicher, aber auch schlammreich. Der Chloratgehalt kann mit Hilfe von Titrierautomaten analysiert werden.

Nitratbeschleuniger sind weit weniger giftig, aber reaktionsträger als Chlorat und Nitritbeschleuniger. Nitratbeschleuniger werden insbesondere bei Dickschichtverfahren und bei höheren Temperaturen eingesetzt. Nitritbeschleuniger sind die am besten wirkenden. Nitrit ist ebenfalls giftig. Es ist auch deshalb gefährlich, weil Nitrite mit Aminen zu krebserregenden Nitrosaminen reagieren können.

Die Zink-Eisen-Mischphosphatierung unterscheidet sich von der Zinkphosphatierung nur dadurch, daß im Bad ein bestimmter Eisengehalt eingehalten wird. Dadurch entsteht allein durch Änderung der Betriebsparameter und der Produktzusammensetzung die Abscheidung des Phosphophyllits. Zink-Calciumphosphatierungen sind relativ selten in Gebrauch. Die Bäder arbeiten relativ langsam und sind damit für Hochleistungsphosphatierung ungeeignet. Zink-Mangan-Phosphatierungen sind in der Reihe der Mischphosphatierungen die neueste Entwicklung. Zinkphosphatschichten können im Gegensatz zu Eisenphosphatschichten ständig weiter wachsen, wenn die Behandlung oft genug wiederholt wird. Warenträger, die in Zinkphosphatierungen eingesetzt werden, müssen daher periodisch von den aufgewachsenen Zinkphosphatschichten befreit werden, was in speziell dazu geeigneten alkalischen Entschichtungsbädern erfolgt. Zinkphosphatkristalle besitzen einen länglichen Habitus. Bild 6-3 zeigt eine REM-Aufnahme von Zinkphosphatkristallen. Hopeit und Scholzit kristallisieren rhombisch, Phosphophyllitvarietäten dagegen monoklin. Als Lackiervorbehandlung werden feinkristalline Zinkphosphatschichten von etwa 2 g/m² (Dünnschichtverfahren) erzeugt, in denen Hopeit- und Phosphophyllitkristalle bzw. Scholzitkristalle bei Zink-Calcium-Phosphatierungen meist mehr oder weniger nebeneinander auftreten. Zinkphosphatschichten besitzen in größeren Schichtdicken schmierende Eigenschaften, weil bei Scherbelastung die Kristalle abscheren. Erzeugt man daher Zinkphosphatschichten von 5 bis 8 g/m², und beölt man diese Schicht, so kann man damit korrosionsgeschützte und auf Dauer geschmierte Gleitflächen erzeugen. Auflagegewichte von 12 bis 20 g/m² werden als

Bild 6-3:
REM-Aufnahme einer
Zinkphosphatschicht

Schmiermittelträger beim Rohr- oder Drahtzug aufgebracht. Schichten mit höheren Auflagegewichten (Dickschichtverfahren) werden mit Nitratbeschleunigern, gelegentlich auch mit organischen Nitroverbindungen als Beschleuniger, bei erhöhter Temperatur bis 85°C meist im Tauchverfahren erzeugt.

Die nadelförmige Ausbildung führt dazu, daß selbst bei dichter Belegung der Oberfläche kleine Zwickel frei bleiben. Zinkphosphatierungen werden deshalb meistens mit einer abschließenden Versiegelung betrieben, bei der bestimmte Produkte in den Zwickeln eingelagert werden. Das bislang beste Versiegelungsmittel ist Chromsäure. Die Chromsäureversiegelung wird erst dann völlig unlöslich, wenn man sie thermisch mit dem Stahluntergrund zur Reaktion gebracht hat. Dabei bildet sich vermutlich ein Eisen-Chrom-Spinell $FeCr_2O_4$, der die Zwickel ausfüllt.

Eine Versiegelung mit Chrom-III-Nitrat $Cr(NO_3)_3$ hat fast ebenso gute Wirkung wie die mit Chromsäure, wobei sich durch hydrolytische Spaltung Chromhydroxid in den Zwikkeln ablagert, das unlöslich ist:

$$Cr(NO_3)_3 + 3\ H_2O = Cr(OH)_3 + 3\ HNO_3$$

Zinkphosphatierungen werden in überwiegendem Maße als Tauchverfahren ausgeführt. Bei Spritzverfahren werden ausschließlich Nitritbeschleuniger verwendet, weil nur diese genügend schnelles Beschichten erlauben.

Führungsgröße für Zinkphosphatierbäder sind die Gehalte an freier Phosphorsäure und an gesamter titrierbarer Säure. Unter freier Säure versteht man dabei die Phosphorsäuremenge, die gegen Methylorange mit NaOH titrierbar ist. Als Gesamtsäure wird diejenige angesehen, die mit NaOH gegen Phenolphthalein oder Thymolblau titrierbar ist.

Eine Überwachung des Zink- oder Nickelgehaltes wird nur durchgeführt, wenn ein Titrierautomat eingesetzt wird. Wenn keine Regelung des Beschleunigergehaltes erfolgt, wird im allgemeinen nur der Eisengehalt mit einer colorimetrischen Methode mit Dipyridylpapier überwacht. Zinkphosphatierungen werden nach folgendem Verfahrensablauf durchgeführt:

          2-3x Reinigen
          2x   Spülen
                (Beizen)
          (2x   Spülen)
                (Aktivieren)
                Zinkphosphatieren
          2 x   Spülen
                Versiegeln
                (Spülen)
                (Trocknen)

Die in Klammern gesetzten Arbeitsgänge werden nicht in jedem Betrieb eingesetzt. Zur Reinigung werden alkalische Reiniger eingesetzt. Es empfiehlt sich, silikatfreie Reiniger zu verwenden, weil mangelndes Abspülen leicht zu Silikatflecken in der Zinkphosphatschicht führt.

Beizen erfolgt nur dann, wenn Teile mit Flugrostbelag vorhanden sind. Obgleich man sich früher scheute, andere als Phosphorsäurebeizen einzusetzen, haben sich Schwefelsäurebeizen oder teilneutralisierte Schwefelsäurebeizen in der Praxis bewährt. Bild 6-7 zeigt eine Automobilkarossenanlage mit getrenntem Aktivierungsbad. Aktivieren mit kolloidalen Titanylsalzen wird nur angewendet, wenn die nachfolgende Lackierung eine besonders feinkörnige Zinkphosphatschicht erforderlich macht. Das Titanylsalz wird in fester Form im Bad suspendiert. Die Zinkphosphatierung als Lackiervorbehandlung erfolgt im Tauchen bei etwa 50 bis 75°C in 5 bis 20 min. Behandlungszeit. Spritzverfahren sind dagegen bei gleicher Arbeitstemperatur in 0,5 bis 3 min abgeschlossen.

Zum Spülen nach der Phosphatierung sollte VE-Wasser (Vollentsalztes Wasser) verwendet werden, insbesondere um keine Chloridionen in die Schicht einzuschleppen. Je nach Versiegelungsverfahren, die etwa 2-5 min im Tauchen bzw. 1 min im Spritzen dauern, muß nach der Versiegelung gespült und getrocknet werden. Anlagen dieser Betriebsweise bestehen also aus 8 bis 14 Behandlungsstufen - Tauchbäder oder Spritzzonen. Sie besitzen daher eine erhebliche Baugröße, und die Investitionssummen sind entsprechend hoch. Der Schlammbildung wegen (vorwiegend $FePO_4$) müssen Zinkphosphatierbäder ständig entschlammt werden. Dazu sind Filter oder Tellerseparatoren geeignet. Auch selbstentschlammende Tellerseparatoren werden zum Entschlammen in der Zinkphosphatierung eingesetzt. Bei richtiger Einstellung des Separators entsteht dabei ein schwerer, nur wenig Zink enthaltender Eisenphosphatschlamm. Phosphatierbäder können aber über Jahre ohne abzulassen betrieben werden. Die Spülwasserentsorgung erfordert eine Vernichtung giftiger Beschleuniger durch Einsatz von Reduktionsmitteln (Chlorat) oder von Amidosulfonsäure (Nitrit). Da die Spülwässer praktisch neutral sind, liegt Zinkphosphat als unlösliches Produkt vor, das in einem Schlammabsetzer aufgefangen werden kann.

Zur Konstruktion von Zinkphosphatierbädern ist anzumerken, daß der schwere Schlamm sich mehr oder weniger am Boden der Bäder (auch bei Spritzverfahren) ansammelt, weshalb man den Boden so gestalten sollte, daß der Schlamm zusammenrutscht. Gebräuchlich sind deshalb Schrägböden oder Spitzböden mit nicht zu flacher Neigung. Tauchbäder sollten mit Hilfe von Pumpen umgewälzt werden. Bei Zinkphosphatierungen genügt schon geringe Badbewegung von etwa dem zweifachen Badvolumen pro Stunde, um gleichmäßiges Kristallwachstum zu erhalten.

Übungsaufgaben:

Frage 6.1: Ein Stahlspind für Waschräume soll mit einem geeigneten Korrosionsschutz versehen werden. Welche Phosphatierung wählen Sie?

Frage 6.2: Beschreiben Sie die Verfahrensabläufe zu Aufgabe 6.1.

Frage 6.3: Stahlschränke sollen mit einer 15 µm dicken einschichtigen Weißlackierung versehen werden. Welche Phosphatierungen können eingesetzt werden?

Frage 6.4: Ein Werkzeugschrank zum Aufbewahren von Maschinenteilen soll phosphatiert werden. Welche Phosphatierungen und welche Schichtdicken wählen Sie für die einzelnen Bauteile?

7 Chromatierverfahren und Brünierungen

Die Bildung von Chromatschichten wird im allgemeinen nur bei Aluminium- und Zinkwerkstoffen angewendet. Je nach Farbe der gebildeten Schicht werden Gelb-, Grün-, Blau-, Schwarz- oder Transparentchromatierungen unterschieden.

Das Braunfärben durch Brünieren wird überwiegend auf Eisen- und Zinkwerkstoffen durchgeführt.

Chromatierungen werden im sauren pH-Bereich unterhalb von pH 4 ausgeführt. Grundsätzlich ist der pH-Wert der Chromatierungen eine der notwendigen Kontrollgrößen. Anstieg des pH-Wertes ist mit Abnahme der Schichtbildung verbunden. Verfahrensgrundsätze und Prüfverfahren für die Chromatierung von Aluminium sind in DIN 50939 festgelegt.

7.1 Gelbchromatierung, Transparentchromatierung

Behandelt man Aluminium- oder Zinkwerkstoffe mit Chromsäure bei pH 1.5 bis 2.5, entstehen gelb irrisierende amorphe Chromatschichten, die sich beim Trocknen verfestigen. Ursache für die Gelbfärbung und das irrisierende Erscheinungsbild sind in die Chromatschicht eingebaute Ionen (hierbei sollen Sulfationen besonders für den Gelbton verantwortlich sein [63]) und die Tatsache, daß die Schichtdicke der Chromatierung im Bereich der Wellenlänge des sichtbaren Lichtes ist, so daß es zu Reflexionen auf der darunter liegenden metallischen Oberfläche und dadurch bedingt zu Interferenzerscheinungen kommt. Die Schichten haben eine Dicke von 0,1 bis 1 µm bzw. Auflagegewichte von etwa 450 mg/m² bis 2000 mg/m². Setzt man dem Chromatierungsbad Fluorid (etwa 0,8 g NaF/l) zu, so werden die Schichten dünner und zeigen keine Farbe mehr. Man nennt sie Transparentchromatierung. Das Schichtgewicht sinkt dann entsprechend einer Dicke von 0,01 µm auf etwa 3 mg/m².

Der Verfahrensablauf bei der Gelbchromatierung ist dabei ein einfacher Tauchprozeß mit alkalischer Beize und Dekapierung. Die Behandlungstemperaturen in den Bädern liegen zwischen 40 und 70°C. Die Behandlungszeiten in der Chromatierung betragen etwa 5 bis 12 Minuten. Bei der Gelbchromatierung von Zinkwerkstoffen ist der Verfahrensgang im Prinzip der gleiche. Man kann ihn aber bei frisch hergestellten Zinkoberflächen auf den eigentlichen Chromatiervorgang beschränken und Reinigung, Beize und Dekapierung einsparen.

Bei verzinktem Bandstahl wird die Gelbchromatierung im Roller-Coat mit Auftragswalzen, im Spritzen oder in einer Kombination von Spritzen mit Rollerverteilung aufgetragen. Der Chromsäure/Chromatgehalt derartiger Chromatierungsbäder beträgt etwa 3,5 bis 4 g CrO_3/l und 3 bis 3,5 g $Na_2Cr_2O_7$/l. Der chemische Vorgang, der beim Chromatieren abläuft, wird für Aluminiumwerkstoffe durch folgende Gleichung beschrieben:

$$2\,Al + 3\,CrO_3 + 5\,H_2O = 2\,Al(OH)_3 + Cr(OH)_3 + Cr(OH)CrO_4$$

Bei Zinkwerkstoffen liegen folgende Bestandteile in der Chromatschicht vor:

$$Cr_2O_3 \cdot CrO_3 \cdot\cdot H_2O, \; Cr(OH)_3 \cdot CrOHCrO_4 \, , \; Zn \cdot Cr_2O_3 \cdot ZnCr_2O_7, \; ZnCrO_4 \cdot Cr_2O_3$$

Als Lackiervorbehandlung kann die Gelbchromatierung auch für bei höherer Temperatur einbrennende Lacke eingesetzt werden. Bei der Transparentchromatierung wird außer einem Fluoridzusatz der pH-Wert der Lösung auf etwa 3 bis 4 angehoben. Die Transparentchromatierung sollte ihres geringeren Korrosionsschutzwertes wegen als Lackiervorbehandlung nur eingesetzt werden, wenn farblose Lacke aufgetragen werden sollen.

7.2 Blauchromatierung

In vielen Verzinkungsanstalten wird eine Blauchromatierung durchgeführt. Blauchromatierung bedeutet, daß die Zinkoberfläche ein bläuliches Aussehen ähnlich einer Chromschicht bekommt. Die Blauchromatierung ist ebenso wie die Transparentchromatierung von geringem Korrosionsschutzwert. Im Prinzip ist die Blauchromatierung mit der Gelbchromatierung verwandt. Sie ist dadurch gekennzeichnet, daß im Chromatierbad Schichten entstehen, deren Schichtdicke etwa 0,08 µm entsprechend 50 bis 500 mg/m² Auflagegewicht beträgt.

Präparate zur Blauchromatierung enthalten entweder Chrom-VI- oder Chrom-III-Verbindungen. Die Blauchromatierung ist mit beiden Präparatesorten möglich. Man muß jedoch darauf achten, daß die Lösungen neben geringen Mengen an Schwefel- und Salpetersäure auch etwas Fluorid enthalten. Beim Einarbeiten werden gute Blautöne meist erst nach Einlösen von etwas Zink und Eisen erhalten.

Man kann etwas dickere Blauchromatierschichten erhalten, wenn man zweistufig arbeitet. Man erzeugt zunächst eine Gelbchromatierschicht, die man anschließend durch Behandeln mit Alkalihydroxiden, Soda, Natriumsilikat oder Natriumphosphat bei 20 bis 60°C schwach alkalisch auslaugt.

7.3 Grün- oder Olivchromatierung

Bei der Grün- oder Olivchromatierung erfolgt eine Bildung gemischter Aluminium- und Chromphosphate. Dabei läuft folgende Schichtbildungsreaktion ab:

$$Al + CrO_3 + 2\,H_3PO_4 = AlPO_4 + CrPO_4 + 3\,H_2O$$

Die gebildete Schicht enthält dementsprechend etwa 18 bis 20 % Cr, 15 bis 17 % P, ca. 0,2% F, Rest Al. Der Chemikalienverbrauch beträgt etwa 11 g F^-/m^2, 7,5 bis 15 g CrO_3/m^2, 5,5 bis 11 g PO_4^{3-}/m^2.

Die Schichtdicke der Grünchromatierung beträgt auf Aluminiumwerkstücken 2,5 bis 10 µm. Für Zink werde 1,25 µm oder entsprechend 2000 mg/m² angegeben. Der Korrosionsschutzwert für Grün- oder Olivchromatierungen ist hoch und dem der Gelbchromatierung annähernd vergleichbar. Als Lackieruntergrund sollte die Grünchromatierung für Lacke mit nicht sehr hohen Einbrenntemperaturen von 180 bis 200°C eingesetzt werden.

Die Betriebsbedingungen für die Grünchromatierung betragen 18 bis 50°C, pH 1,2 bis 1,8 und 1,5 bis 5 Minuten Tauchzeit oder 20 s Spritzzeit.

7.4 Schwarzchromatierungen

Schwarzchromatierungen erzeugen eine schwarze, gelegentlich auch eine braune Oberfläche. Schwarzchromatierungen sind mit Grünchromatierungen verwandt, nur daß in die gebildeten Schichten Fremdatome wie Silber-I- oder Kupfer-II-Ionen eingelagert werden. Der Korrosionsschutzwert von Schwarzchromatierungen ist ebenfalls hoch. Die Schichtdicke von Schwarzchromatierungen entspricht der Grünchromatierung. Schwarzchromatierpräparate enthalten Chromsäure, daneben aber etwa 1 g Ag/l oder 2-16 g Cu/l. Schwarzchromatierungen sollten einen Gehalt von etwa 3 - 9 g Cr^{3+}/l enthalten. Des Silbergehaltes wegen sollen Schwarzchromatierbäder nur mit vollentsalztem Wasser betrieben werde.

Bei allen Chromatierungen muß daran gedacht werden, daß Chromat mit Spülwässern ausgelaugt werden kann. Spülen von Gelbchromatierungen sollten daher nur kurzzeitig einwirken. Bei Schwarzchromatierung kann Spülen gegebenenfalls unterbleiben.

7.5 Brünieren

Beim Brünieren von Eisenwerkstoffen wird auf der Eisenoberfläche durch konzentrierte stark oxidierende Lösungen ein kompakter, dichter Oxidfilm erzeugt. Es gibt im Prinzip die Möglichkeit, in saurer, in alkalischer Lösung oder in Salzschmelzen zu brünieren. Saure Brünierlösungen enthalten neben anorganischen Säuren Schwermetallsalze wie z.B. Nickelsalze, die für eine Schwärzung der Oberfläche sorgen. Alkalische Brünierlösungen erzeugen mit Hilfe konzentrierter oxidierender Salzlösungen bei Temperaturen um 140°C kompakte Eisenoxidfilme (Fe_3O_4), die der Oberfläche ihr Aussehen geben. Die Konzentration der Reaktionslösungen liegt dabei bei etwa 400 g Brüniersalz/l.
Brünieren in Salzschmelzen erfolgt in alkalischen Gemischen oxidierender Salze (Nitrite/-Nitrate) bei Schmelztemperaturen von etwa 320 bis 360°C. und Expositionszeiten von 15s bis 15 Minuten. Danach werden die Teile in groß bemessenen Wasserbehältern abgekühlt und von Salzrückständen befreit. Brünieren in Salzschmelzen birgt stets die Gefahr in sich, daß die Werkstücke sich durch die Temperaturbelastung verziehen.

Übungsaufgaben:

Frage 7.1: Aluminiumteile sollen mit einem Pulverlack beschichtet werden. Welche Chromatierung wählen Sie?

Frage 7.2: Welche Variante sollte eingesetzt werden, wenn das Teil sein metallisches Aussehen behalten soll?

8 Beizen und Entrosten

Beizprozesse sind in der metallverarbeitenden Industrie heute weit verbreitet. Beizverfahren werden nicht nur als Vorbehandlungverfahren, sondern intensiv auch als Formgebungsverfahren angewendet. Im folgenden Abschnitt wird Beizen als Vorbehandlungsprozeß bei der Verarbeitung von Metallen und Kunststoffen, nicht jedoch als Formgebungsverfahren behandelt.

Beizen dient vor allem der Entfernung von Rost oder anderer Oxidationsprodukte von der Oberfläche oder zum Aktivieren der Oberfläche zur Vorbereitung der Haftung nachfolgend aufgebrachter Schichten. In der Emailindustrie wird Beizen auch zur Schaffung einer aktiven Oberfläche verwendet und als Abtragsbeize eingesetzt. In Tabelle 8-1 wird ein Überblick über die zum Beizen von Metallen eingesetzten Systeme angegeben. Beizen wird nicht nur in der metallverarbeitenden Industrie, sondern auch in einigen Fällen in der kunststoffverarbeitenden Industrie eingesetzt.

Werkstoff	NaOH	NaCN	H_2O_2	HF	HCl	HNO_3	H_2SO_4	H_3PO_4	CrO_3	$FeCl_3$	$Fe(NO_3)_3$	NH_4HF_2
Mg						X	X	X				
Al	X			X	X		X		X			
Ti				X	X	X			X			
FeCr						X	X					
FeCrNi					X	X	X	X				
Fe						X	X					
Ni ,Co				X		X	X	X				
Zn						X	X					
Cu										X		
Ag						X					X	
Au		X	X		X	X						
Nb ,Mo ,Ta ,W				X		X						
Be						X						X
ABS-Kunststoff							X	X	X	X		

Tabelle 8-1:
Lösungen, Säuren und Kombinationen, die zum Beizen eingesetzt werden

8.1 Beizen von unlegiertem und legiertem Stahl

Zum Beizen von Eisen und legiertem Stahl werden saure Beizen eingesetzt. Die einfachsten Beizmittel sind Mineralsäuren. Für unlegierten oder niedrig legierten Stahl sind Salzsäure und Schwefelsäure die technisch überwiegend eingesetzten Produkte. Abwandlungen der Schwefelsäurebeize sind das Beizen mit Amidosulfonsäure und das Beizen mit $NaHSO_4$. Beide Produkte sind Feststoffbeizen. Sie sind also gefahrloser zu transportieren und zu handhaben. Amidosulfonsäure wird vorwiegend zum Entsteinen und Entrosten von Anlagenteilen eingesetzt, also dort, wo eine Beizsäure nur gelegentlich zur Anwendung kommt, und wo man daher die leichte Handhabbarkeit bevorzugt. Nahydrogensulfat wird als Entrostungsbeize mit etwa 10% Einsatzkonzentration verwendet. Diese Beize ist auch anwendbar, wenn z.B. Stahl/Aluminium-Verbundwerkstoffe behandelt werden müssen. Man kann diese Feststoffbeize durch Zusatz von bis 2% NH_4HF_2 verstärken und damit oberflächlich auch das Aluminium beizen.

Tabelle 8-2: Saure Beizbäder für unlegierten Stahl

Beizmittel	Gehalt (Gew.%)	Beiztemperatur (°C)	Bemerkungen
Salzsäure H Cl	15 - 25	Raumtemperatur - 40	HCl-Dampf über den Bädern, Absaugung notwendig, Korrosion in den Räumen
Schwefelsäure H_2SO_4	5 - 30	50 - 85	HF-Zusatz bei Si-haltigem Gußeisen
Phosphorsäure H_3PO_4	15 - 20	60 - 85	Gefahr der Bildung passivierender Schichten

Beizen in Salzschmelzen:

Zur Entfernung von Zunder von säure- und zunderfestem Stahl wurden Salzschmelzbeizen entwickelt. Bei "Natriumhydridverfahren" wird NaOH mit 0,3 bis 10% KOH und 0,3 bis 20% Na-Hydrid bei 380°C geschmolzen. Die Werkstücke werden 30 s bis 30 min. darin behandelt und entzundert. Die Beize ist auch zum Behandeln von Nickel- und Kupferwerkstoffen geeignet. Die Reaktion ist dabei eine Reduktion

$$8\ NaH + 2\ Fe_3O_4 = 8\ NaOH + 6\ Fe$$

Elektrolytisches Beizen wird unter Kapitel "Galvanik" behandelt. Beim Beizen von Cr/Ni-Stählen mit Chromsäure/Schwefelsäure-Gemischen mit etwa 490 g H_2SO_4 und 130 g CrO_3/l bei etwa 70°C entstehen auf der Oberfläche farbige Schichten, die nach [8] porös und gegenüber dem Werkstoff an Chrom angereichert sind. Die Schichten sind transparent und bestehen aus etwa 5 nm großen Kriställchen eines Chromspinells, so daß sie in der Röntgenfeinstrukturuntersuchung als quasi-amorph erscheint. Die Schicht enthält chemisch gebundene OH-Gruppen. Die Schichtdicke wächst mit wachsender Beizzeit. Da die Schichten tranparent sind, lassen sie Licht bis zum Basismetall hindurch.

Das dort reflektierte Licht interferiert mit dem von der Schichtoberfläche reflektierten Strahlen, so daß Farbeffekte auftreten, die dekorativ genutz werden. Bild 8-1 zeigt die Entstehung von Farben durch Interferenz schematisch. Durch die Beizbehandlung lassen sich zahlreiche Farbtöne von blau, grün, gelb bis rot erzielen. Die Farben sind lichtecht. Die Schichtherstellung erfordert lediglich, daß die Blechoberfläche keine ungewollten Strukturen besitzt (z.B. Kratzer), die das Bild stören könnten.

8.2 Beizen von Buntmetallen

Das Beizen von Kupfer, Messing und Bronzen mit Säuren höherer Konzentration wird als "Brennen" bezeichnet. Kupfer zeigt beim Erwärmen oberhalb 125 °C Anlauffarben, oberhalb 225 °C entsteht Cu_2O, bei noch höherer Temperatur schwarzes CuO, das als äußere Schicht auf der Cu_2O -Schicht aufliegt. Beim Beizen von Kupfer unterscheidet man:

- Vorbrennen: Es wird eine metallische reine Oberfläche erzeugt.
- Mattbrennen: Nach dem Vorbrennen wird eine matte Oberfläche erzeugt , um bessere Haftung galvanischer Überzüge zu erhalten.
- Glanzbrennen: Es wird eine metallisch glänzende, gleichmäßige aussehende Oberfläche erzeugt.
- Gelbbrennen: Beizen von Messing

Folgende Beizsäuren werden eingesetze:

Schwefelsäure H_2SO_4:

Messing kann bei bis 30 °C schon mit 5 %iger Schwefelsäure gebeizt werden. 5 %iger bis 20 %iger Säure dient oft als Vorbeize für Kupfer und Cu/Sn -Bronzen. Höhere Konzentrationen führen bei Kupfer zu Fleckenbildung. Beizen von Kupfer in > 80 %iger Schwefelsäure führt zur SO_2-Entwicklung, weil konzentrierte Schwefelsäure dann als Oxidationsmittel wirkt. Sauerstoffzufuhr ist für den Beizerfolg von Kupfer in Schwefelsäure entscheidend. Dies kann einmal durch Einleiten von Luft, besser jedoch durch Zusatz von Oxidationsmittel wie 10% Einsen-III-Sulfat, 5 Vol% HNO_3 (konzentriert) oder durch Zusatz von H_2O_2 erfolgen. Zusatz von Wasserstoffperoxid führt zu Glanzbeizen von hervorragender Qualität, die als umweltfreundliches Verfahren das Beizmittel der Zukunft darstellen [9]. Beim Beizen von Cu/Ni-Legierungen verwendet man 25 %ige Schwefelsäure mit HF-Zusatz.

Salpetersäure HNO_3:

Das Brennen von Kupfer mit HNO_3 erfolgt meist zweistufig. Man verwendet als

> Vorbrenne: Gemische aus 1 l HNO_3 (1,38 g/cm³) mit 10 g NaCl bei 20 °C, wobei gegebenenfalls etwas Glanzruß oder etwas $NaNO_2$ zugesetzt werden. Es entstehen metallisch reine, aber unansehnliche Oberflächen.

Glanzbrenne: 1 l H_2SO_4 (1,33 g/cm^3) mit 1 l HNO_3 (1,38 g/cm^3) und 10 bis 20 g NaCl oder aber auch 1 l HNO_3 (1,38 g/cm^3) gemischt mit 10 ml konzentrierter HCl. Die Beizen werden jeweils bei 20 ^oC eingesetzt, wobei Stickoxide entweichen.

Mattbrenne: Man verwendet HNO_3 /H_2SO_4 - Gemische im Gewichtsverhätnis 1:1 bis 1:2 mit Zusatz von 0,5 bis 40g Zinksulfat/kg Säuregemisch. Nach Anwendung einer Glanzbrenne kann Fleckenbildung nur durch schnelles, gründliches Spülen, besser durch Neutralisieren der Oberfläche durch Soda-Lösung (Na_2CO_3) vermieden werden.

Für Messingbeizen gilt allgemein, daß HNO_3 Kupfer, HCl Zink löst. Nickel und Nickellegierungen können in einer Mischung aus 2,25 l konz. HNO_3 , 1,5 l H_2SO_4 und 30 g NaCl gebeizt werden. Nach dem Spülen empfiehlt es sich, mit einer Lösung von 2 Vol% Ammoniak (0,88 g/cm^3) zu neutralisieren. Monelmetall beizt man mit 1 l HCl (20%-ig), 2 l H_2O und 60 g $CuCl_2$, wobei als Nachbeize eine Mischung aus 184 g H_2SO_4 konz. und 132 g $Na_2Cr_2O_7$ in 1 l Wasser empfohlen wird (20 - 40^oC, 5 -10 min).

8.3 Beizen von Zink- und Aluminium-Werkstoffen

Zink kann in saurer wie alkalischer Lösung gebeizt werden. Lediglich am Neutralpunkt wird Zink von wäßrigen Lösungen nicht angegriffen. Häufig angewendet wird eine schwefelsaure Beize mit etwa gleichen Teilen an Schwefel-, Salz- und Flußsäure (je 2%). Zum Beizen von Aluminium sind alkalische und auch saure Beizmittel im Einsatz..
Alkalische Beizmittel:

- 10-20% NaOH, 50-80°C, 1-2 min., gebräuchlichste Beize
- 5% NaOH, 4% NaF, 90°C, 2-5 min., gut zerstreutes Licht reflektierende Oberfläche
- 10% Na_2CO_3, eventuell bis 3% NaCl, 50-80°C, 5-15 min., matte, weiße, reibempfindliche Oberfläche für Zifferblätter etc.

Nach alkalischem Beizen muß schnell und sorgfältig mit Wasser gespült und am besten die Oberfläche durch Tauchen in verdünnter HNO_3 neutralisiert werden.
Saure Beizmittel:

- 3 % HNO_3 80°C, 2-10 min., nur für Reinaluminium
- 3-5% H_2SO_4, 80°C, 2-10 min., für mattierte Oberflächen
- 17% H_2SO_4, 3,5% CrO_3, 0,3% HF für Al-Knetlegierungen

- Salpetersäure/Flußsäure-Mischungen wie 1 Vol.Teil 65% - ige HNO_3 und 1Vol.Teil gesättigte, wäßrige NaF-Lösung, Raumtemperatur, 5 min. Beizzeit, für weiße, mattierte Oberfläche als Nachbeizen nach NaOH-Beize

- Phosphorsäure H_3PO_4 mit mehr als 60% H_3PO_4-Gehalt mit Zusatz von 2,8 bis 3,2% HNO_3 bei 88 bis 100°C zur Erzielung glänzender Oberflächen. Dabei wird Al-Phosphat eingelöst, wodurch die Beize verändert wird. Bild 8-2 zeigt den Bereich günstigster Zusammensetzung von Phosphorsäure-Glanzbeizen.

Nach saurem Beizen von Aluminium muß gründlich gespült werden. Bei allen Aluminiumlegierungen, die Silizium oder/und Kupfer enthalten, besteht die Gefahr, daß die Oberfläche sich schwarz verfärbt. Da die Färbung durch elementares Si bzw. durch CuO entsteht, kann sie nur durch HNO_3- und HF-haltige Beizen entfernt werden.

8.4 Inhibitoren und Beizbeschleuniger

Inhibitoren sind Substanzen, die den Angriff einer Beizsäure auf das freie Metall weitgehend verhindern. Je nach ihrer Wirkungsmechanismus teilt man Inhibitoren wie folgt ein [10]:

- Inhibitoren, die durch Physisorption wirken
  Sie blockieren aktive Zentren auf der Metalloberfläche und bilden Schutzfilme. Die Oberfläche wird chemisch nicht verändert.

- Inhibitoren, die chemisch wirken:
  Passivatoren wie Nitrit oder Chromat bilden einen Schutzfilm von etwa 20 nm Dicke.

- Deckschichtbildner wie Phosphate (bei Eisen) oder Silikate (bei Aluminium) bilden relativ ungleichmäßige, dickere Schichten.

- Elektrochemische Inhibitoren wie Antimon, Quecksilber, Arsen, Zink oder Nikkel bilden dünne Oberflächenfilme auf unedleren Oberflächen durch Austauschreaktion.

- Destimulatoren wie Hydrazin N_2H_2 oder $NaHSO_3$ entfernen Sauerstoff aus der Beizlösung, so daß die Beizreaktion durch den zunächst in der Reaktion abgeschiedenen Wasserstoff zum Erliegen kommt (Wasserstoffüberspannung).

Die Wirkung eines Inhibitors beruht meist auf mehreren Mechanismen gleichzeitig. Es gibt eine Vielzahl von organischen Produkten, die als Beizinhibitoren angeboten werden. Selbst Beizentfetter und andere Tenside wirken als Inhibitoren. Alle diese Produkte einschließlich der Beizentfetter sind jedoch nur ungenügend abspülbar. Sie werden dadurch in alle nachfolgenden Behandlungszonen weiter verschleppt, stören die nachfolgenden Prozesse und führen zur Erzeugung von Ausschuß. Organische Inhibitoren und Beizentfetter sind nur dann einsetzbar, wenn nachfolgend eine Beölung oder eine Lackierung ohne weitere Nachbehandlung oder ein thermometallurgischer Prozeß wie eine Feuerverzinkung oder eine weitere Reinigung eventuell nach einer Zwischenlagerung erfolgt.

Inhibitoren, die in Beizen eingesetzt werden dürfen, weil sie leicht abspülbar und in nachfolgenden Beschichtungsprozessen leicht zerstörbar sind, sind solche auf Harnstoff- oder Urotropinbasis. Für Schwefelsäure eignet sich am besten Diethylthioharnstoff, der schon in sehr geringer Zusatzmenge von 0,05 g/l hervorragend wirkt. Salzsäure kann durch geringe Mengen von 1 g/l an Urotropin (86) (Hexamethylen-tetramin) ausreichend inhibiert werden.

Beizbeschleuniger sind Produkte, die als Oxidationsmittel für den beim Beizprozeß entstehenden Wasserstoff wirken. Der Wasserstoff, der sich zunächst an der Oberfläche abscheidet, wird durch Beizbeschleuniger verbraucht. Der Beizbeschleuniger kann dabei reduziert werden wie z.B. Nitrit, Nitrat (vgl Kap. 6.2), er kann aber auch als Sauerstoffübertrager wirken. So erklärt sich eine Beizbeschleunigung durch Eisenionen durch das Wechselspiel

$$Fe^{3+} + H = Fe^{2+} + H^+$$

$$4\,Fe^{2+} +\ O_2 + 4\,H^+ = 4\,Fe^{3+} + 2\,H_2O$$

Bei Eisen- und Stahl-Beizen wirkt das eingelöste Eisen selbst als Oxidationsmittel, das durch Luftsauerstoff regeneriert wird. Eisenbeizen, die als Abtragsbeizen eingesetzt werden, sollten deshalb nicht komplett abgelassen, sondern immer nur teilweise erneuert werden, damit man einen Eisengehalt von etwa 10 g/l mindestens zurückbehält. Eisenbeizen müssen erneuert werden, wenn der Eisengehalt 50 g/l überschreitet, weil dann die Beizwirkung stark nachläßt und sich damit Beizzeiten verlängern.
Schwefelsäurebeizen werden durch Nitratzusatz beschleunigt. Um die Bildung von Nitrit und den Austritt nitroser Gase zu vermeiden, muß gleichzeitig Amidosulfonsäure in mindestens äquimolarer Menge zugesetzt werden.

8.5 Beizanlagen

Alle Anlagenteile, die mit Säuren in Berührung kommen, müssen säurefest ausgekleidet werden oder aus Keramik bestehen. Geeignete Auskleidungen bestehen aus Kunststoff oder Gummi. Bleiauskleidungen können für verdünnte Schwefelsäure eingesetzt werden. Keramische Behälter oder Glasbehälter sind bei allen Säurebeizen einsetzbar, die keine Flußsäure enthalten. Flußsäure ebenso wie Laugen greifen Glas und Keramik auf Dauer an. Für alkalische Beizen ist Stahl der geeignete Werkstoff. Beizen erfolgt im allgemeinen in Tauchbädern. Dabei sollten die Beizflüssigkeiten umgepumpt werden, um eine Badbewegung zu erzeugen. Dafür sind im Handel stopfbuchsenlose Kreiselpumpen mit keramischem Pumpenkopf und mit magnetischer Kraftübertragung erhältlich. Für die Baugröße von Pumpen und Anlagen gelten die gleichen Prinzipien, wie für die Reinigung.

Beizbäder sollten mit einer Raumabsaugung verbunden werden. Nicht nur, daß manche Beizen Gase und Dämpfe abgeben (HCl, HF, NO_x), die durch einen nachgeschalteten Wäscher gegebenenfalls ausgewaschen werden müssen, auch Spritzer bei zu heftiger Gasentwicklung bei alkalischen Beizen, brennbare Gase wie H_2 oder aus dem Beizgut freigesetzte, unangenehm riechende Gase wie Phosgen PH_3 bei Eisen müssen aus den Werkstätten entfernt werden. Warenträger sind in Beizbädern besonderer korrosiver Belastung ausgesetzt. Man verwendet deshalb meist beschichtete Warenträger, bei denen die Stahlrahmen mit dicken Kunststoffschichten (z.B. PVC) abgedeckt werden.

Übungsaufgaben:

Frage 8.1: Nennen Sie Möglichkeiten zum Ansatz einer Entrostungsbeize für Stahlblech.

Frage 8.2: Eine Schwefelsäurebeize für Stahlblech arbeitet zu langsam. Woran kann das liegen?Welche Gegenmaßnahmen können ergriffen werden?

Frage 8.3: Verrostete Rohlinge aus Stahlblech sollen entfettet und entrostet werden. Beschreiben Sie den notwendigen Behandlungsablauf.

9 Spültechnik nach Vorbehandlungen

Spülen ist genauso wichtig für den Erfolg einer Vorbehandlung wie die Vorbehandlung selbst. Gerade beim Spülen versucht man Kosten einzusparen. Man erreicht meist genau das Gegenteil. Man kann jedoch nicht generell eine Vorschrift für richtige Spültechnik geben, weil hier individuelle Prozeßfragen Varianten erforderlich machen. Im folgenden Abschnitt werden daher praktische Hinweise für die Ausführung des Spülvorganges in einigen Modellfällen gegeben.

9.1 Spülen nach einem alkalischen Reinigungs- oder Beizprozeß

Alkalische Produkte sind von Metalloberflächen nur mit großem Spülaufwand vollständig zu entfernen. Standspülen, also Spülen, die periodisch befüllt und entleert werden, sind daher das ungeeignetste Mittel, um Metalloberflächen von alkalischen Produkten zu befreien. Werden trotzdem Standspülen betrieben, müssen sie geeignet (Messung der elektrischen Leitfähigkeit) überwacht werden. Die Mindestgröße der Einschleppung an Produkt aus dem vorhergehenden Bearbeitungsschritt kann man überschläglich berechnen. Nimmt man an, daß der Flüssigkeitsfilm, der zur Ausbildung eines geschlossenen Wasserfilms auf der Metalloberfläche nur 0,1 mm dick sein muß, so ergibt sich, daß auf 1 m² Oberfläche eine Flüssigkeitsmenge von 100 cm³ vorhanden ist. Bei schöpfenden Teilen kann die Menge bis auf 250 cm³/m² gesteigert werden. In dieser Menge sind naturgemäß auch alle Bestandteile des letzten Behandlungsbades enthalten. Wurde z.B. zuletzt ein alkalischer Reiniger mit 3% Ansatzkonzentration verwendet, so enthalten 100 cm³ dieser Lösung 3 g Reinigerkonzentrat, die in das Spülwasser überschleppt werden. Man erkennt, daß die Spülwasserverunreinigung auf diese Weise sehr schnell von statten geht. Geeignete Spültechnik verwendet daher keine Standspülen, sondern Fließspülen, bei denen also ständig Frischwasser zu- und Spülwasser abläuft. Um Wasser zu sparen, sollte man die Fließspüle besser in zwei oder drei aufeinander folgende Becken unterteilen und eine Spülkaskade verwenden, bei der im letzten Spülbecken Frischwasser zuläuft und im ersten Spülbecken belastetes Spülwasser abläuft, das man günstig zu Auffüllen des letzten Behandlungsbades davor einsetzen kann. Bild 9.1 zeigt die Konstruktion einer Kaskadenspüle schematisch. Um weiteres Wasser einzusparen, sollte man den betrieblichen Gegebenheiten Rechnung tragen und den Frischwasserzulauf bei Anlagenstillstand abschalten. Wird dies vom Bedienungspersonal bewerkstelligt, kann man sicher sein, daß das Wiederanstellen des Frischwasserzulaufs z.B. nach einer Frühstückspause vergessen wird. Um die dadurch entstehenden Fehler zu vermeiden, sollte man den

Anstell- und Abschaltvorgang automatisieren. Dazu genügt es, wenn man im letzten Spülbecken eine pH-Elektrode anbringt und den pH-Wert des Spülwassers mißt. Wird das Spülwasser verunreinigt, so steigt der pH-Wert rasch an, so daß man schnell einen vorher vorgegebenen Schwellenwert überschreitet und über ein Magnetventil den Frischwasserzulauf öffnen kann. Je nach weiterer Bearbeitung sollte man als Schwellenwert den pH-Wert nehmen, der entsteht, wenn 30 bis 300 mg des Reinigers in 1 l Wasser gelöst werden. Wegen der puffernden Wirkung vieler Reiniger muß der Grenz-pH-Wert experimentell bestimmt werden. Insbesondere wenn stark gepufferte Reiniger verwendet werden, z.B. mildalkalische Reiniger oder Neutralreiniger, dann ist es besser, anstelle des pH-Wertes die elektrische Leitfähigkeit des Spülwassers als Regelgröße zu verwenden. Auch hier bestimmt man den Schwellenwert entsprechend experimentell.

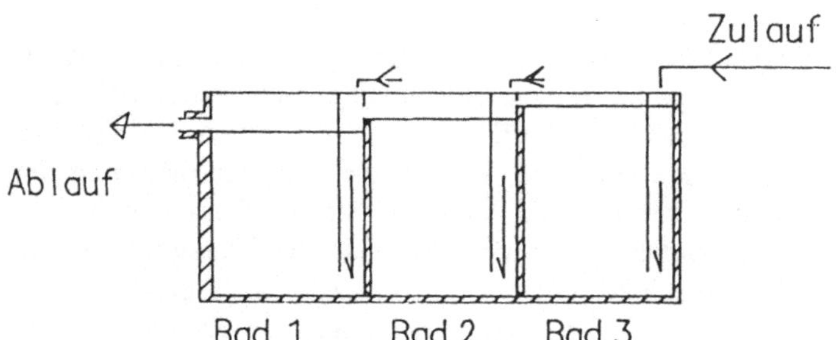

Bild 9-1: Fließschema einer Kaskadenspüle

9.2 Spülen nach Phosphatierprozessen

Das Spülen nach einem Phosphatierprozeß sollte mit Hilfe einer Fließspüle, die mit Stadtwasser oder Brunnenwasser betrieben werden kann, und einer nachfolgenden VE-Wasserspüle (VE = vollentsalztes Wasser) oder mit einer nur mit VE-Wasser betriebenen Spülkaskade erfolgen. Werden die Phosphatierungen als Lackiervorbehandlung betrieben, muß die Spülwasserregelung (vgl. Kapitel 9.1) so eingestellt werden, daß im letzten Spülbecken weniger als 30 mg/l Salze enthalten sind. Mancherorts werden sogenannte Sparspülen verwendet, bei denen man die Oberfläche mit Frisch- oder besser VE-Wasser zuletzt abduscht. Solche Spülen haben aber nur dann Sinn, wenn die Werkstücke vereinzelt aufgehängt werden, und wenn die Werkstückoberfläche überall frei zugänglich ist. Bild 9-2 zeigt die Skizze einer Sparspüle.

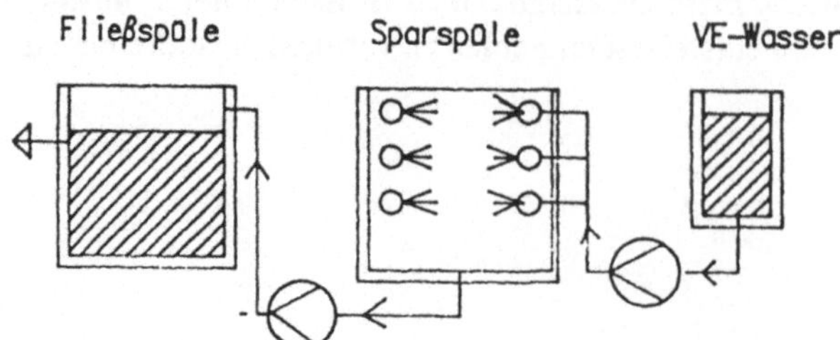

Bild 9-2: Skizze einer Sparspüle

9.3 Spülen nach sauren Beizprozessen

Bei Beizen mit Mineralsäuren werden Metallionen eingelöst. Werden die durch Überschleppung aus der Beize in die Spüle mitgeschleppten Metallionen in Wasser mit neutralem pH-Wert eingetragen, so fallen Metallhydroxide aus, weil Hydrolyse der Metallsalze eintritt. Jedes Metall besitzt einen etwas anderen pH-Wert, bei dem die Hydrolyse zur Abscheidung von Metallhydroxiden führt, die ausflocken. Bei Beizen für Eisenwerkstoffe entstehen zunächst Salze des zweiwertigen Eisens, deren Hydrolyse unter Abscheidung von $Fe(OH)_2$ bei pH-Werten von etwa 4,5 erfolgt. Eisenionen werden jedoch sehr leicht durch Luftsauerstoff zu dreiwertigem Einsen oxidiert. Aus Lösungen mit dreiwertigem Eisen scheidet sich $Fe(OH)_3$ jedoch schon bei etwa pH-Wert 3,5 aus. Es entstehen dann häßliche braune Trüben, die die an sich reine Oberfläche verunreinigen. Spülen nach sauren Beizen sollten aus diesem Grund zunächst mit Hilfe einer Standspüle, die sich schnell durch die Überschleppung ansäuert, und erst danach mit einer Fließ- oder Kaskadenspüle ausgerüstet werden. Der pH-Wert in der Standspüle sollte bei etwa 2-3 liegen. Nach einer Spüle im sauren Bereich befinden sich auf der Werkstückoberfläche im allgemeinen noch genügend Säurereste, um nach dem Trocknen Korrosion zu fördern. Es empfiehlt sich daher, nach der Spüle in diesem Fall eine Nachneutralisation der Oberfläche in einem schwach alkalischen Bad durchzuführen. Dazu sollte aber keinesfalls das Spülwasser aus einer alkalischen Reinigungslösung verwendet werden, weil sonst Restbestandteile der Reinigungslösung wider auf der Oberfläche aufziehen werden.

Übungsaufgaben:

Frage 9.1: Beschreiben Sie ein Spülverfahren für eine galvanische Vernickelungsanlage.

Frage 9.2: Beschreiben Sie das Spülverfahren für eine Zinkphosphatierung mit nachfolgender KTL-Beschichtung.

10 Auftragsschichten und ihre Anwendungen

Auftragsschichten sind Beschichtungen, deren Materialien auf die Oberfläche eines Werkstücks aufgetragen oder anderweitig aufgebracht werden. Das Werkstück gibt dabei die Form und im allgemeinen auch die mechanische Stabilität, die Beschichtung die Funktionalität der Oberfläche vor.

Beschichtungsmaterialien werden von außen aufgebracht oder durch Eindiffundieren oder Einschmelzen in der Oberfläche erzeugt. Von außen aufgebrachte Schichten können organischer Natur, Metalle oder anorganische, nichtmetallische Materialien sein. Organische Beschichtungen sind Farben, Lacke, Klebefolien etc. Metalle können sowohl durch chemische Prozesse, wie auch durch galvanische Verfahren oder als geschmolzenes Metall im Tauchen, Spritzen oder Schweißverfahren oder durch kaltes Aufpressen (z.B. Walzplattieren) oder durch Auftragstechniken im Vakuum aufgebracht werden. Man unterteilt die Schichten nach den Schichtbildungsverfahren, der Schichtdicke oder der Schichtsorte. Nichtmetallische, anorganische Schichten können sowohl im Schmelzprozeß (Email, oxidische Spritzschichten etc.) als auch durch chemische Reaktion (Phosphatschichten, CVD-Schichten etc.) oder durch Verdampfprozesse im Vakuum (PVD) erzeugt werden. Organische Schichten können durch alle Verfahren der Lackier-, Beschichtungs- oder Drucktechnik, durch Aufdampfen oder durch chemische Reaktion auf der Oberfläche hergestellt werden.

Die Anwendung der Beschichtungen richtet sich stets nach der Aufgabenstellung, der gewünschten Funktionalität der Beschichtung, wobei allgemein meist mehrere Funktionen gleichzeitig verlangt werden: korrosionsfest und dekorativ, verschleißbeständig und korrosionsfest u.a.m.

* Organische Beschichtung:
  Farben,Lacke, Anstrichstoffe und Folien

* Nichtmetallische anorganische Schichten:
  Email, Oxidschichten, Carbidschichten, Hartstoffschichten

* Metallische Beschichtungen:
  chemisch hergestellte Schichten: Nickel-, Kupfer-und Dispersionsschichten
  galvanisch hergestellte Schichten: Chrom-, Kupfer-, Nickel-, Silber-, Zink-Zinn-, Legierungsschichten oder Dispersionsschichten

* Schmelztauchschichten:
  Zink-, Zinn-, Aluminium-, Blei-oder Legierungsschichten

* dicke Metallschichten:
  Verschleißwerkstoffe, Korrosionsschutzwerkstoffe

* Dünnschichttechnologie:
  PVD-Verfahren, CVD-Verfahren

Tabelle 10-1: Wichtige, in folgenden Kapiteln behandelte Schichten und Technologien

Die Verknüpfung der Vorbehandlungsverfahren mit den Beschichtungsverfahren ergibt erst eine vollständige oberflächentechnische Bearbeitung. Oft sind die dazu notwendigen Anlagen räumlich voneinander getrennt, insbesondere weil die Vorbehandlungsverfahren keine Reinraumtechik möglich machen, während Reinraumtechnik heute in manchen Betrieben zum Beschichten (insbesondere zum Lackieren) oft schon eingesetzt wird. Reinraumtechnik bedeutet, die Beschichtung erfolgt in Räumen mit einer garantiert sehr kleinen maximalen Beschmutzung durch Staub. Die Verknüpfung zwischen der mechanischen Fertigung, der Vorbehandlung und der nachfolgenden Beschichtung erfolgt mit Hilfe der Fördertechnik. Das können Flurfahrzeuge mit Fahrer in Kleinbetrieben, das können programmgesteuerte unbemannte Flurförderfahrzeuge in großen Betrieben, die insbesondere schwerere Werkstücke erzeugen, das können aber auch an der Decke der Werkshalle verlaufende Förderketten und andere Förderer sein. In der Oberflächentechnik weit verbreitet sind unter diesen letzteren Förderern Kreisförderer und Power + Free Förderer. Kreisförderer sind Anlagen, bei denen eine stetig umlaufende Förderkette die Werkstücke mitnimmt. Sie sind preiswert, besitzen jedoch keine sehr große Flexibilität. Trage- und Antriebskette sind hier identisch. Bei Power + Free Förderern sind Trage- und Antriebskette von einander getrennt. P+F Förderer besitzen also ein Zweischienen-Fördersystem, deren Laufwerke (Lastgehänge) von der Power-Kette geschleppt werden. An der Power-Kette angebrachte feste Mitnehmerklinken greifen in die am Laufwerk angebrachten beweglichen Mitnehmernocken, so daß eine formschlüssige Verbindung entsteht. Stopper und Auflaufkufen sorgen dafür, daß die Laufwerke je nach Bedarf dicht an dicht gestapelt, automatisch angehalten oder wieder vereinzelt werden können. Fährt das Laufwerk gegen einen Stopper oder gegen eine Kufe eines stehenden

Bild 10-1: zeigt einen Blick in ein Speichersystem eines großen Hausgerätewerkes.

Laufwerks, wird der Auflaufhebel angehoben. Mitnehmerklinke und Rückhalteklinke werden dadurch abgesenkt. Die Mitnehmer der Power-Kette überfahren das System jetzt berührungslos. Öffnet der Stopper, heben sich die Klinken und der Mitnehmer der Power-Kette schleppt das Laufwerk weiter. P+F-Förderer werden in großen Fabriken oft in 25 km Länge verlegt und erfüllen dabei auch die Funktion von Speichern und Zwischenspeichern, die dann unter der Decke der Werkshalle angeordnet werden.

11 Organische Beschichtungen - Farben und Lacke

Organische Beschichtungsstoffe bestehen zum überwiegenden Teil ebenfalls aus anorganischen Materialien. Klebefolien ausgenommen, enthalten organische Beschichtungsstoffe organische Filmbildner aber auch einen hohen Prozentsatz anorganischer Füllstoffe und Pigmente.

11.1 Bestandteile organischer Beschichtungen

Farben, Lacke und Anstrichstoffe können folgende Bestandteile enthalten:

Bindemittel:	enthalten Filmbildner und nichtflüchtige Hilfsstoffe.
Pulverlacke:	enthalten Filmbildner, nicht flüchtige Hilfsstoffe, Füllstoffe und Pigmente.
Klarlacke:	enthalten Filmbildner, flüchtige und nicht flüchtige Hilfsstoffe, organische Lösemittel.
Naßlacke:	enthalten Filmbildner,nichtflüchtige und flüchtige Hilfsstoffe, Füllstoffe, Pigmente, organisches Lösemittel.
Wasser- und Elektrotauchlacke:	enthalten Filmbildner, flüchtige und nichtflüchtige Hilfsstoffe, Füllstoffe, Pigmente und Wasser.

Filmbildner:

Filmbildner sind die Bestandteile der Beschichtung, die den Zusammenhalt des Beschichtungssystems und die Haftung des Beschichtungssystems auf dem Untergrund bewirken. Sie bestehen aus hochmolekularen organischen Substanzen, die entweder durch physikalische Trocknung, d.i. Verdampfen des Lösemittels, oder durch Schmelzen oder durch chemische Vernetzung unter Molekulargewichtsvergrößerung einen geschlossenen Film auf der Werkstückoberfläche bilden.

Pigmente:

Pigmente sind schwermetallhaltige Feinststäube, die in den Filmbildnern dispergiert vorliegen. Die wichtigsten Pigmente sind

> - Weißpigment TiO_2 Anatas- oder Rutilstruktur
> - Gelb-, Rot- oder Braunpigmente Fe_2O_3
> - Grünpigmente Cr_2O_3
> - Orangepigmente auf Molybdänbasis
> - Blau- bis Grünpigmente auf Basis Cu-Phthalocyanin
> - Schwarzpigmente auf Rußbasis
> - Metalliceffekte Aluminiumflitter oder Glimmerplättchen

Diese Aufstellung erhebt keinen Anspruch auf Vollständigkeit, insbesondere, weil in einigen Ländern Pigmente hergestellt werden, deren Herstellung in Deutschland aus ökologischen Gründen untersagt ist.

Füllstoffe:

Füllstoffe dienen dazu, das Volumen der Lack- oder Farbschicht auszufüllen und dem Schichtaufbau Halt zu geben. Füllstoffe dienen auch dazu, Trocknungsrisse zu vermeiden. Durch Füllstoffe und Pigmente wird die Schwindungsstrecke, die der Lackfilm zwischen zwei Feststoffpartikeln (Füllstoff- oder Pigmentpartikeln) frei überbrücken muß, verkleinert, so daß die Gefahr des Reißens für den Lackfilm während des Trocknungsvorganges vermindert wird. Füllstoffe verändern ferner die rheologischen Eigenschaften des Lackes. Der wichtigste Kennwert für den Gehalt des Lackes an Pigment und Füllstoff ist der PVK-Wert (Pigment-Volumen-Konzentration), der den Gehalt des Lackfilms an Pigment und Füllstoff in Vol% angibt. Häufig verwendete Füllstoffe, die stets feinstteilig eingesetzt werden, sind

> Glimmer, Kaolin, Talkum, Kreide, Quarzmehl, Bariumsulfat, Polyamid-, Polyacrylnitril- oder Cellulosefaser

Flüchtige und nichtflüchtige Hilfsstoffe (Lackadditive):

Flüchtige und nichtflüchtige Hilfsstoffe (Lackadditive) dienen zur Verbesserung der Verarbeitungseigenschaften, zur Vermeidung von Betriebsstörungen oder auch zur Verbesserung vieler weiterer Eigenschaften des Lacks. Die Einsatzkonzentration der Lackadditive liegt dabei allgemein bei 0,1 bis 1%, lediglich die in Plastisolen eingesetzten Weichmacherkonzentrationen sind erheblich größer. Verwendet werden folgende Additive:

- Substanzen mit Tensidwirkung (Netzmittel, Dispergierhilfen, Emulgatoren) zur leichteren Dispergierbarkeit und zur Stabilisierung dispergierter Pigmente und Füllstoffe
- Verdickungs- und Thixotropierungsmittel (z.B. Fällungskieselsäuren, Aerosil, Aluminosilikate, Aluminiumstearat) zur Verbesserung des rheologischen Verhaltens der Lacke
- Verlaufmittel (z.B. hochsiedende Lösemittel, Glykole) zur Verbesserung des Lackverlaufes bei der Verarbeitung
- Trockenstoffe (z.B. Beschleuniger bei oxidativer oder radikalischer Vernetzung)
- Stabilisatoren und UV-Absorber zur verbesserung der Alterungsbeständigkeit
- Entschäumer (z.B.höhere Alkohole oder Mineralölprodukte) zur Vermeidung von Schaumbildung bei der Verarbeitung
- Fungicide und Bactericide gegen organisches Wachstum
- Hautverhütungsmittel zur Verhütung einer Hautbildung in Vorratsgefäßen

Lösungsmittel:
Als Lösemittel werden Wasser (in Wasserlacken, Dispersionslacken oder Elektrotauchlacken) oder brennbare organische Lösemittel wie Ester, Ketone (MEK Methyl-Ethyl-Keton), Alkohole (z.B. Glykole), Glykolether, paraffinische oder aromatische Kohlenwasserstoffe verwendet. Lösemittel der Lackindustrie sind Leichtsieder.

11.2 Lösemittelhaltige Farben und Lacke

11.2.1 Verarbeitung lösungsmittelhaltiger Farben und Lacke

Lösungsmittelhaltige Farben und Lacke enthalten Filmbildner, leicht flüchtige, organische Lösemittel, Pigmente, Füllstoffe und verschiedene Additive. Die Lösemittel haben in Farben und Lacken die Aufgabe, den Lack verarbeitbar zu machen, die Viskosität des Lackes zu regulieren, aber auch seinen Verlauf zu verbessern und seinen Glanz zu erhöhen. Die Fadenmoleküle des Filmbildners werden durch den Lösemittelzusatz fluidisiert, so daß sie beim Eintrocknen des Lacks miteinander verfilzen und einen dreidimensionalen Film bilden können. Beim Eintrocknen des lösemittelhaltigen Lacks entsteht eine Verfilmung, d.h. es entsteht eine dünne Schicht des Filmbildners. Dabei schwindet das Volumen der Lackschicht. Es entstehen Zugkräfte innerhalb des Films, die schließlich zum Reißen, d.i. Bildung von Schwindungs- oder Trocknungsrissen, führen können. Zusatz von Feststoffen mindert die freie Filmlänge, so daß die Rißbildung vermieden werden kann. Deshalb setzt man den Lacken Füllstoffe zu, um der Bildung von Trockenrissen entgegen zu wirken. Füllstoffe sind so lange nicht sichtbar, so lange ihr Brechungsindex $n_D < 1,7$ ist. Sie sind auch in Klarlacken enthalten. Zuviel Füllstoffe dagegen werden vom Filmbildner nicht mehr festgehalten. Streicht man mit einem Papier oder Tuch über eine solche Oberfläche, wird das Tuch oder Papier gefärbt. Die Farbe "kreidet" aus. Diese Erscheinung kann auch bei Zerstörung des Bindemittels durch äußere Einwirkung (Alterung, chemische Einwirkung) beobachtet werden, ja, sie wird sogar bei manchen Gebäudeanstrichen genutzt, um im Laufe der Jahre zu einer durch Regenwasser begünstigten Erneuerung der Farbe zu kommen.

Vielfach werden Filmbildner eingesetzt, die während des Eintrocknens polymerisieren. In diesem Fall erfolgt die Bildung einer dreidimensionalen Molekülstruktur durch chemische Reaktion.

11.2.2 Auftragsverfahren, -anlagen und -hilfsmittel

Flüssige, lösungsmittelhaltige Lacke können in Tauch- oder Spritzverfahren aufgetragen werden. Lackauftrag im Tauchverfahren wird insbesondere bei der Beschichtung von Kleinteilen angewendet, die aus Kostengründen nicht vereinzelt werden können. Dazu werden Kleinteile in eine perforierte Trommel gegeben und im Lackbad umge-wälzt. Die feuchten Teile werden anschließend in einer Zentrifuge durch Schleudern von überschüssigem Lack befreit. Die Entfernung überschüssiger Lackmengen von größeren Werkstücken stellt manchmal ein Problem dar. Dies kann zum Beispiel dadurch gelöst werden, daß man das geerdete Werkstück über eine Hochspannungskathode führt, so daß zwischen Kathode und Werkstück eine Coronarentladung entsteht, die die anhängenden Tropfen elektrostatisch auflädt. Die Tropfen tragen dann eine gegenüber der Kathode positive Aufladung und werden deshalb von der Kathode angezogen. Die Methode ist als elektrostatisches Tropfenabziehen bekannt. Größere Verbreitung haben Spritzverfahren aller Art gewonnen. Im einfachsten Fall kann man flüssige Lacke mit einer Druckluft-spritzpistole zerstäuben. Derartige Pistolen, als Becherpistolen mit einem aufgesetzten Lackvorratsbehälter ausgerüstet, sind vielfach in Hobby- oder Reparaturwerkstätten im Einsatz. Wirkungsgrad und Produktivität sind jedoch nicht befriedigend. Unterstützt man den Sprühvorgang elektrostatisch dahingehend, daß man die versprühten Tropfen im einem Hochspannungsfeld elektrostatisch auflädt und das Werkstück erdet, so steigt die Lackausbeute auf etwa das Doppelte an. Hochdruckzerstäubersysteme sind im Wir-kungsgrad pneumatischen Zerstäubersystemen vergleichbar. Robotergeführte, elektrosta-tisch unterstützte pneumatische oder Hochdruckzerstäubersysteme (Airless System) er-reichen Lackausbeuten von bis etwa 85%. Unter Lackausbeute versteht man die Lack-menge, die ihr Zielobjekt auch erreicht. Die Differenz zwischen Lackausbeute und 100% ist dann der Overspray, der also am Gegenstand vorbeifliegt. Da Overspray Kosten ver-ursacht, wurden weitere elektrostatisch unterstützte Spritzorgane entwickelt, die wesent-lich höhere Lackausbeuten erbrachten.

Methode	Lackausbeute	Overspray	Lackierzeit	Betriebsko-sten
Airless Handpistole	40-50	60-50	100	100
Druckluft Handpistole	bis 38	bis 62	100	100
Airless-Electrostatic-Handpistole	60-75	35-25	50	50
Luft-Electrostatic-Handpistole	70-80	30-20	55	50
Airless-Elektrostatik-Automatikpistole	75-85	25-15	30	40
Luft-Elektrostatik-Automatikpistole	75-85	25-15	30	40
Turbo-Automatikdüse	bis 94	ca. 6	20-25	20
Sprühglocke	bis 95	ca. 5	20-25	20
Sprühscheibe	bis 97	ca. 3	20	15
Sprühspalt	bis 98	ca. 2	20	15

Tabelle 11-1: Lackausbeute, Lackierzeit und Betriebskosten verschiedener Auftragssysteme für flüssige Lacke. Angaben in % bezogen auf Handpistole unter Verwendung von Daten der Literatur

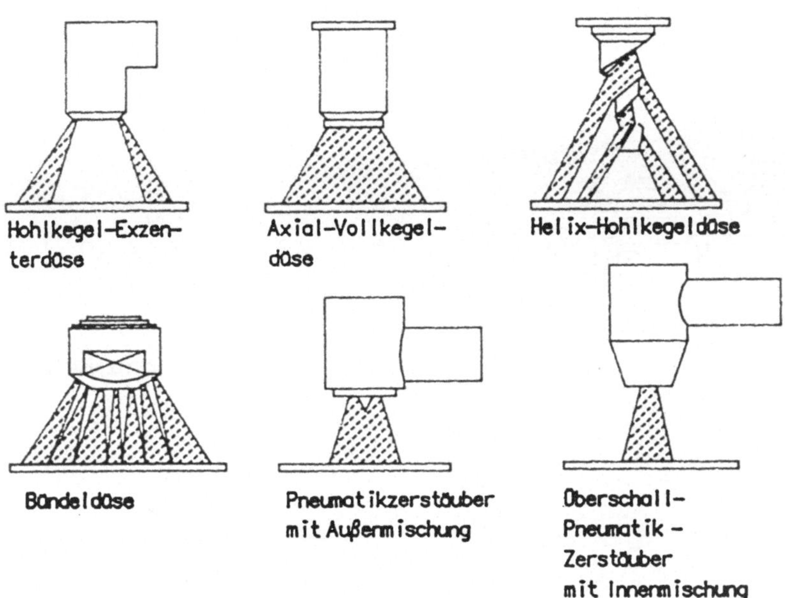

Bild 11-1: Spritzbild verschiedener Zerstäuberdüsen [11]

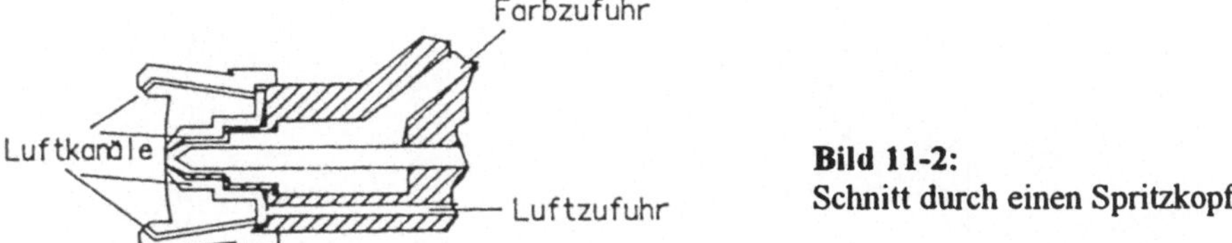

Bild 11-2:
Schnitt durch einen Spritzkopf

Für Hand- und Automatikpistolen ist das Angebot an verschiedenen Düsenformen sehr groß. Zum Lackauftragen werden Zerstäuberdüsen eingesetzt, die die überstrichene Fläche voll ausfüllen. Bild 11-1 zeigt einige Düsenformen mit Spritzbild. Düsen, die mit Luft und Flüssiglack betrieben werden, nennt man Zweistoffdüsen, solche ohne Luftunterstützung Einstoffdüsen.

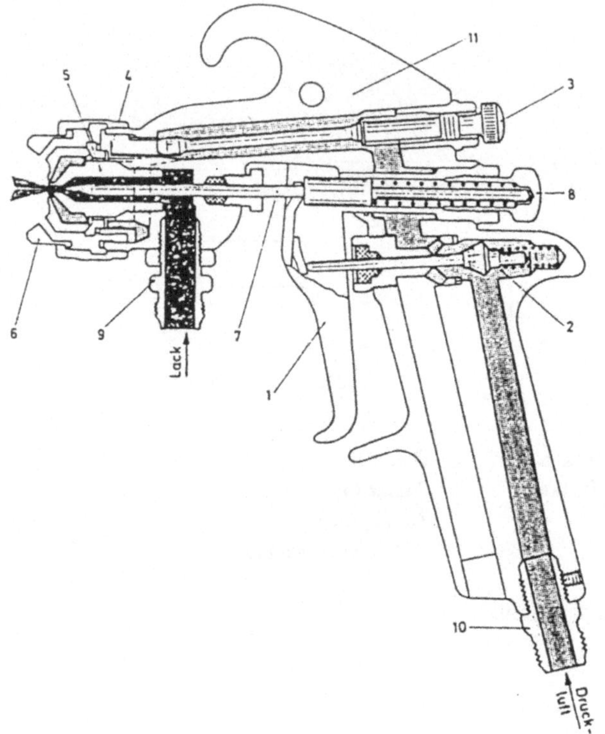

Bild 11-3:

Aufbau einer Spritzpistole

1　Handhebel

2　Luftdüse

3　Strahlregler

4　Luftverteilung

5　u. 6 Luftkanäle

7　Düsennadel

8　Rändelschraube

9　Anschlußnippel

　　für Lackleitung

10　Druckluftanschluß

11　Aufhängung

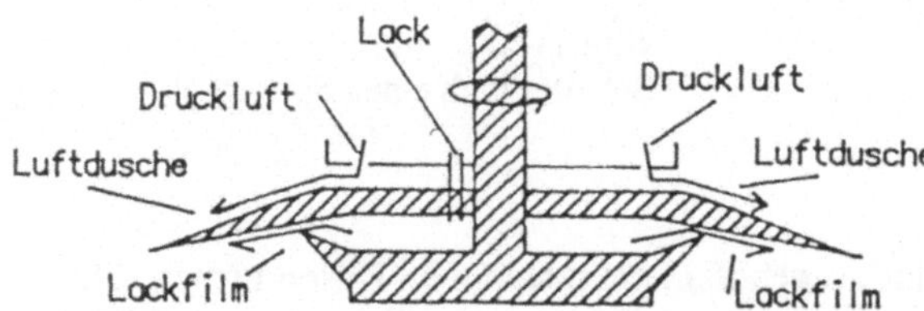

Bild 11 -4: Hochgeschwindigkeitsscheibe

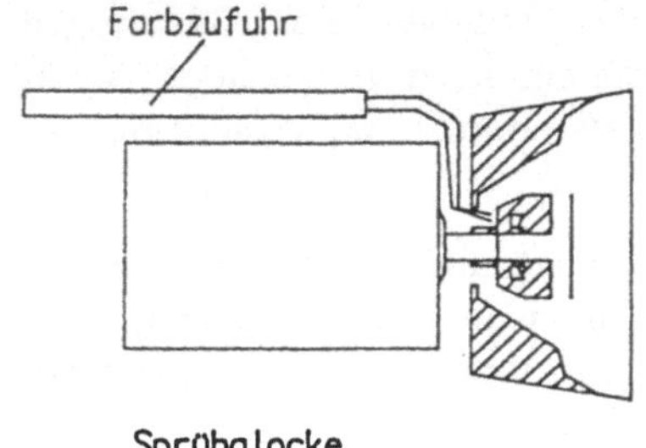

Bild 11-5: Sprühglocke, Zeichnung [12]*

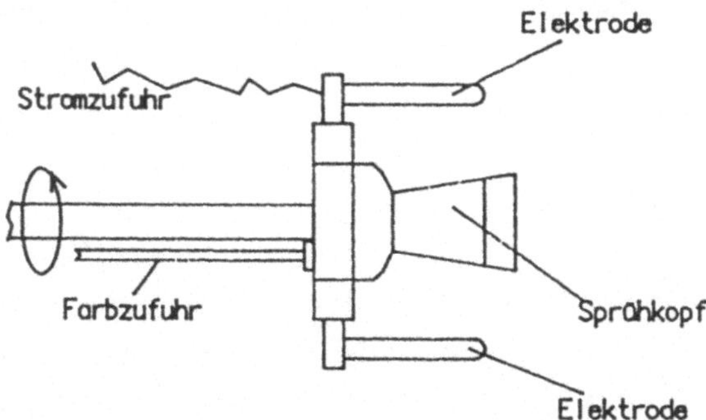

Bild 11-6: Hochrotationszerstäuber; [12] *

* Wiedergabe mit freundlicher Genehmigung des Expertverlages

Bei der Sprühglocke (Bild 11-5) wird der Lack mit Hilfe einer angelegten elektrischen Spannung in der Größenordnung von 100 KV zerteilt. Der Hochrotationszerstäuber (Turbozerstäuber) (Bild 11-6) lädt die gebildeten Tropfen ebenfalls durch von außen angebrachte Hochspannungsladung auf und beschleunigt die aufgeladenen Tropfen elektrisch zum geerdeten Werkstück hin.

Bei der Hochgeschwindigkeitsscheibe (Bild 11-4), die nur unter Zuhilfenahme einer elektrostatischen Unterstützung arbeitet, wird der Lack auf einen rotierenden Teller gegeben. Die am Tellerrand durch die Zentrifugalkräfte entstehende Wulst wird dann durch elektrostatische Kräfte in Tropfen zerrissen. Die Scheibe gibt den Lack nur als kreisförmiges Tropfenband ab, so daß zum Überstreichen einer Fläche eine hydraulische Hubbewegung der Scheibe erfolgen muß.

Ordnet man mehrere Düsen nebeneinander an, so kann man Flächen besprühen. Dies ist eine der Methoden, die sowohl bei der Bandbeschichtung wie auch in Durchlauflackierkabinen eingesetzt wird.

Bei der Bandbeschichtung kann der Lack auch durch Rollenauftrag appliziert werden. Beim Rollenauftrag wird der Lack mit eine Entnahmewalze dem Vorrat entnommen, an eine Auftragswalze übergeben und von dort auf das laufende Band übertragen (Zweiwalzenauftrag). Noch genauer läßt sich ein Beschichtungsmaß einhalten, wenn man zum Dreiwalzenauftrag übergeht und die Schichtstärke durch eine Dosierwalze reguliert.

Bei allen Arbeiten mit Flüssiglacken spielt die Lackviskosität eine entscheidende Rolle. Einen ausreichend genauen Zahlenwert liefert die Auslaufzeit für ein vorgegebenes Volumen durch eine Düse mit bekanntem Querschnitt mit dem sogenannten Auslaufbecher nach DIN ISO 2431.

Beim Auftrag lösemittelhaltiger Lacke mit handbedienten Spritzpistolen (Bild 11 - 3) verwendet man Spritzkabinen, die mit einer kräftigen Entlüftung zum Entfernen von Dämpfen versehen sein müssen. Der Lackanteil, der das Werkstück nicht trifft, wird Overspray genannt. Er wird durch Belegen der Kabinenwände mit Papier (Wegwerfeinrichtung) oder Berieseln

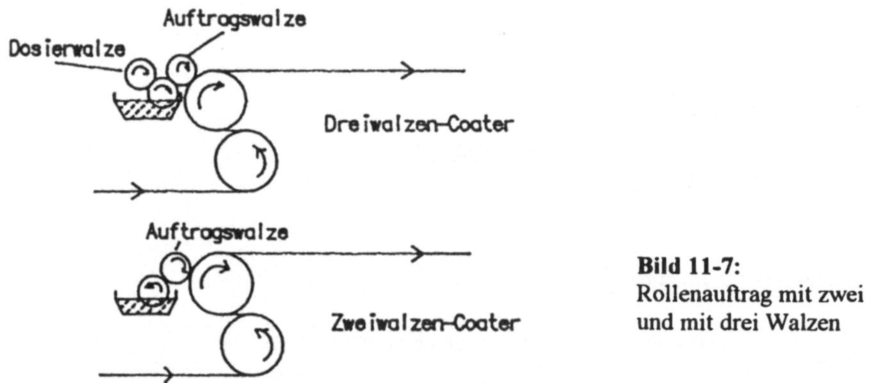

Bild 11-7:
Rollenauftrag mit zwei
und mit drei Walzen

mit Wasser, dem ein Koagulationsmittel beigegeben wurde, abgeführt. Die Wasserberieselung erfolgt dabei so, daß die Rückwand der Kabine ständig mit Wasser beaufschlagt wird, so daß ein auftreffender Lacktropfen fortgetragen wird. Das Koagulationsmittel entklebt den Lack und läßt ihn zu einem austragsfähigen Feststoff werden. Der koagulierte Lack bildet einen Lackschlamm, der sich im Becken, das sich meist unterhalb der Lackierkabine befindet, ansammelt. Das Koagulat schwimmt dabei entweder auf, oder der Schlamm setzt sich auf dem Boden des Koagulatsammlers ab, je nach Einstellung und Art des Koagulationsmittels. Der Lackschlamm (das Koagulat) muß auf jeden Fall entsorgt werden.

Beim Lackauftrag mit der Sprühscheibe ist anzumerken, daß man diese Scheibe pneumatisch vertikal bewegt, um eine Fläche zu bestreichen. Führt man die Gegenstände in einer Omega-Schleife um die Sprühscheibe, so zeigen die Gegenstände eine Drehbewegung relativ zur Sprühscheibe, wodurch die ganzflächige Beschichtung auch dreidimensionaler Werkstücke wie Boiler erfolgen kann.

Die Spritzglocke gibt einen kreisförmigen zweidimensionalen Strahl ab und ist z.B. gut zum Beschichten von flächigen Werkstücken einzusetzen. Das Spritzen mit Zerstäuberglocken erfolgt meist in Durchgangsanlagen, wobei die Beschichtung beidseitig erfolgen kann. Beim Spritzen mit elektrostatischer Unterstützung besteht stets eine elektrische Verbindung zwischen Lackversorgungssystem, Spritzpistole und Stromquelle, was einen Gefahrenpunkt darstellt.

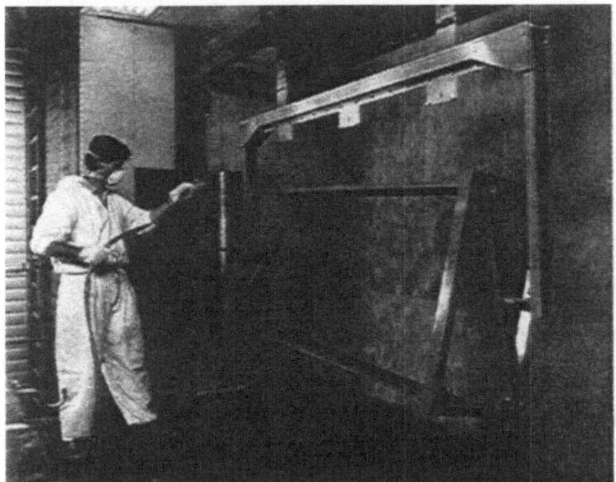

Bild 11-8: Handspritzstand mit wasserberieselter Wand, Foto Eisenmann, Böblingen

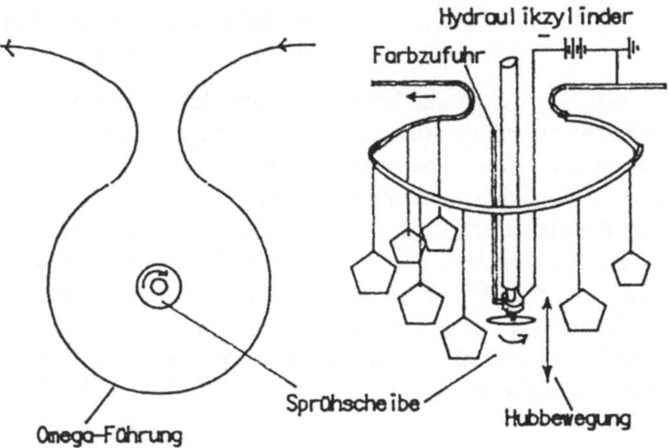

Bild 11-9: Spritzanlage mit Zerstäuberscheibe

Spritzkabinen für dreidimensional große Werkstücke wie Autokarosserien werden mit von der Decke kommender Zuluft versehen, die den Overspray mitnimmt und durch die Gitterroste am Boden drückt. Diese Luft wird dann mit Hilfe von Naßwäschern oder Naßelektrofiltern ausgewaschen und der Lack koaguliert. Die Kabinen stehen dadurch unter geringem Überdruck, wodurch das Eindringen von Staub verhindert wird.

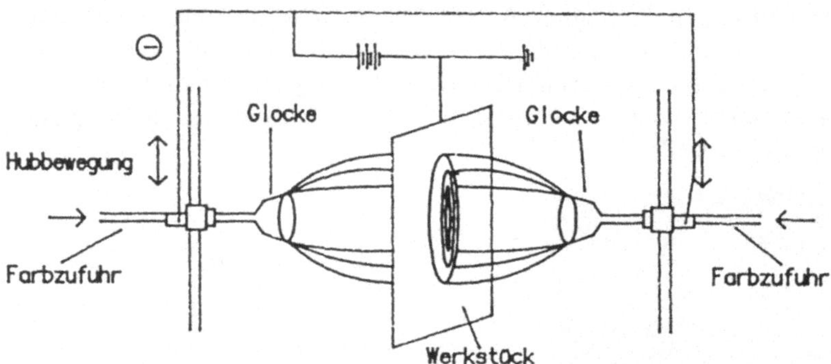

Bild 11-10: Spritzen mit einer Spritzglocke nach [13]

Beim Rollenauftrag lösungsmittelhaltiger Lacke auf Bandmaterial entsteht naturgemäß kein Overspray. Beschichtungsanlagen für Bandmaterial werden zwar chargenweise mit Coils beschickt, arbeiten aber kontinuierlich. Um dies zu erreichen, besitzen diese Anlagen Vorratsspeicher (Schlingenstände, Schlingentürme), die mit so viel Bandmaterial gefüllt werden, wie während des Coilwechsels benötigt wird, bzw. wie während des Coilwechsels sich vor der Aufhaspelung ansammelt. Der Auftrag lösungsmittelhaltigen Lacks kann in diesen Anlagen beidseitig und beidseitig unterschiedlich oder ein- oder beidseitig zweifach erfolgen. An den Auftragsstellen, an denen die Auftragswalzen positioniert sind, treten dabei erhebliche Lösungsmittelmengen aus, so daß man die Auftragskabine kapseln, absaugen und mit Explosionsschutzinstallation versehen muß.

Zweikomponentenlacke - 2 K-Lacke - bestehen aus Lack- und Härterkomponente, die in einem ganz bestimmten, sehr genau einzuhaltendem Mischungsverhältnis miteinander gemischt und verarbeitet werden müssen. Die Versorgung der Spritzpistole mit Gemisch wird daher durch zwei über eine Proportionalsteuerung geregelte Pumpen (Kolben- oder Zahnradpumpen), die die beiden Komponenten bis in die Nähe der Pistole getrennt führen, vorgenommen. Vor oder in der Abnahmestelle werden dann beide Komponenten mit Hilfe statischer Mischer intensiv miteinander vermischt. Der statische Mischer besteht aus einem System von Umlenkplatten, die den Förderstrom zu starker Verwirbelung zwingen. Statische Mischer können sowohl als Rohrmischer in die Zuführleitung wie auch in die Spritzpistole selber eingebaut werden.

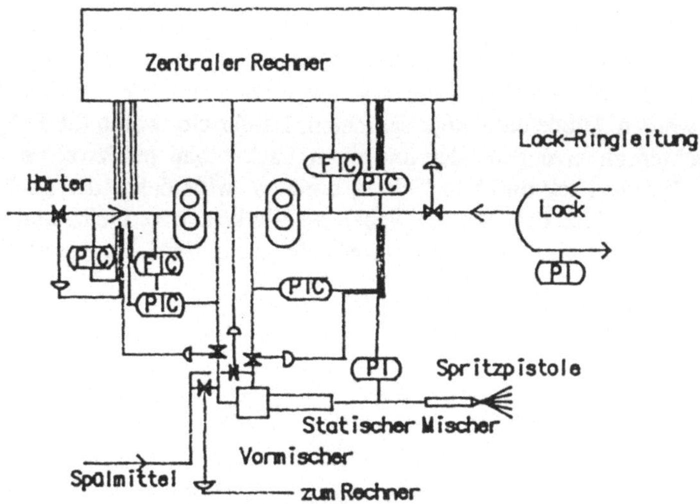

Bild 11-11: 2-K-Lackierung, System Kopperschmidt-Mueller

Die Lackversorgung kann bei kleineren bis mittleren Abnahmemengen durch Verbinden der Transportgebinde mit der Lackpumpe erfolgen. Bei großen Abnahmemengen dagegen erfolgt die Lackversorgung über eine Ringleitung. Dabei muß darauf geachtet werden, daß der Lack keine Schmutzpartikel oder Hautreste enthält und die korrekte Verarbeitungstemperatur behält. Deshalb führen derartige Ringleitungen durch Lackfilter und Wärmetauscher. Die Ringleitung steht unter Vordruck, so daß bei der Entnahme der notwendige Druck schon aufgebaut ist. Zu beachten ist, daß alle Teile und Dichtungen der Ringleitung auf der Saugseite der Pumpe dicht sind, weil sonst Luftbläschen im Lack auftreten und Fehllackierungen entstehen.

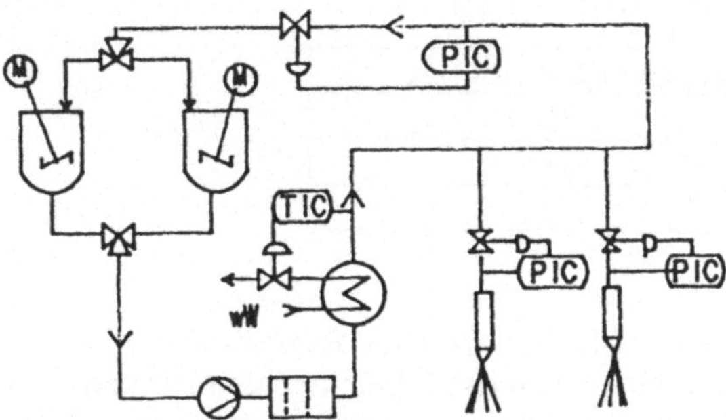

Bild 11-12: Farbversorgungssystem für Flüssiglacke

11.2.3 Abdunsten und Trocknen

Flüssige Lacke geben je nach Festkörpergehalt erhebliche Mengen an Lösemitteln an die Umgebung ab. Da sie relativ dünnflüssig sind, können sie auch nicht in jeder beliebigen Schichtdicke aufgetragen werden. Ungleichmäßige Schichten, Läufer etc. wären die Folge. Um dickere Lackschichten zu erzeugen oder um einen Lackaufbau mit zwei verschiedenen Lacken, z.B. Metallic-Lack und Klarlack zu erzielen, wird daher der Lack nach jedem Auftrag abgedunstet. Das bedeutet, das lackierte Werkstück verbleibt unter Absaugung noch einige Zeit im Lackierraum und dunstet dabei Teile der Lösungsmittel ab.

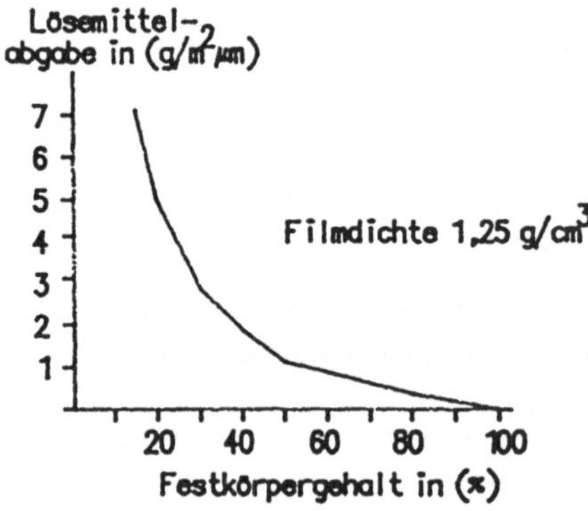

Bild 11-13: Lösungsmittelabgabe von Flüssigkeiten

Man geht dabei davon aus [14], daß der Vortrockenverlust je nach Zeit, Lösungsmittelart, Raumtemperatur etc. etwa folgende mittlere Werte beträgt:

Trockenzeit (min.)	Vortrocknungsverlust (Gew.%)
10	25
20	45
30	50

Tabelle 11-2: Vortrocknungsverlust.

Erst wenn die notwendige Schichtstärke erreicht ist, wird das Werkstück in die Lacktrocknung geführt. Unter Lacktrocknung versteht man das Filmbilden und Aushärten des Lacks. Je nach Lacksorte kann das Austrocknen bei Raumtemperatur oder unter Erhitzen in der Lacktrocknungsanlage erfolgen. Industrielle Lackierungen verwenden im allgemeinen technische Hilfmittel zum Lacktrocknen.

Gebräuchliche Trocknungskammern sind beheizte Öfen, die entweder mit Heißluft betrieben oder durch Infrarotstrahler erwärmt werden. In beiden Fällen muß ein staubfreier Luftstrom durch den Ofen gezogen werden, um die abdunstenden Lösemittel aus dem Trockenraum zu entfernen. Der Mindestluftstrom, der dazu benötigt wird, muß so bemessen sein, daß die Lösungsmittelkonzentration im Luftstrom sicher unter der Explosionsgrenze bleibt. In der Trockneratmosphäre sind daher maximal 0,8 Vol.% Lösungsmitteldampf zulässig. Überschlagsmäßig kann man den Mindestluftstrom V_L, der zum Entlüften des Lacktrockners notwendig ist, wie folgt berechnen:

$$V_L = \frac{F * d * \rho * w * 22,4\left(273 + t_{Tr}\right)}{M * 100 * 1000 * 273 * 0,008}$$

$$v_L = \frac{1,03 * 10^{-4} * F * d * w * \rho\left(273 + t_{Tr}\right)}{M}$$

V_L = Mindestluftmenge in (Nm³/h)
F   = Oberflächendurchsatz (m²/h) entsprechend O/2
O   = Blechdurchsatz in (m²/h)
d   = Naßschichtdicke in (µm)
ρ = Dichte des Naßlacks in (g/cm³)
w   = Lösungsmittelgehalt des Lacks beim Eintritt in den Trockner (Gew.%),
      entsprechend etwa dem 0,5- bis 0,7-fachen Lösungsmittelgehalt des
      Einsatzlacks
M   = Mittleres Molekulargewicht des Lösungsmittels (man verwendet M=100).
$_{Tr}$ = Trocknertemperatur in (°C)

In der Praxis verwendet man den 2 bis 8fachen Wert von V_L, weil außer Lösungsmittel meist auch schwerer flüchtige Komponenten geringfügig mit verdampfen und sich sonst dadurch im Trockner Kondensat bilden könnte. Beim Trocknen mit Heißluft verwendet man Umluftöfen, die entweder als Trockenkammer mit chargenweiser Beschickung oder als Durchlaufofen mit ein bis vier Trockenzonen ausgeführt werden, um den Energieverbrauch zu senken. Die Trocknungsluft wird zunächst sehr sorgfältig durch Filtern von Staub befreit, konditioniert und durch Heizelemente (Dampf- oder Heißwasserheizung) auf Temperatur gebracht. Ein Teilstrom der Trocknungsluft wird stets aus dem Trockner entfernt und zur Entsorgung geführt. Man ersetzt diesen Teilstrom durch Frischluft. Die Zufuhr der Trocknungsluft in den Umlufttrockner kann von der Decke oder seitlich oder vom Boden her erfolgen.

Bei Kammertrocknern, aber auch bei Durchgangstrocknern werden die Warenein- und -ausgangsöffnungen durch sich im Takt öffnende Türen verschlossen. Man kann auch hängende Gummi- oder Kunststoffvorhänge zur Abschirmung einsetzen. Andere Durchgangstrockner vermindern den Wärmeaustritt durch einen Luftschleier an den Öffnungen des Trockenkanals.

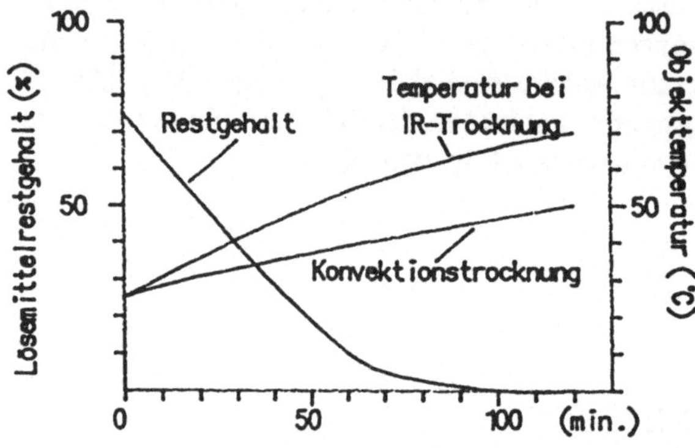

Bild 11-14:
Lösemittelrestgehalt und Objekttemperatur beim Lackeinbrennen.

Das Trocknen mit Infrarotstrahlung ist ein sehr effektives Verfahren, das sich durch schnelle Erwärmung der Werkstücke auszeichnet. Insbesondere kann man bei dieser Trocknungsart die Wärmequelle dem Objekt und seiner Größe anpassen und muß nicht stets mit voller Heizleistung fahren. Man kann dazu die Objekttemperatur mit Strahlungspyrometern messen und so die Heizquellen optimal einstellen.

Als Heizquellen kommen für eine Infrarottrocknung Dunkel- und Hellstrahler zur Anwendung. Dunkelstrahler sind entweder elektrisch betriebene Heizwendeln, die mit dunkler Rotglut strahlen und ihr Strahlungsmaximum bei etwa 4 μm Wellenlänge besitzen, oder gasbetriebene Katalytzellen, bei denen Gas katalytisch verbrannt wird. Andere Formen der Dunkelstrahler werden durch die Flamme von Ölbrennern erwärmt, die durch Stahlrohre geführt wird, deren Außenwand als Dunkelstrahler wirkt. Welche Art der Beheizung gewählt wird, wird letztlich stets durch wirtschaftliche Zahlen entschieden. Hellstrahler sind elektrische Glühlampen mit Oberflächentemperaturen von etwa 2000°C mit einem Strahlungsmaximum bei etwa 1,5 μm.

Zur Trocknung von Lackschichten auf nichtmetallischem Untergrund wie Holz oder Kunststoff werden auch Mikrowellen eingesetzt. Mikrowellen mit Wellenlängen zwischen 1 und 10^{-3} m Wellenlänge werden dabei praktisch ausschließlich vom Lack aufgenommen, der dadurch wirtschaftlich getrocknet werden kann. Für metallische Werkstücke sind Mikrowellen nicht geeignet.

Zum Trocknen von Lackschichten auf Bandmaterial etc. wird gelegentlich auch Elektronenstrahlhärtung eingesetzt. Dabei werden in einer Linearkathode Elektronenstrahlen von 20 bis 30 mA erzeugt und mit Beschleunigerspannungen von 300 bis 500 KV beschleunigt. Die Strahlen treten durch einen Strahlerkopf mit Titanfenster aus. Man erzeugt durch Einwirkung eines magnetischen Wechselfeldes eine starke Pendelbewegung des Elektronenstrahls, so daß eine Flächenüberdeckung erzeugt werden kann. Vorteil des Elektronenstrahl-Härteverfahrens ist, daß die Härtung bei Raumtemperatur erfolgt, so daß die Werkstücke keiner Temperaturbelastung ausgesetzt werden.

UV-trocknende Lacke polymerisieren durch UV-Strahlen, d.h. sie geben nur geringfügig Lösemittel ab. Die Härtung von UV-Lacken erfolgt außerordentlich schnell. Die Härtezeiten liegen dabei bei 2 bis 10 s, wozu noch 20 bis 30 s Beruhigungsstrecke vorgeschaltet werden müssen. Als Strahlungsquelle werden dabei gepulste Quecksilber-Hochdrucklampen eingesetzt, die mit einer Pulsfrequenz von 100 Hz eine Leistung von 80 bis 720 W/cm Bogenlänge abgeben. Moderne Entwicklungen haben hier Fortschritte gebracht, durch die das Abstrahlungsmaximum in den Bereich sehr kurzer Wellenlängen bis hinab zu 172 nm geführt hat. Diese sehr energiereichen Strahler, sogenannte Excimer-Strahler, weisen im Gegensatz zu Quecksilberlampen eine sehr enges Wellenlängenspektrum auf, auf die sich die abgestrahlte Energie konzentriert [15]. Da UV-härtende Lacke keine Thermoplaste sind, können die Werkstücke nach dem Härten sofort abgestapelt werden. Sie benötigen keine Kühlung. Allerdings haben UV-härtende Lacke öfter Haftungsprobleme auf dem Substrat. Obgleich UV-Härtung umweltfreundlich ist und wegen der Kürze der Härtungszeit geringere Investitionskosten als bei IR-Trocknungen aufgewendet werden müssen, wird sie nicht im Regelfall eingesetzt. Begrenztes Lackangebot und im allgemeinen teure Lacke sind dafür die Ursache.

11.2.4 Abluftentsorgung

Beim Lackieren mit flüssigen Lacken werden Lösungsmittel und Ausbrennstoffe an die Umgebung abgegeben. Besonders beim Lackieren mit lösungsmittelhaltigen Lacken entsteht hier eine starke ökologische Belastung, die Gegenmaßnahmen erforderlich macht. Folgende Maßnahmen können getroffen werden:

- Adsorption der Lösemittel mit Lösemittelrückgewinnung
- Regenerative thermische Nachverbrennung (RNV)
- Thermische Nachverbrennung (TNV)
- Katalytische Nachverbrennung
- Biologische Abluftreinigung

Abluftströme aus Lackieranlagen werden zunächst über Elektrofilter oder Auswaschvorrichtungen von Farbtropfen befreit. Der Abluftstrom aus einer Abdunst- und einer Trocknungsstrecke kann ebenso behandelt werden.

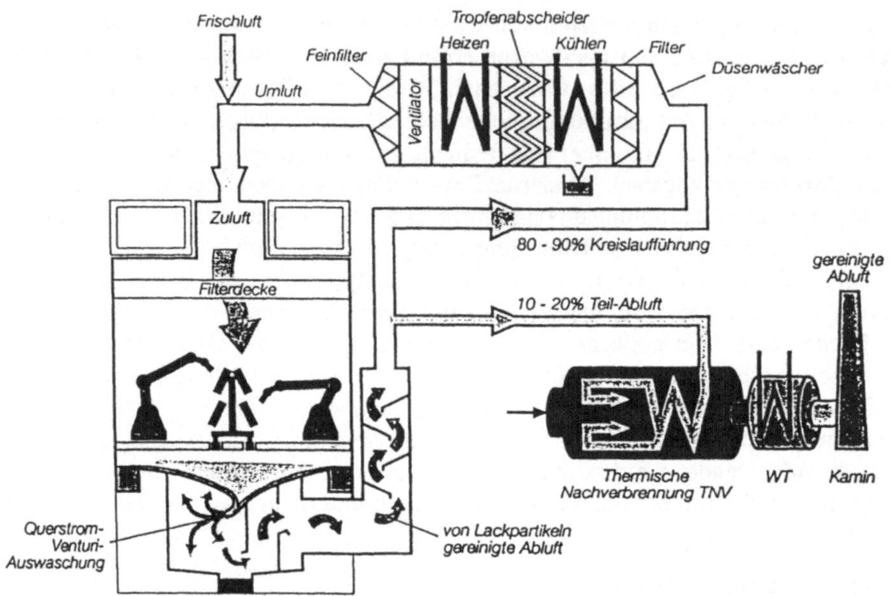

Bild 11-15: Entsorgung einer Spritzkabine mit einer TNV, Zeichnung Eisenmann, Böblingen

Abluftreinigung durch Auskondensieren, Absorbieren, thermisches oder katalytisches Nachverbrennen ist wirtschaftlich insbesondere bei größeren Anlagen mit > 2000 m³/h Abluft einsetzbar. Für kleinere Abluftströme bis herunter zu 500 m³/h und für Abluftströme mit sehr geringer organischer Belastung kann die Abluftreinigung auch biologisch durchgeführt werden, wenn geeignete Lösemittel zum Einsatz kommen. Eine biologische Abluftreinigung besteht im Prinzip aus einer Schüttung aus Holzabfällen etc., die als Träger für die aktive biologische Masse dient und mit ihr imprägniert wurde. Die Holzschüttung wird dabei natürlich ebenfalls angegriffen, so daß sie periodisch der Verrottung wegen gewechselt werden muß. Andere Firmen haben daher die Holzschüttung durch eine Schüttung aus Schaumglas ersetzt, die nicht verrottbar ist. Geruchsbelästigungen, wie sie leicht beim Anfahren einer biologischen Abluftreinigung auftreten können, werden dadurch vermieden. Die Abluft sollte Temperaturen von 20 bis 40°C besitzen. Sie wird zunächst durch Berieseln mit Wasser so konditioniert, daß ihre relative Feuchte > 95% beträgt. Über einen Verteilerboden, an dem die Abluft unter leichtem Überdruck von etwa 0,1 bar steht, wird die Abluft durch die biologisch aktive Schüttung gedrückt. Bei einer Verweilzeit von 5 bis 20 s erfolgt in der Schüttung vollständiger biologischer Abbau. Je nach Art des Lösemittels sind 1 bis 3 m³ Schüttung je 500 m³/h Abluft notwendig. Das moderne Verfahren bewährt sich vor allem bei kleineren Lackierbetrieben (z.B. Reparaturbetrieben), wozu Anlagen in Modulbauweise angeboten werden. Da bei der biologischen Abluftreinigung keine erhöhten Temperaturen angewendet werden, bleibt die Abluft frei von Stickoxiden.

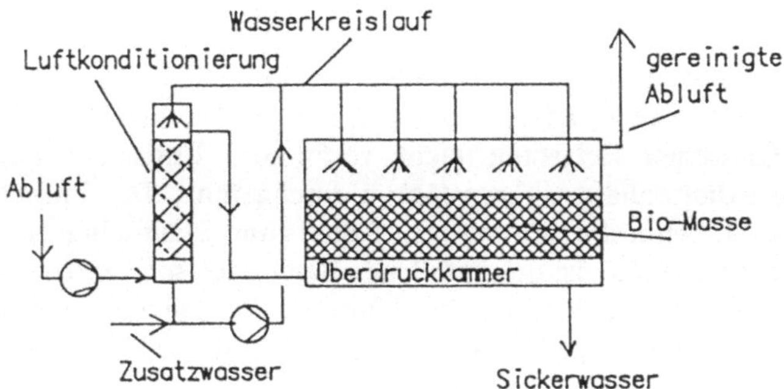

Bild 11-16: Abluftreinigung mit Bio-Filtern, System Comprimo, Selas Kirchner Umwelttechnik, Höllriegelskreuth

11.2.5 Die Entlackung

Beim Lackverarbeiter fallen zu entlackende Gegenstände sowohl in der Lackierkabine (z.B. Gitterroste) wie auch an den Aufhängevorrichtungen ständig an. Entschichtet werden müssen gelegentlich vorkommende Fehllackierungen oder Lackierungen vor dem Neubeschichten z.B. im Reparaturbetrieb. Arbeitsweisen zum Entfernen organischer Beschichtungen können physikalische (p), physikalisch-thermische (pt), chemische (c), thermische (t) und chemisch-thermische (ct) Verfahren sein.

Verfahren	Anwendung	Klassifizierung
Wasser/Sandstrahlen	Beton	p
Stahlkugelstrahlen	Stahlguß, Beton	p
Glaskugelstrahlen	Zink,Aluminium	p
Druckwasserstrahlen	Gitterroste, große Stahlbauwerke, Autokarosserien	p
Gefrierstrahlen	Entgummieren, Behälter, Tauchbecken	pt
chemisch Entlacken	alle Materialien	c
Schmelzentschichten	Eisen u.Stahl	ct
Pyrolyse	alle anorganischen Werkstoffe, die Temperaturen oberhalb 400°C überstehen	t
Laser-Strahlen	versuchsweise f. alle Materialien	t

Tabelle 11-3: Verfahren zum Entschichten organischer Beschichtungen

Physikalische Entschichtung:

Das Behandeln von Werkstücken mit Strahlmitteln wurde in Kapitel 3 behandelt. Der Einsatz von Strahlmitteln zum Entlacken ist daran gebunden, daß die Werkstücke sich unter dem Einfluß der mechanischen Belastung nicht verformen. Entlacken mit Strahlmitteln wird daher nur bei dickwandigen Formstücken durchgeführt. Der Prozeß ist ökologisch sauber durchführbar, wenn die notwendigen Schall- und Staubschutzeinrichtungen vorhanden sind. Einziger Abfall ist der anfallende Staub, der schwermetallhaltig (Pigmente, Werkstückabrieb) ist. Bei richtiger Durchführung der Arbeiten entstehen Oberflächen, die ohne oder mit geringem Vorbehandlungsaufwand wieder lackiert werden können.

Das Entschichten mit Hochdruckwasserstrahlen, bei dem Drücke bis 1000 bar und Wurfleistungen bis 100 l Wasser/min. eingesetzt werden, wird z.B. zum Entschichten und Reinigen von Gitterrosten in Lackierkabinen eingesetzt. Hierbei wird der Wasserstrahl mit dem abgetrennten Lack in die darunter liegende Koagulation gespült und dort aufgefangen. Hochdruckwassergeräte können auch zum Entlacken an große Bauwerke (z.B. Brücken) herangefahren werden, so daß man die Entschichtung vor Ort durchführt. Die abgetrennten Farbpartikel sollten aber mit feinen Netzen aufgefangen werden, weil sie schwermetallhaltig (meist sogar bleihaltig) sind. Gegebenenfalls kann man dem Hochdruckwasser Sand beimischen, was die Abrasivität des Strahlvorgangs erhöht. Das Entlacken von Autokarosserien mit Hochdruckwasser ist ebenfalls in Gebrauch. Es ist allerdings nur möglich, weil die Autokarosserie durch ihre Form zusätzliche Stabilität gewinnt. Beim Entlacken mit Hochdruckwasser fällt fest haftender Lack in Form eines feinteiligen Schlamms an, dem größere, vorher lockere Lackpartien beigemischt sein können. Der Schlamm ist Sondermüll aufgrund der in ihm enthalten Schwermetalle. Durch die im Lack enthaltenen Kunstharze kann es beim Hochdruckwasserstahlen zur Bildung stabiler Dispersionen kommen, die erst gebrochen werden müssen, ehe der Schlamm abfiltriert werden kann.

Physikalisch-thermische Entschichtung:

Physikalisch-thermisches Entlacken liegt vor, wenn die Schicht zunächst tief gefroren wird, ehe sie mit Hilfe von Strahlmitteln von der Oberfläche entfernt werden kann. Durch das Tiefgefrieren verliert die Beschichtung ihre Elastizität und wird spröde und damit abstrahlbar. Als Kältemittel bei der als kryogenes Entschichten bezeichneten Arbeitsweise dienen flüssiger Stickstoff oder festes CO_2. Als Strahlmittel werden Stahlkorn oder festes CO_2 (Trockeneis) eingesetzt. Werden Behälter auf diese Weise entgummiert, so benötigt man thermisch gesehen etwa 0,8 bis 1 kg flüssigen N_2/kg Werkstück. Das Verfahren ist vor allem im Reparaturbetrieb z.B. beim Entgummieren schadhafter Beizbäder vorteilhaft einsetzbar.

Chemische Entlackung:

Die in früheren Jahren durchgeführte chemische Entlackung mit Hilfe von CKW-haltigen Lösemitteln ist aus ökologischer Sicht heute nicht mehr vertretbar. Auch das Entschichten von mit PVC beschichteten Galvanikträgern mit Hilfe von CKW-Produkten sollte unterbleiben und durch kryogenes Entlacken ersetzt werden. Chemisches Entlakken kann mit biologisch abbaubaren Lösungsmitteln oder besser mit wäßrigen Lösungen durchgeführt werden. Chemisches Entlacken ist immer umweltgefährdend. Das Entlakken mit biologisch abbaubaren Lösemitteln sollte auf Spezialanwendungen wie das Reinigen von Farbcontainern, von Siebdruckschablonen oder von empfindlichen NE-Metallen beschränkt werden, also auf Arbeiten, die in speziell dafür entwickelten abgeschlossenen Anlagen ausgeführt werden können. Biologisch abbaubare Amine wie N-Methyl-Pyrrolidon oder Produkte wie Dimethylsulfoxid sind z.B. zum Entlacken in wasserfreiem Zustand sehr gut geeignet. Andere Lösemittel wie Ester etc. besitzen tiefere Flammpunkte und erfordern spezielle Einrichtung zum Explosions- und Brandschutz.

Die meisten chemischen Entlackungen werden mit konzentrierten, stark alkalischen, wäßrigen Lösungen ausgeführt. Die Abbeizlaugen enthalten außer Alkalihydroxiden oft Komplexbildner und Tenside. Die Beschichtung wird dabei teilweise angelöst. Die Entlackungslösungen enthalten nach Gebrauch daher zusätzlich Bestandteile des Lacks und den Lack- und Pigmentschlamm. Da die Entsorgung der Entlackungsbäder schwierig und teuer ist, sollten Entlackungsarbeiten mit chemischer Entlackung Spezialfirmen übertragen werden. Alkalische Entlackungen können an vielen Materialien (Eisen, Holz etc.) im Tauchen wie auch im Spritzen vorgenommen werden.

Chemisch-Thermisches Entschichten:

Chemisch-thermische Verfahren sind Entlackungsverfahren, die geschmolzene Salzmischungen als reaktives Mediumverwenden. Die Entlackung erfolgt vorwiegend an Stahlteilen bei 400 bis 450°C oder mit speziellen Salzmischungen bei 300 bis 350°C bei Aluminiumteilen. Die Verfahren sind im Prinzip umweltfreundlich. In einem Schmelzreaktor werden Mischungen aus Alkalihydroxiden und -nitraten aufgeschmolzen. Beim Eintauchen eines Werkstücks werden alle organischen Bestandteile in kurzer Zeit (20 s bis 10 min) zu CO_2, N_2 und Wasser oxidiert. Halogenatome werden in Alkalihalogenide umgewandelt. Salze, die dafür im Handel sind, sind unter der Bezeichnung Kollene erhältlich. Vorteil des Verfahrens ist es, daß selbst sehr dicke Gummischichten problemlos entfernt werden können. Nachteilig wirkt sich bei manchen Werkstücken die Temperaturbelastung (Verzug) aus.

Pyrolytische Entlackung:

Unter pyrolytischer Entlackung versteht man das Verschwelen der organischen Beschichtung bei Temperaturen > 400°C. Verschwelen kann direkt durch Einwirkung von heißen Gasen einer Brennerflamme oder durch Einwirken heißer Sandpartikel in einem Wirbelbett erfolgen. In beiden Fällen entsteht ein brennbares Schwelgas, daß wieder zum Beheizen des Schwelprozesses verwendet wird. Beim Verschwelen unter dem Einfluß heißer Brenngase besteht größere Gefahr des Verziehens der Werkstücke, weil oft un-

gleichmäßige Temperaturverteilungen entstehen. Verschwelen in einem aus Sandpartikeln bestehenden Wirbelbett birgt diese Gefahr sehr viel weniger, weil die Temperaturverteilung im Wirbelbett einheitlich ist. Bei pyrolytischer Entlackung entsteht im Endeffekt lediglich ein schwermetallhaltiger Pigmentschlamm bei Naßauswaschen des Staubes aus dem Schwelgas. Es hat nicht an Versuchen gefehlt, die Entlackung empfindlicher Teile mit Hilfe der Lasertechnik durchzuführen. Nach [16] sind erstmals erfolgreiche Entlackungsversuche mit Lasern mit einer Leistung von 0,3 m^2/h durchgeführt worden. Moderne Anlagen verarbeiten bis zu 10 m^2/h bei Kosten von etwa
10 DM/m^2.

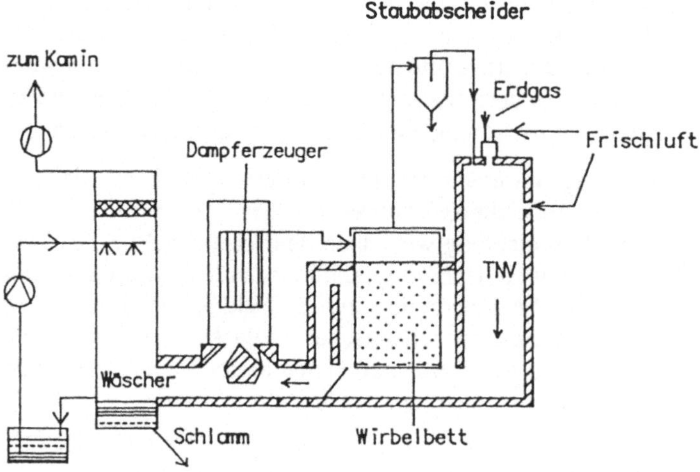

Bild 11-17: Wirbelbettpyrolyse, System Schwing

11.3 Wasserhaltige Lacke

Lösungsmittel und Ausbrennstoffe sind Lackbestandteile, die die Umwelt belasten und umfangreiche Schutzmaßnahmen erforderlich machen. Ersetzt man dagegen organische Lösungsmittel ganz oder teilweise durch Wasser, wird das ökologische Problem reduziert. Zu diesen als wasserhaltige Lacke bezeichneten Industrielacken gehören Lacke, die durch Anwendung des elektrischen Stroms aufgetragen werden (Elektrotauchlacke), Lacke, die wie die Lösungsmittelhaltigen Lacke appliziert werden (sogenannte Wasserlacke) und Lacke, die aus einer organischen Dispersion in Wasser bestehen (Dispersions - Wasserlacke). Während Dispersions-Wasserlacke sich insbesondere im Bautenschutz als lufttrocknende Lacke und erst spärlich in der Metallbeschichtung als Einbrennlack eingeführt haben, ist die Anwendung von Elektrotauchlacken bereits weit verbreitet.

11.3.1 Wasserlacke

Unter Wasserlacken werden mehrere unterschiedliche Lacktypen verstanden:

- Lacke mit wasserlöslichen Bindemitteln
- Hydrogele
- Microdispersionslacke
- Dispersions-Wasserlacke

Lacke mit wasserlöslichen Bindemitteln enthalten niedrigmolekulare Bindemittel (Polyester, Acrylate, Epoxide, Epoxiester, Alkydharze etc.), die mit ionischen Gruppen wie -COOH-Gruppen substituiert wurden. Derartige polymere Polycarbonsäuren sind wasserunlöslich, werden aber wasserlöslich, wenn man sie in die Salzform überführt. Dabei entstehen aber keine echten Lösungen im physikalisch-chemischen Sinn, bei denen einzelne Molekülionen im Wasser gelöst sind, sondern Lösungsaggregate von etwa 30 bis 150 Molekülionen, die zu einem Mikrokolloid zusammengelagert sind . Zur Bildung von Salzen versetzt man die Polycarbonsäuren mit organischen Aminen vom Typ R_3N, so daß die Ammoniumsalze entstehen. Die Ammoniumsalze haben in wäßriger Lösung pH-Wert > 7. Der Amingehalt der Lacke beträgt etwa 0,1 bis 0,5%. Verwendet man leicht verdampfbare Amine, so trocknet der Lack schon an der Luft, weil das Amin verdampft. Schwerer verdampfbare Amine müssen eingebrannt werden, wobei zu beachten ist, daß die Amine nach der TA-Luft in Klasse II eingeordnet werden müssen. Da der Verlauf der Wasserlacke ohne Lösungsmittel nur unvollständig ist, enthalten derartige Lacke Co-Solventien organischer Natur in 5 bis 15 % für Spritzverfahren und 20 bis 25 % für Tauchlacke. Außer physikalisch trocknenden Wasserlacken werden aushärtende Systeme, die oxidativ trocknen, chemisch vernetzen oder aus 2-K-Lacken bestehen, angeboten.

Hydrogele sind Wasserlacke, die höhermolekulare Polymere enthalten. Die Polymere sind ebenfalls mit ionischen Gruppen versehen. Da der Polymerisationsgrad der Polymere zu groß ist, bilden Hydrogele bei Zusatz von Aminen salzartige kolloidale Lösungen.

Dispersionswasserlacke enthalten in Wasser emulgierte Polymerpartikel aus hochmolekularen Kunststoffen wie Polystyrol, Butadien-, Acrylat- oder Vinyl-Polymere, denen bis 5% organische Lösungsmittel zur Verbesserung der Filmbildung zugesetzt werden. Ferner ist es notwendig, Stabilisatoren zur Stabilisierung der Emulsions- und der Pigmentpartikel hinzuzusetzen.

Eine Abart der Dispersions-Wasserlacke sind die Plastisole, die aus mit Weichmachern plastifiziertem PVC-Dispersionen bestehen. Setzt man dem PVC-Plastisol Treibmittel und "Kicker" (Beschleuniger zur Verbesserung des Treibmittelzerfalls) hinzu, lassen sich PVC-Plastisole bei definierter Temperatur zu einem stabilen Weichschaum mit geschlossenen Poren aufschäumen (Verwendung z.B. Hammerstielumkleidungen, Vinyltapeten etc.). Eine Abart der Dispersionen mit noch kleinerer Teilchengröße wird als Microdispersionslack bezeichnet. Ebenfalls in die Kategorie der Wasserlacke gehören die APS-Lacke (Aqueous Powder Slurries), bei denen feinste Lackpulver in Wasser dispergiert werden. Wasserlacke auf Basis wasserlöslicher Polymere haben relativ niedrige Festkörpergehalte. Wasserlacke auf Dispersionsbasis dagegen haben hohe Festkörpergehalte. Die Viskosität von Dispersions-Wasserlacken ändert sich beim Verdünnen mit Wasser linear zum Wassergehalt. Dispersions-Wasserlacke können sowohl physikalisch trocknen durch Verdampfen des Wassers als auch chemisch vernetzen.

Die Verarbeitung von Wasserlacken aller Art entspricht der von lösungsmittelhaltigen. Man kann Anlagen, die mit lösemittelhaltigen Lacken betrieben wurden, auch auf Wasserlacke umstellen. Dazu muß man nur die Lackversorgung vor der Entnahme durch ein Spezialgerät elektrisch unterbrechen, weil die elektrische Leitfähigkeit des Wasserlacks ungleich höher ist und somit die Stromversorgung der Spritzpistolen zusammenbrechen würde. Die Oversprayentsorgung erfolgt bei Wasserlacken nicht durch Koagulation des Lacks. Fängt man den Overspray mit Hilfe einer Wasserwand auf, so erhält man eine

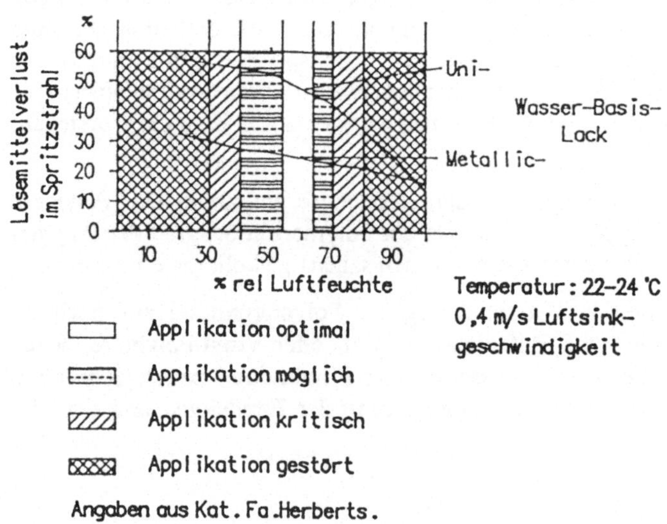

Bild 11-18: Einfluß der relativen Luftfeuchte auf das Spritzen von Wasserlack nach Fa. Herberts

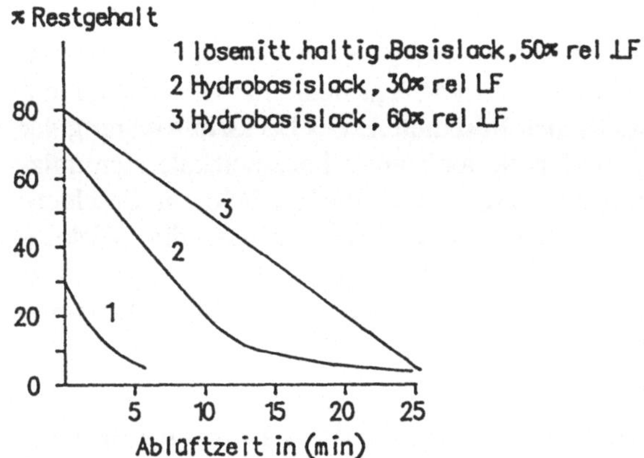

Bild 11-19: Ablüftverhalten von Wasserlacken nach [12]

verdünnte wäßrige Lacklösung, die wie jede Lösung eines organischen Salzes wieder aufkonzentriert werden kann. Man kann die Lösung im Vakuum eindampfen, man kann den Lack auch durch eine Ultrafiltration aufkonzentrieren. Weitere Möglichkeiten bestehen in der Lackabtrennung durch Elektrophorese, bei der der Lack als freier Lack abgeschieden und zurückgewonnen wird, oder in einer Kombination aus Ultrafiltration und Elektrophorese, die den Lack zunächst in einer Ultrafiltration aufkonzentriert und anschließen in einer Elektrophorese zurückgewinnt (Bild 11-20).

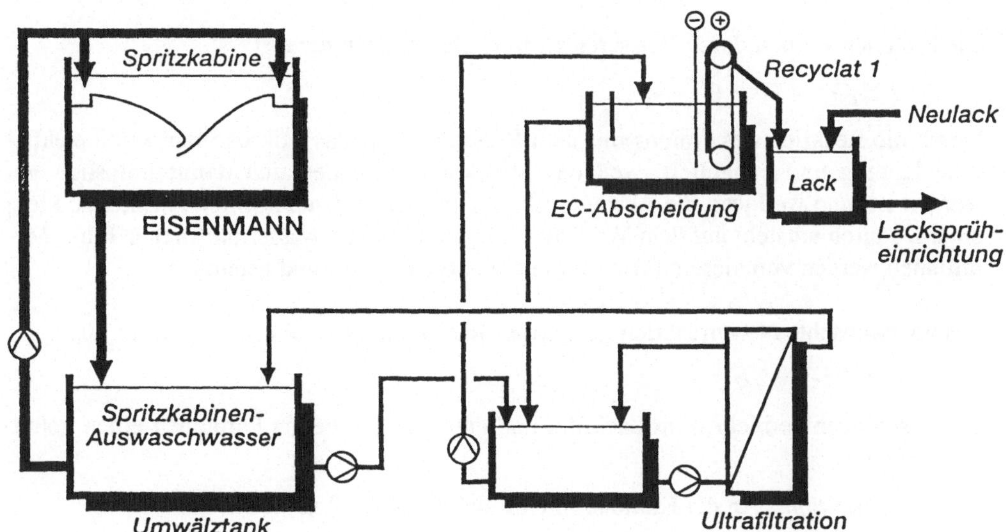

Bild 11-20: Wasserlack-Recycling im Hybridverfahren, Zeichnung Eisenmann, Böblingen

11.3.2 Elektro-Tauchlacke (ETL)

Wasserlösliche Lacke bestehen aus Anionen und Kationen. Führt man in ein mit wasserlöslichen Lacken befülltes Becken Elektroden ein und legt man eine Gleichspannung an, so wandern die anionischen und kationischen Bestandteile des Lacks in Richtung der Anode bzw. Kathode. Ist die Elektrode, an der die ionisierten Lackmoleküle sich anlagern, das Werkstück, so kann man die Wanderung im elektrischen Feld zur Beschichtung des Werkstücks verwenden. Auf dieser Grundlage basiert die Elektro-Tauchlackierung, die man je nach Polung des Werkstücks in eine anaphoretische Tauchlackierung (Werkstück ist Anode) und eine kataphoretische Tauchlackierung (Werkstück ist Kathode) unterteilen kann.

11.3.2.1 Prinzipielles der anaphoretischen und kataphoretischen Tauchlackierung

Bei der anaphoretischen Tauchlackierung werden Filmbildner eingesetzt, die mit Säuregruppen (meist -COOH) substituiert sind. In wäßriger Lösung bilden diese Moleküle nach Zusatz einer Amin-Base mikrokolloidale Polyanionenmoleküle und Ammoniumkationen. Während die freie Polysäure in Wasser unlöslich ist, ist das Polyanion relativ gut löslich. Taucht man das Werkstück in ein mit anaphoretischem Tauchlack gefülltes Becken ein und legt den Pluspol einer Gleichstromquelle an das Werkstück (Anodenschaltung), so wandern die Polyanionen des Filmbildners zum Werkstück. An Anode und Kathode spielen sich folgende Elektrodenreaktionen ab:

Anodenreaktionen:

Filmbildungsreaktion $(RCOO^-)_n + n\,H^+ = (RCOOH)_n$

Die Protonen werden durch Wasserelektrolyse gleichzeitig erzeugt:

$$2\,H_2O = 4\,H^+ + O_2 + 4e$$

Durch die Reaktion des Anions mit dem Proton verliert das Mikrokolloid seine elektrische Ladung und koaguliert, weil das Molekülion entladen und damit unlöslich geworden ist, und weil jetzt die Abstoßungskräfte zwischen den einzelnen Partikel zu klein sind. Dadurch entsteht auf dem Werkstück ein stark saurer, wasserunlöslicher Film. Metallionen werden von diesem Film sehr leicht aufgenommen und gebunden.

Als unerwünschte Nebenreaktion geht etwas Werkstückmaterial (z.B. Eisen) in Lösung

$$Fe = Fe^{2+} + 2\,e$$

Die Eisenionen verbleiben im Lackfilm und erzeugen bei hellen Farbtönen einen gelblichen Stich.

Kathodenreaktion: An der Kathode spielen sich folgende Reaktionen ab:

Wasserzersetzung $2\,H_2O + 2\,e = H_2 + 2\,OH^-$

und $OH^- + Y_3NH^+ = Y_3N + H_2O$

Der pH-Wert in anaphoretischen Elektrotauchlacken beträgt etwa 9.

Kataphoretische Tauchlackierung:

Bei der kataphoretischen Tauchlackierung (KTL) verwendet man wasserlösliche Lacke, deren Moleküle mit Amingruppen substituiert wurden. Auch diese Lacke sind in der Form der freien Polybase wasserunlöslich, werden aber auch in Form der Polykationen wasserlöslich. Um sie in diese Form zu überführen, wird Essigsäure zugesetzt, die mit den Lackmolekülen ein Polyammoniumacetat bildet, die als lösliche Mikrokolloide im KTL-Becken vorliegen. Das Werkstück wird im KTL-Bad als Kathode geschaltet, wodurch es während der gesamten Beschichtungszeit kathodisch gegen Korrosion geschützt wird. Folgende Anoden- und Kathodenreaktionen treten auf:

Kathodenreaktion: $2\ H_2O + 2\ e = H_2 + 2\ OH^-$

Filmbildungsreaktion:

$$\left[Po - N(R)_2 H\right]_n^{n+} + nOH^- = \left[Po - N(R)_2\right]_n + nH_2O$$

Anodenreaktion: $2\ H_2O = 4\ H^+ + O_2$

Neutralisation: $CH_3COO^- + H^+ = CH_3COOH$

Nebenreaktionen wie das Anlösen von Eisen erfolgen dabei nicht. Die Abscheidung eines Lackfilms bedeutet, daß zunächst eine bestimmte Menge an OH-Ionen in der am Werkstück adhärierenden Grenzschicht produziert werden muß, ehe es zur ersten Koagulation auf dem Werkstück kommt. Man kann sich dies vereinfachend so vorstellen, daß erst eine Anzahl an Ammoniumgruppen auf einem Mikrokolloid-Partikel neutralisiert werden müssen, ehe die elektrische Ladung klein genug ist, so daß eine Abscheidung entstehen kann. Dies bedingt, daß unmittelbar an der Werkstückoberfläche stark alkalische Bedingungen vorliegen [92].

11.3.2.2 Technische Elektrotauchlackierungen

Die Abscheidung von Elektrotauchlacken ist mit einem Stromfluß verbunden. Das Werkstück muß also ein elektrischer Leiter sein. Da zu Beginn der Abscheidung die gesamte Werkstückoberfläche leitend ist, wird am Anfang bei konstanter Spannung eine relativ hohe Stromdichte verwendet. Bleibt die Spannung konstant, sinkt die Stromdichte, weil schon von Lack bedeckte Werkstückoberflächen eine schlechtere Leitfähigkeit besitzen. Während die Stromdichte mit Dauer der Abscheidung sinkt, steigt die Schichtdicke an (Bild 11-21). Sobald die Außenflächen des Werkstücks mit Lack bedeckt und damit in ihrer elektrischen Leitfähigkeit gemindert sind, folgen die Lackfäden den Stromfäden in das Innere von Hohlräumen. Bis hin zu einer von der Werkstückkonstruktion abhängigen Tiefe erfolgt so eine Umgriff. Die in gleichen Beschichtungszeiten erzielbare Schichtdicke ist von der Beschichtungstemperatur abhängig und steigt mit steigender Temperatur.

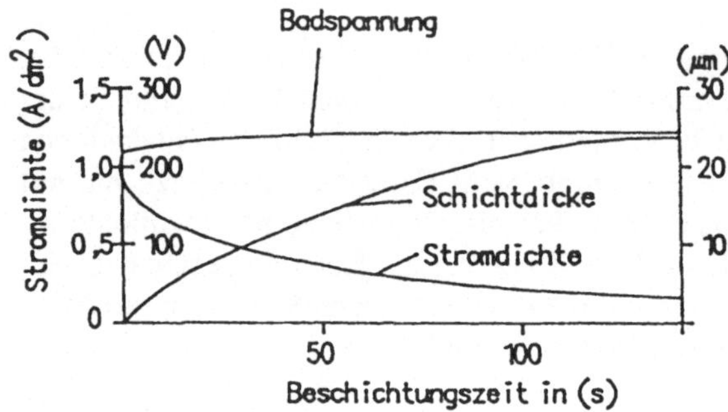

Bild 11-21:
Verlauf der Entwicklung der Schichtstärke, Badspannung und Stromdichte innerhalb der Beschichtungszeit bei einer ETL

Bei der anaphoretischen Tauchlackierung werden Spannungen von 100 bis 450 Volt angelegt, wobei Stromdichten von etwa 0,25 A/dm² eingesetzt werden. Dabei entsteht beachtlich viel Wärme von etwa 7,5 J/dm², die über Wärmetauscher abgeführt werden muß. Die Temperaturkonstanz soll bei anaphoretischen Tauchlackierungen etwa 30+/- 0,5 °C betragen.Bei der kataphoretischen Tauchlackierung werden nur Spannungen von bis etwa 100 V bei Stromdichten von 0,08 bis 0,1 A/dm² benötigt. Die elektrischen Kosten sind vergleichsweise für eine KTL geringer. Die elektrische Leitfähigkeit der Tauchlacke sollte gering sein, weil sonst zu viel elektrische Energie in Wärme umgesetzt wird. Produzierte Wärme muß wieder abgeführt werden. Angaben über die einzuhaltende Temperaturkonstanz schwanken bei KTL-Verfahren zwischen +/- 0,5 bis +/- 2 °C.

Anaphoretische Tauchbäder bestehen aus einem elektrisch durch Beschichtung isolierten Stahlbecken, in das isolierte Kathodenbleche eingehängt sind. Es können zwei verschiedene elektrische Verschaltungen vorgenommen werden:

Einmal kann man das Werkstück isoliert aufhängen und als Anode schalten. Becken und Kathode werden dann geerdet. Zum anderen kann man Werkstück und Becken erden und die Kathode auf Spannung setzen. Dann müssen aber außer der Wannen auch alle Einbauten im Becken durch Beschichtungen isoliert werden, um wilde Abscheidung zu vermeiden.

Tauchbecken für kataphoretische Lackierungen bestehen aus Stahl. Sie sind innen durch Beschichtungen isoliert und vor Korrosion geschützt. Die Becken werden geerdet. Im Becken angebracht sind Edelstahl- oder Graphitanoden, die in einem speziellen Anolytenraum untergebracht sind. Der Anolytraum ist mit dem Lackbecken über eine halbdurchlässige (semipermeable) Membran verbunden, die ihn frei von Lackmolekülen hält. Bild 11-22 zeigt eine Explosionszeichnung einer Anode. Die Anolytflüssigkeit wird dem Anolytraum entnommen. Sie enthält eine verdünnte Essigsäure, die wieder zum Neuansatz des Lacks verwendet wird.

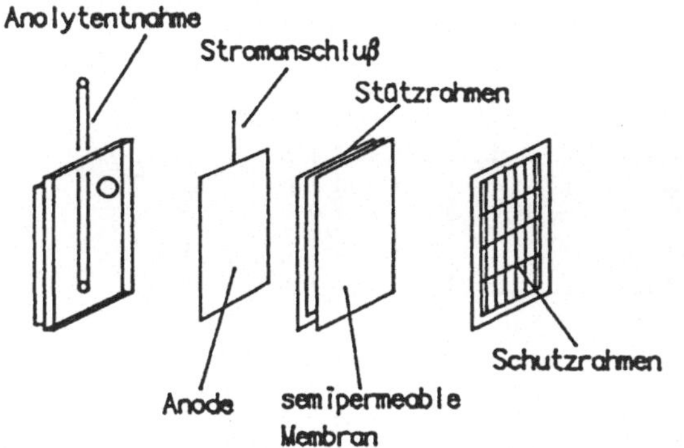

Bild 11-22:
Anode für ein KTL-Becken

In den Bädern sollte durch Umpumpen für eine Strömung von 0,2 bis 0,3 m/s gesorgt werden, damit die Lackmolekülionen rasch genug an die am Werkstück haftende adhärierende Schicht und die Gegenionen genügend rasch an die Gegenelektrode gelangen können. Die Pumpen sollten 2- bis 3- mal /h den Badinhalt umwälzen. Beim Eintauchen des Werkstücks in das ETL-Bad kann man sowohl stromlos als auch unter Strom arbeiten. Wird das Werkstück unter vollem Strom eingetaucht, muß die Stromquelle eine hohe Stromspitze aufbringen, weil die elektrisch leitende Oberfläche noch maximal groß ist. Sind dann auf der Oberfläche noch Reste von Wasser, kann es zu einer örtlichen Verdünnung des Lacks und damit zu Filmstörungen kommen. Bei stromlosem Einfahren der Werkstücke werden diese beim Eintauchen zunächst zur Bipolarelektrode, d.h. die der Kathode zugewandte Seite wird anodisch, die der Anode zugewandte Seite kathodisch polarisiert. Hierdurch kann es zu Rücklösungen bei den ersten abgeschiedenen Lackmengen kommen.

Nach Erreichen der gewünschten Schichtdicke werden die Werkstücke aus dem Tauchbecken gehoben. Da der anhaftende Lack wasserlöslich, der abgeschiedene wasserunlöslich ist, kann man überschüssigen Lack mit Wasser abwaschen. Dieses Spülwasser wird weitgehend im Kreislauf geführt, in dem man den hochverdünnten Lack durch Ultrafiltration aus dem Spülwasser abtrennt. Die zum Spülen notwendige Permeatmenge beträgt etwa 1 bis 2 l/m² Oberfläche. Eine Schlußspülung erfolgt dann mit vollentsalztem Wasser. Bild 11-23 zeigt den Anolytkreislauf in einer KTL-Anlage. Verbleibende Tropfen können mit Hilfe eines Luftstroms 30-35 m/s oder eines elektrischen Tropfenabscheiders vom Unterrand des Werkstücks entfernt werden. Durch den Abscheidevorgang verarmt das Lackbad an Bindemittel und an Pigment. Die Pigmente sind zwar selbst elektrisch weit weniger aufgeladen, sie sind jedoch von Bindemittelmolekülen umhüllt, so daß sie beim Abscheidevorgang mit abgeschieden werden. Dabei ist die Relation zwischen Bindemittel und Pigment im abgeschiedenen Film durchaus nicht immer gleich der in der Badflüssigkeit. Es kann sowohl zu Verarmungen wie zu Anreicherungen an Pigment im Film kommen.

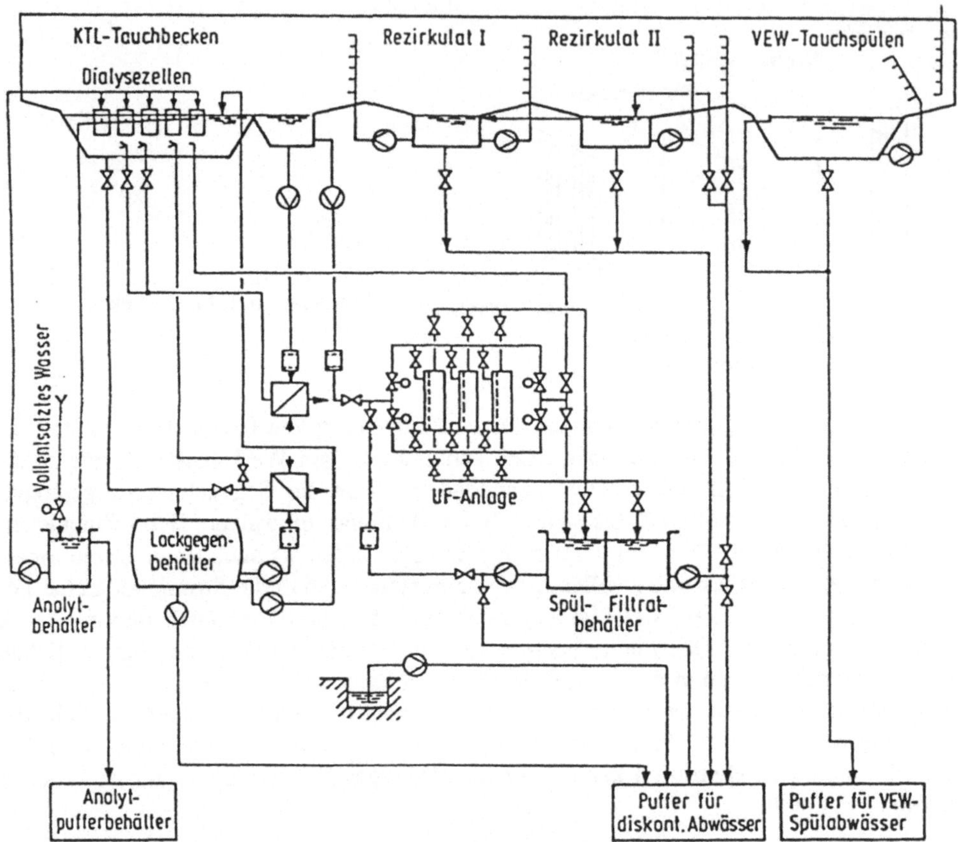

Bild 11-23: Fließbild eines Anolytkreislaufs nach Dürr

Die zum Spülen notwendige Permeatmenge beträgt dabei etwa 1-2 l/m² Oberfläche. Typische Angaben zu einem KTL-Lack sind:

• Beschichtungszeiten	30 - 120 s
• Beschichtungsspannung	40 - 100V
• Badtemperatur	25 +/- 2°C
• Stromdichte	8-10 A/m²
• Aufbruchspannung	250 V

Kennwerte des Badmaterials:

• Feststoffgehalt	9 - 11%
• Lösemittelgehalt	5 +/- 1%
• pH-Wert	7 +/- 0,5
• Leitwert	1 - 1,5 mS/cm
• MEQ-Wert	40 - 70

Kenndaten des Liefermaterials:
- Feststoffgehalt   65 +/- 2%
- Lösemittelgehalt   29 +/- 2%
- Wassergehalt   6 %

Der MEQ-Wert gibt an, wieviele Basengruppen in 1 g Lack enthalten sind. Er wird maß-analytisch durch Titration mit HCl bestimmt. Die KTL hat sich heute gegenüber der ATL weitgehend durchgesetzt. Insbesondere die Automobilindustrie verwendet im Grundlackbereich fast ausschließlich die KTL. Deshalb sei im folgenden Bild der Fertigungsablauf einer Automobilkarosse dargestellt.

11.4 Pulverlackierung

Der Auftrag pulverförmiger Lackpartikel kann durch Anwendung der Sprühtechnik oder durch Tauchen des Werkstücks in ein Pulverlack-Fließbett erfolgen. Die erste, weit häufiger angewendete Technik wird allgemein als Pulverlackierung die zweite als Wirbelsintern bezeichnet. Ferner wird das Flammspritzen von Kunststoffpulvern erwähnt.

11.4.1 Pulverlacke

Pulverlack ist ein staubförmiges Produkt von etwa 20 bis 60 µm Korngröße, das mit Luft dispergiert (fluidisiert) und damit fließfähig gemacht wird. Pulverlacke werden aus den verschiedensten zunächst thermoplastischen Kunststoffen hergestellt. Pulverlacke werden vielfach mit aushärtenden Zusätzen vermischt, die bei Herstelltemperatur der Lacke nicht reagieren, sondern erst bei der vorgeschriebenen Einbrenntemperatur in Reaktion treten. Die Einbrenntemperatur von Pulverlacken liegt bei etwa 180 bis maximal 240°C. Dabei ist zu beachten, daß die Schmelzviskosität η von aushärtenden Pulverlacken eine Temperatur-Zeitfunktion ist, weil die Viskosität mit steigender Aushärtung (Vernetzung) ansteigt. Die Schichtdicke von Pulverlacken ist höher als die von mit Wasser oder organischen Lösemitteln verdünnten Lacken, weil Pulverlacke ohne irgendeine Verdünnung und ohne Abbrand eingebrannt werden. Erst deutlich oberhalb Einbrenntemperatur entsteht durch Lackzersetzung eine Emission.

Neben der Viskosität von Pulverlacken während des Einbrennvorganges ist die Benetzung der Oberfläche, ausgedrückt durch die Oberflächenspannung, von Bedeutung für die Qualität der Lackierung. Schematisch zeigt den Zusammenhang zwischen Lackierqualität, Schmelzviskosität und Oberflächenspannung das Bild 11-24. Es gibt demnach einen bestimmten Bezirk, in dem eine einwandfreie Lackierung erzielt werden kann, und den man aufsuchen muß.

Bild 11-24:
Zusammenhang zwischen Lackierbild
und Eigenschaften des Lacks beim
Einbrennen nach [17]
(Wiedergabe mit freundlicher Genehmigung des expert verlages)

11.4.2 Pulverlackauftrag und -kabinen

Das Versprühen von Pulverlacken erfolgt mit elektrostatischer Unterstützung. Dabei
werden die Lackpartikel je nach Bauart der Koronapistole, positiv oder negativ aufgeladen. Das Werkstück wird geerdet. Da die Pulverlacke mit einem spezifischen elektrischen Widerstand von 10^{16} Ohm.cm^{-1} sehr gute Isolatoren sind, geben Lackpartikel, die
auf die geerdete Oberfläche des Werkstücks treffen, ihre Ladung nicht ab, so daß sie
elektrostatisch angezogen darauf haften bleiben. Dadurch verschiebt sich aber die Ladungsverteilung auf der Partikeloberfläche der Lackpartikel. Die Partikel werden zu einer Bipolarelektrode, d.h. die dem Werkstück zugewandte Partikelseite wird positiv die
abgewandte Seite negativ polarisiert. Weitere auftreffende Partikel mit positiver Ladung
können nun ebenfalls elektrostatisch auf einem schon auf dem Werkstück sitzenden Partikel haften, weil die unterste Partikelschicht gegenüber den eintreffenden neuen Partikel
negativ geladen ist. Der Vorgang setzt sich fort, so daß selbst größere Pulverschichten
auf dem Werkstück haften bleiben (Bild 11-25).

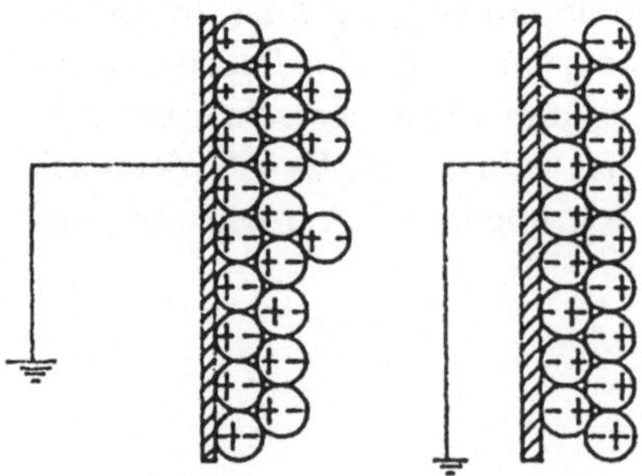

Bild 11-25:
Modell der elektrostatischen Pulverhaftung

Die elektrische Aufladung der Pulverpartikel kann durch Reibungselektrizität (Tribo-Pistole) oder durch eine äußere Spannungsquelle erfolgen. Dabei werden die Lackpartikel positiv aufgeladen, wenn sie eine mit Teflon beschichteten Tribopistole durchströmt haben. Bei der Aufladung in einer Koronapistole dagegen können sowohl positive wie negative Aufladungen der Pulverpartikel gewählt werden. Man verwendet der größeren Effektivität wegen bei Koronapistolen im allgemeinen eine negative Pulveraufladung. Bei der triboelektrischen Pulveraufladung (Bild 11-26) wird das mit einem Luftstrom herantransportierte Pulverpartikel mit

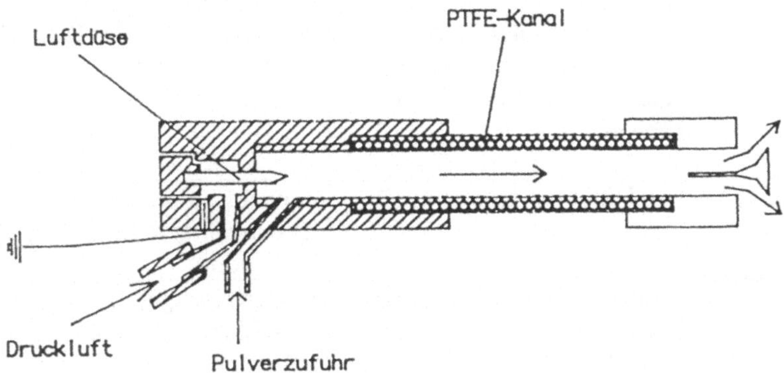

Bild 11-26: Wirkungsmechanismus einer Tribopistole

Hilfe eines geerdeten Zusatzluftstroms durch einen mit PTFE ausgekleideten Kanal beschleunigt. Dabei gibt das Pulverpartikel Elektronen an die Kunststoffoberfläche der Tribopistole ab, wenn diese aus Teflon besteht. Verwendet man andere Kunststoffe für die Tribopistole, kann die Aufladung auch mit umgekehrtem Vorzeichen erfolgen, je nach Stellung der Kunststoffe in der elektrostatischen Spannungsreihe. Da die elektrische Aufladung durch Reibung entsteht, nennt man das Gerät "Tribopistole" oder auch "elektrokinetisches Sprühgerät".

Die Leistung dieses Gerätes ist naturgemäß nach oben begrenzt, weil die Ionenproduktion von den Gerätedimensionen abhängig ist. Diese Art der Aufladung erlaubt es, die verschiedensten Formen der Sprühorgane zu entwickeln, wobei ein schon aufgeladener Pulverstrom nur noch der Aufgabe entsprechend geführt werden muß. In der Leistung variabler, aber in der Gesamtinvestition teurer sind Sprühpistolen mit äußerer Spannungszufuhr (Koronapistolen). Durch Anlegen eines elektrischen Feldes von bis etwa 25 kV/cm werden dabei Koronaentladungen erzeugt, durch die das Pulver aufgeladen wird. Dazu werden verschiedene Pistolentypen angeboten, z.B. Pistolen, mit rotierender Hilfsströmung, in denen die aufgeladene Pulverwolke einen Drall erhält, Pistolen mit einem Prallkörper, der durch Aufprall des Pulverstroms unter gleichzeitiger Aufladung der Partikel eine Pulverwolke erzeugt.

Tabelle 11-4: Vor- und Nachteile von Korona- und Tribopistolen nach Nordson Deutschland

Kennzeichen	Koronapistole Gerätetechnik	Tribopistole Gerätetechnik
Energieversorgung	Hochspannungs- und Druckluftversorgung	Druckluftversorgung
Pulverdurchsatz	bis 42 kg/h	15-20 kg/h
Flächenleistung	50-100 m²/h	25-50 m²/h
Umgriff	durch elektrisches Feld unterstützt	nicht unterstützt
Eindringvermögen in Hohlräume	gering, Faraday-Käfig bei Ausrichtung des Partikelstroms längs der Feldlinien des äußeren elektrischen Feldes	gut, weil Flugrichtung durch Richtung des Luftstroms bestimmt
Kantenaufbau	großer Pulveraufbau an Objektkanten	kleiner Kantenaufbau u. gleichmäßigere Kanten beschichtung
Schichtstruktur	Aufrichtung der Pulverpartikel, stehen in der Pulverschicht	schuppenartiges Aufeinanderschichten der Pulverpartikel
Fremdstaubeinlagerung	wird durch äußeres elektrisches Feld mit aufgeladen u. eingebunden in die Pulverschicht	keine Fremdstaubeinlagerung
Pistolenabstand	zum Objekt 15-25 cm	zum Objekt 8-20 cm
Objektabstand an der Kette	technologisch bedingt	30% verringert
Kontrollmöglichkeit für die Sprühleistung	keine unmittelbare	Meßbar über Aufladestrom
Verarbeitbare Pulvertypen	jedes Lackpulver einsetzbar	nur eingestelltes Lackpulver verwendbar

Beim elektrostatisch unterstützten Auftrag treten Abschirmungseffekte dadurch auf, daß Hohlräume von leitendem Werkstückmaterial umgeben sind. Der Effekt, Faraday-Käfig genannt, wirkt prinzipiell hinderlich, unabhängig davon, welches Vorzeichen die Ladung des Lackpartikels trägt. In jedem Fall ist das Werkstück elektrisch der Gegenpol zum Lackpartikel und somit tritt gegebenenfalls die Wirkung des Faraday-Käfigs auf. Bei Tribo-Pistolen spielt der Faraday-Käfig nur eine geringe Rolle, weil hier das elektrische Feldung des Pulverstrahls nur vom Partikel ausgeht und nicht durch ein zusätzliches äußeres Elektrisches Feld aus der Pistole unterstützt wird. Die Lenkung des Pulverstrahls erfolgt daher bei der Tribo-Pistole durch die Richtung des Luftstrahls.

Trotz elektrostatischer Unterstützung des Pulverauftrags gelangen einige Prozent des Auftragspulvers nicht auf die Oberfläche des Werkstücks, sondern bilden einen Overspray. Dieser Overspray wird durch Luftabsaugung und Behandeln der Abluft in einem Cyclon oder/und einem Filter aus der Anlage entfernt. Normalerweise sollte die Luftgeschwindigkeit in der Pulverkabine auf etwa 50 cm/s eingestellt werden, um alle Partikel unabhängig von ihrer Größe aus der Kabine zu entfernen. Dieser Wert ergibt sich dadurch, daß man ein Pulverpartikel nur dann entfernen kann, wenn die Strömungsgeschwindigkeit die Sinkgeschwindigkeit des Feststoffpartikels deutlich überschreitet. Die Sinkgeschwindigkeit eines Partikels ergibt sich aus der durch Reibungskräfte geminderten Fallgeschwindigkeit des Partikels. Kleine Partikel unter 100 µm, um die es sich bei pulverförmigen Lacken handelt, sinken in Luft mit konstanter Absetzgeschwindigkeit w_0.

$$w_o = \sqrt{\frac{4 * g * d * (\gamma_1 - \gamma_2)}{3 * \xi_H * \gamma_2}}$$

mit g = Erdbeschleunigung (m/s²), d = Partikeldurchmesser (m), γ_1 = Reindichte des Lackpartikels (kg/m³), γ_2 = Reindichte der Luft (kg/m³) und ζ_H = Widerstandskoeffizient. Nach [19] gilt für den Widerstandskoeffizienten in Abhängigkeit von der Reynolds-Zahl folgender Wert

Re < 0,2	ζ_H = 24/Re
0,2 < Re < 500	ζ_H = 18,5/ Re^{0,6}
500 < Re < 150000	ζ_H = 0,44.

Die Luftzufuhr in Pulverkabinen wird durch die Größe der freien Flächen der Kabine bestimmt. Durch alle Öffnungen wird Luft eingezogen. Dies muß strikt beachtet werden, wenn man bauliche Veränderungen an einer einmal gelieferten Anlage vornehmen will. Die Zuluft zu den Pulverkabinen sollte ebenso wie die Umgebungstemperatur insbesondere des lagernden Pulvervorrats Raumtemperatur von 20 bis 25°C nicht übersteigen. Ebenso sollte die relative Luftfeuchte in Grenzen gehalten werden. Hier sind die Informationen des Pulverherstellers einzuholen. In Staubströmen, die mit brennbarem Staub beladen sind, können Staubexplosionen und Brände auftreten. In Bild 11-28 wird gezeigt, welche Sicherheitsvorkehrungen nach dem VDMA-Einheitsblatt 24371 Teil 1 vorgesehen werden müssen.

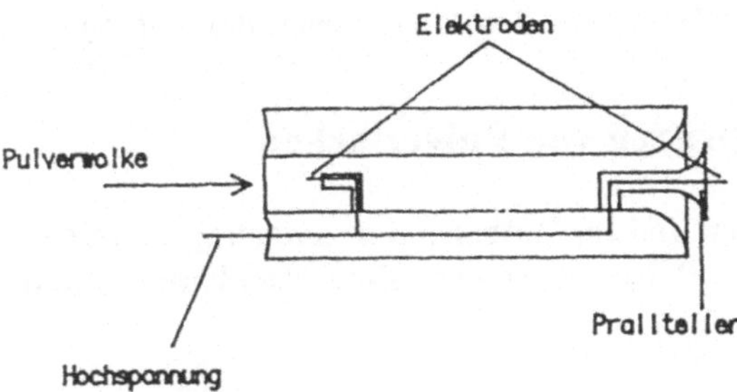

Bild 11-27: Pistolenkopf einer Koronapistole

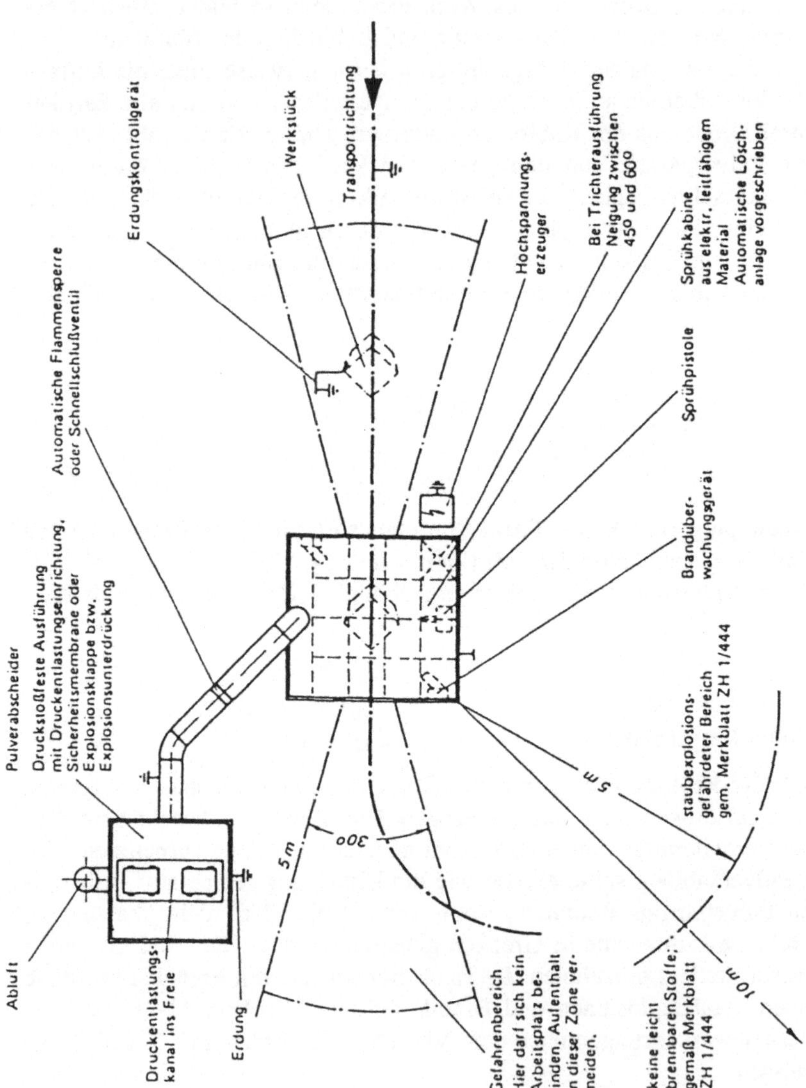

Bild 11-28: VDMA-Einheitsblatt 24371 Teil 1 (Vervielfältigt laut Genehmigung des VDMA)

11.4.3 Wirbelsintern und Flammspritzen von Pulverlacken

Pulverlacke können auch im Flammspritzen und im Wirbelsintern aufgetragen werden. In beiden Fällen werden thermoplastische Pulver eingesetzt ohne Nachhärtereaktion, weil die Einbrennzeit dazu nicht ausreicht.

Beim Flammspritzen wird das Pulver der Gaszuführung einer Flamme zugeführt. Die Flamme wird reduzierend, also mit Luftunterschuß, betrieben, so daß das Pulver in aufgeschmolzenem Zustand, aber unzersetzt die Flamme verläßt. Das geschmolzene Pulver wird durch die heißen Gase auf das Werkstück getragen und dort niedergeschlagen.

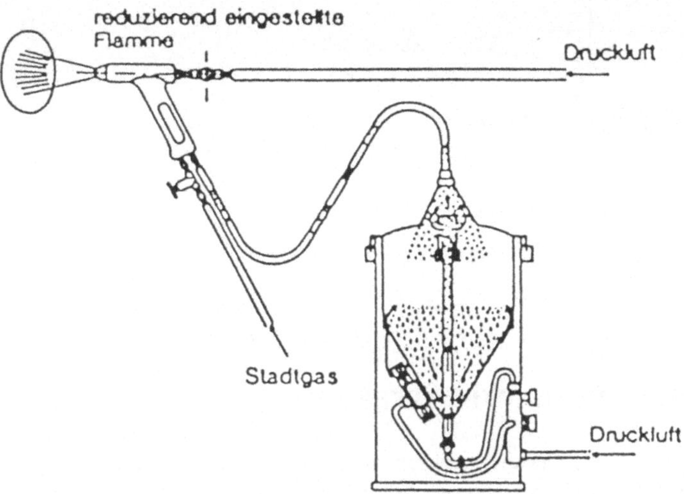

Bild 11-29: Flammspritzen von Kunststoffpulvern nach [20]
(Wiedergabe mit freundlicher Genehmigung des expert verlages)

Das Wirbelsintern wird angewendet, wenn massive Teile beschichtet werden sollen. Dann kann man die Werkstücke vor dem Beschichten vorwärmen und anschließend entweder mit Pulverpistolen oder durch Eintauchen in einen Pulverstrom beschichten. Zum Eintauchen kann das Pulver mechanisch durch Schleuderräder oder pneumatisch durch Erzeugung einer Wirbelschicht fluidisiert werden (z.B. Beschichten von Rohren).

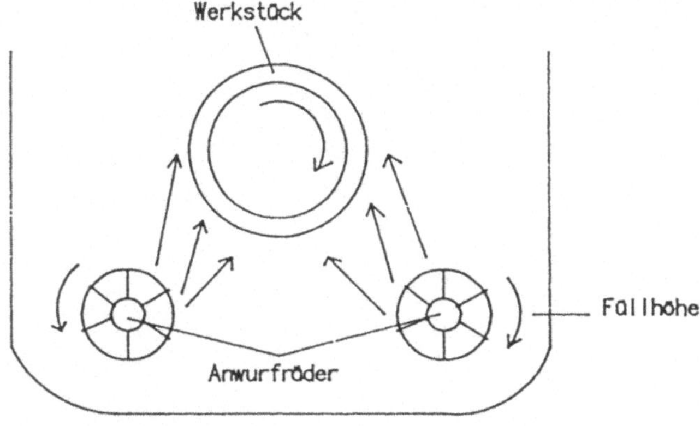

Bild 11-30: Pulversintern mit Schleuderradauftrag

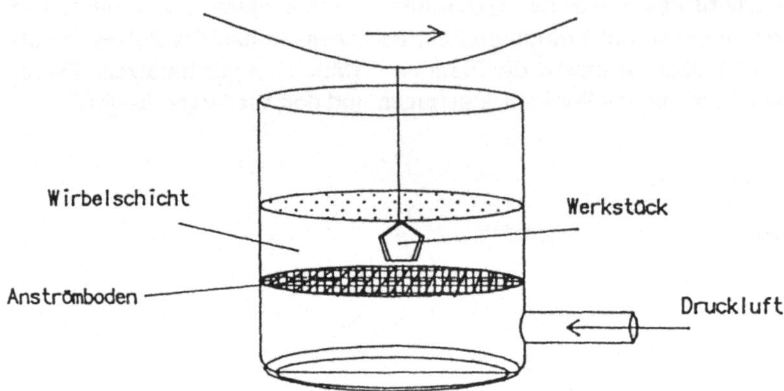

Bild 11-31: Pulversintern im Wirbelbett

11.5 Verfahrensbeispiele für Lackiervorgänge

Die Behandlung von Werkstücken in einer Lackieranlage setzt eine geeignete Vorbe-
handlung voraus. Im folgenden Bild sind Beispiele aus der Praxis aufgezeichnet worden.
Es bedeuten R= Reinigungsbad, Sp = Spüle, VE-Sp= Spüle mit vollentsalztem Wasser,
Fe-Ph= Eisenphosphatierung, Zn-Ph= Zinkphosphatierung, Akt=Aktivierung, Cr^{6+}-V=
Chromatversiegelung, Cr^{3+}-V=Chromversiegelung, ATL-Anaphoret. Tauchlackierung,
KTL=Kataphoretisch Tauchlackierung, Tr=Trocknung, E = Einbrennen.

Bild 11-32: Beispiele für vollständige Lackierverfahren mit Vorbehandlung

Herstellung von Stahlmöbeln:

Fe-Ph --->Fe-Ph --->Fließ-Sp --->VE-Sp --->Tr --->Pulverlack ---->E --->

Herstellen von Stahlfedern:

Fe-Ph --->Fe-Ph----> Fließ-Sp---> Cr^{3+}-V ---> Fließ-Sp---> VE-Sp---> ATL----> E --->

Herstellen von Autokarosserien:

R ---> R ---> Fließ-Sp ---> Fließ-Sp ---> Akt ---> Zn-Ph ---> Fließ-Sp ---> Fließ-Sp--->

----> Fließ-Sp ---> Cr^{3+}-V ---> Fieß-Sp ---> VE-Sp ---> KTL ---> E --->

Herstellen von Torsionsschwingungsdämpfern (Stahl/Aluminium-Verbundwerkstoffe):

R ---> R ---> Fließ-Sp ---> Fließ-Sp ---> Beize ---> Stand-Sp ---> Fließ-Sp ---> Akt --->

---> Zn-Ph ---> Fließ-Sp ---> Fließ-Sp ---> Cr^{6+}-V ---> Tr ---> Pulverlackierung ---> E --->

Übungsaufgaben:

Frage 11.1: Welche Maßnahmen müssen zur Entsorgung des Oversprays bei der Verarbeitung lösemittelhaltiger Lacke ergriffen werden?

Frage 11.2: Welche Vor- und Nachteile haben wasserhaltige Lacke gegenüber lösemittelhaltigen?

Frage 11.3: Was muß bei Einbau einer zusätzlichen Pulverpistole in eine vorhandene Pulverkabine beachtet werden?

Frage 11.4: Welches Lackierverfahren wählen Sie, wenn Sie massive Bauteile (Gußstücke)   beschichten wollen?

Frage 11.5: Welche Vorteile hat die KTL gegenüber der ATL?

Frage 11.6: Welche Vor- und Nachteile besitzt die Koronapistole gegenüber der Tribopistole beim Pulverlackauftrag?

Frage 11.7: Wie reinigen Sie Gitterroste und Gehängeteile, die beim Lackieren eingesetzt werden?

12 Das Emaillieren

Emaillieren nennt man das Aufbringen eines Emails auf ein festes Substrat. Dabei ist Email die Beschichtung, das emaillierte Substrat (meist Stahlblech) ein Verbundwerkstoff mit anderen Eigenschaften als Grundwerkstoff oder Beschichtung für sich allein. Das ist unter den Beschichtungen einmalig, daß eine Beschichtung, die Eigenschaften des Gesamtwerkstoffs völlig verändert. Während eine Lackschicht oder eine galvanisch aufgebrachte Metallschicht einige Eigenschaften des Grundwerkstoffs wie Korrosionsfestigkeit etc. verändern, werden beim Emaillieren sämtliche Eigenschaften, auch die mechanischen Werte des Werkstoffs verändert, so daß ein eigener Verbundwerkstoff entsteht.

	Ölanstrich	Einbrennlack	Silikonharz	Stahlemail
Verarbeitungs-temperatur (°C)	30	150	220	840
dauer (min)	1000	60	30	5
Hitze-beständig bis (°C)	60	120	250	450
Härte	- -	-	+ -	+ +
Abriebfestigkeit	- -	-	+ -	+ +
Witterungs-beständigkeit	-	+ -	+ -	+ +
Schlagfestigkeit	+	+	+	-
Beständigkeit gegenSäuren u. Basen	- -	- bis +	+ -	+ +
Heißwasser u.Dampf	- -	-	+ - bis +	+

+ + sehr gut, + gut geeignet, + - befriedigend, - schlecht geeignet, - - unbefriedigend.

Tabelle 12-1: Eigenschaften nichtmetallischer Schichten

12.1 Emails und Emaillierungen

Email ist ein Produkt der Glastechnik. Im Stammbaum des Glases findet Email seinen Platz nachfolgend nach den Apparate-Emails. Email ist ein glasartiges, nicht kristallines Material, in dem kristalline Phasen nur als Bestandteile der Pigmente oder als Produkte in Sonderemails auftreten. Glasartig bedeutet, die Gerüstmoleküle sind ungeordnet verteilt. Als Gerüstmoleküle sind vor allem Silikate und Borate, eventuell Aluminosilikatanteile anzusehen. Die Gerüstmoleküle sind miteinander polymerisiert und bilden ein polymeres Anionengerüst, in dessen Lücken Kationen aus dem Bereich Alkalimetalle, Erdalkalimetalle, aber auch Schwermetalle wie Eisen, eingebaut sind.

Der Unterschied zwischen einem kristallinen und einem glasartigen Grundkörper macht sich bei allen physikalischen Umwandlungen bemerkbar, wie Schmelzen, Härte/ Temperatur-Verlauf, Wärmedehnung etc. Email wird nach RAL 529 H 2 wie folgt definiert: "Email ist eine durch Schmelzen oder Fritten entstandene, vorzugsweise glasig erstarrte Masse mit anorganischer, in der Hauptzahl oxidischer Zusammensetzung, die in einer oder mehreren Schichten, teils mit Zuschlägen, auf Werkstücke aus Metall oder Glas aufgeschmolzen werden soll oder aufgeschmolzen worden ist."

Der in dieser umständlichen Definition verwendete Ausdruck Fritten beschreibt dabei den Vorgang, daß ein Gemenge durch Hitzebehandlung umgewandelt wird, und kommt aus dem Französischen. Die meisten Emails besitzen Eigenschaften, die durch die in Tabelle 13-2 angegebenen Werte beschrieben werden.

Tabelle 12-2: Eigenschaften von Emails [21]

Dichte	2,4 bis 3,0 g.cm^{-3}
Elastizitätsmodul	(50 bis 80).10^4 MPa
Zugfestigkeit	50 bis 120 MPa
Druckfestigkeit	800 bis 1200 MPa
Bruchdehnung beim Zug	0,12 bis 0,3 % und mehr
Linearer Wärmeausdehnungs-koeffizient bei 20 - 100°C (Email für Stahl)	(8 bis 12).10^{-6} K^{-1}
(Email für Aluminium)	(15 bis 17).10^{-6} K^{-1}
Wärmeleitfähigkeit	0,5 bis 1,0 W.m^{-1}K^{-1}
Spezifische Wärme	0,7 bis 1,3 J.g^{-1}.K^{-1}
Elektrischer Oberflächen-widerstand bei 23°C, 50% rel.Luftfeuchte	> 10^{8}Ohm.cm

Tabelle 12-3: Eigenschaften von Email auf emailliertem Stahlblech

Schichtdicke bei Stahlblech	0,1 bis 0,4 mm
Schichtdicke bei Grauguß	1,0 bis 1,7 mm
Glanz bezogen auf Spiegelglas	40 bis 70%
Härte	4000 bis 6000 HV
Schlagfestigkeit	1 bis 5 N.m
Wärmeleitfähigkeit senkrecht zum Stahlblech	20 bis 60 W.m^{-1}.K^{-1}
Spezifischer Durchgangswiderstand bei Raumtemperatur	> 10^{12}Ohm.cm
bei 400°C	10^7 bis 10^{12}Ohm.cm
Dielektrizitätskonstante ε_r	5 bis 10
Dielektrischer Verlustwinkel tan δ	0,1 bis 0,001

Emails besitzen bei Temperaturen unterhalb von etwa 400 °C einen positiven linearen thermischen Ausdehnungskoeffizienten, der kleiner ist, als der vom metallischen Substrat. Bei höheren Temperaturen fängt Email an zu erweichen. Wie alle Gläser besitzt Email keinen Schmelzpunkt - also keine Temperatur, an der sich der Aggregatzustand und die mechanischen Eigenschaften sprunghaft ändern - sondern ein Erweichungintervall, begrenzt durch den oberen Transformationspunkt, oberhalb dessen Email zu flüssig wird. Wird daher Email auf einem metallischen Substrat aufgeschmolzen, so schrumpft das Substrat beim Abkühlen entsprechend seinem linearen thermischen Ausdehnungskoeffizienten und setzt die Emailschicht unterhalb des oberen Transformations-punktes unter Zugspannung. Das Email erstarrt bei weiterer Abkühlung, wird fest und schrumpft ebenfalls, allerdings weniger als das metallische Substrat. Dadurch wird die Emaischicht bei weiterer Abkühlung vorgespannt und unter Druck gesetzt, wodurch der Verbuwerkstoff Substrat/Emailschicht an Festigkeit gewinnt. Bild 12-2 zeigt das Verhalten von Gläsern im Vergleich zu dem von Kristallen beim Erwärmen. Bild 12-3 zeigt das Ausdehnungsverhalten von Stahl und Email.

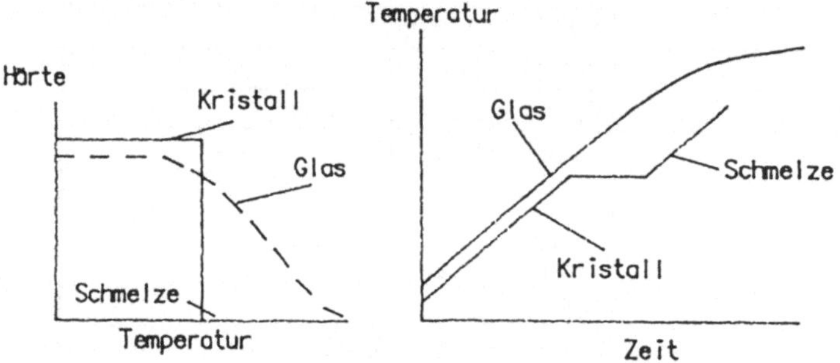

Bild 12-1: Verhalten von Kristallen und Gläsern im Vergleich

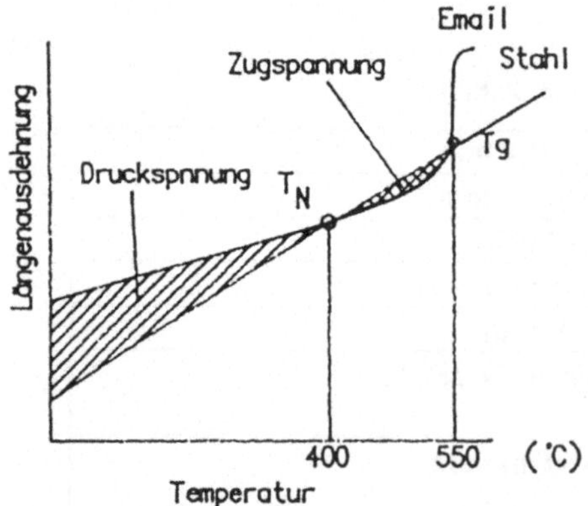

Bild 12-2: Wärmeausdehnung von Email und Stahl. T_g Oberer Transformationspunkt, T_N Neutralpunkt

Zwischen Emailschicht und Stahlblech besteht eine sehr intensive, druckknopfartige Verzahnung, die erst beim Brennprozeß geschaffen wird. Ursache dafür sind elektrochemische Korrosionsprozesse, die durch Einsatz von Haftoxiden oder -metallen erzielt werden, die elektrochemisch edler als Eisen sind. Die Haftmetalle bilden auf der Stahloberfläche Lokalelemente kleinster Dimensionen, die den Stahl zur Anode werden lassen. Dadurch bedingt, löst sich partiell Eisen aus dem Substrat. Es entstehen lochartige Vertiefungen, die mit Schmelze ausgefüllt werden. Die "Lochfraßkorrosion", die hier künstlich ausgelöst wird, erfolgt erst beim Schmelzprozeß, so daß die dabei frisch gebildete neue Oberfläche in den Konkaven ihre frei werdenden Valenzen als Bindekräfte zusätzlich zur Verfügung stellt. Dieser Effekt wird auch einen positiven Beitrag zur Emailhaftung liefern. Der "Lochfraß" kommt vermutlich durch Änderung der Schmelzzusammensetzung in der gebildeten Konkave zum Stillstand. Infolge der elektrochemischen Korrosion zeigt sich die Unterseite der nach außen glatten Emailschicht als stark zerfurchtes Gebirge.

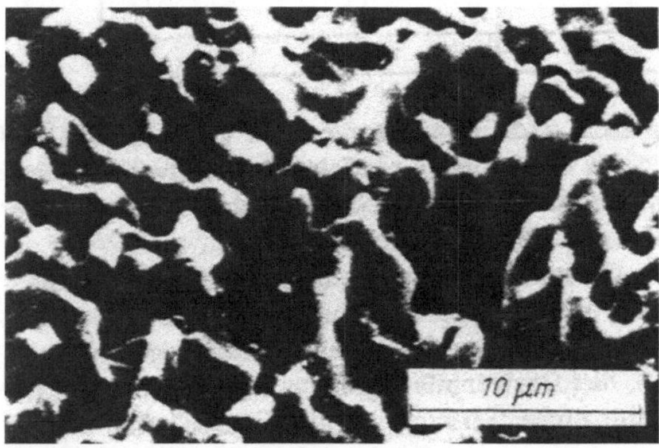

Bild 12-3: REM-Aufnahme der Haftschicht von Email, Foto Bayer AG

Tabelle 12-4: Gemengezusammensetzung (Gew.%) einiger historischer Grundemailfritten

Laufende Nr.	1	2	3	4	5	6
Borax	32,0	38,0	34,7	34,4	30,0	40,0
Feldspat	16,0	16,5	25,5	22,6	28,0	20,0
Quarz	32,0	26,0	23,1	24,7	20,0	22,0
Flußspat	4,5	5,0	3,4	3,4	8,0	4,0
Na-Salpeter	4,7	2,5	1,7	3,3	5,0	3,5
Soda	9,6	10,0	7,7	10,7	7,5	8,0
Kalk	-	-	3,4	-	-	-
CoO	1,0		-	0,5	0,3	0,5
Braunstein	0,7	-	0,6	1,0-	0,5	-
NiO	0,2	1,3	-	-	-	2,0

Tabelle 12-5: Gemengezusammensetzung (Gew.%) von Deckemailfritten

1 Kochgeschirr
2 Blechschüsseln
3 Hausgeräteverkleidungen
4 Schilder
5 Reflektoren

Nr.	1	2	3	4	5
Borax	30,0	26,0	21,4	25,0	25,0
Feldspat	50,0	32,0	28,8	32,4	30,0
Quarz	7,1	8,0	15,7	22,4	20,0
Kryolith	5,8	5,0	11,7	14,7	18,0
Soda	3,3	9,0	9,2	-	4,0
Kalisalpeter	3,3	3,0	4,2	2,0	2,0
Flußspat	5,3	6,0	4,2	-	1,0
Antimonoxid	-	-	4,8	3,5	-
Pigment	-	2,0	-	-	-
Natriumfluosilikat	-	11,0	-	-	-

Die Zahl der Emails, die heute erhältlich sind, ist außerordentlich groß. Es gibt eine Vielzahl von Grundtypen, die sich letzlich alle auf ein Grundglas, das Alumoborosilikatemail zurückführen lassen. Emails werden heute in weit überwiegendem Maße von großen Herstellern erschmolzen. Das Gemenge zum Erschmelzen von Emails wird aus natürlichen Mineralien und synthetischen Chemikalien zusammengestellt. Hauptbestandteile sind die Minerale Feldspat und Quarz mit Zusätzen von Flußspat und Kryolith. Dazu werden Anteile an Soda, Kalk, Natronsalpeter und anderen Chemikalien gegeben, wobei den Grundemails Haftoxide (z.B. CoO), den Deckemails Pigmente zugesetzt werden. Die Bestandteile des Emails haben unterschiedliche Wirkung auf die Eigenschaften der Beschichtung. Dietzel unterteilt die Bestandteile in drei Gruppen: in solche, die die Emailschmelze dünnflüssiger werden lassen, sogenannte Flußmittel, und solche, die die Emailschmelze in stärkerem oder schwächerem Maße zähflüssiger werden lassen, die Resistenzmittel I und II.

Tabelle 12-6: Einteilung der Emailbestandteile nach Dietzel

Eigenschaft	Resistenzmittel I	Resistenzmittel II	Flußmittel
1. Zähigkeit	erhöht	erhöht	erniedrig
2. Oberflächenspannung	erhöht	erhöht oder erniedrigt	erniedrigt
3. thermischer Ausdehnungskoeffizient	erniedrigt	erniedrigt	erhöht
4. chemische Widerstandsfähigkeit	erhöht	erhöht	erniedrigt
5. Bestandteil	SiO_2, Al_2O_3, ZrO_2	BeO, MgO, CaO, SrO, BaO, ZnO, TiO_2	B_2O_3, P_2O_5, PbO, K_2O, Na_2O, Li_2O, CaF_2, NaF, LiF

Resistenzmittel I:

SiO_2 wird in der Regel als Quarzsand eingeführt, der je nach Verwendungszweck Korngrößen von etwa 0,05 bis 0,2 mm und insbesondere für Weißemails eisenarm sein sollte (Weißemails < 0,2% Fe_2O_3). SiO_2 und Al_2O_3 werden durch Einsatz von Kalifeldspat (Orthoklas), Natronfeldspat (Albit) oder Calciumfeldspat (Anorthit) eingebracht, der ebenfalls auf etwa 0,1 bis 0,2 mm Korngröße gemahlen werden und möglichst schwermetallfrei sein sollte. Gelegentlich werden auch Tonminerale als Rohstoff benutzt.

Resistenzmittel II:

MgO und CaO werden in Form von gemahlenem Dolomit oder Kalk oder Marmor eingesetzt. TiO_2 und ZnO dagegen werden als Chemikalien, BaO und SrO vielfach durch ihre natürlichen Carbonaten (Witherit und Strontianit) bereitgestellt.

Flußmittel:

Flußmittel sind notwendige Emailbestandteile, weil Emails in der Schmelze dünnflüssig sein müssen, um in kurzer Zeit die Substratoberfläche benetzen zu können. Die den Flußmitteln zugeordneten Oxide B_2O_3 und P_2O_5 sind eigentlich ebenso wie SiO_2 glastechnisch Netzwerkbildner. Da jedoch Borat- und Phosphatgläser ansich geringere Schmelzviskositäten aufweisen, als Silikatgläser, verringern Zusätze dieser Oxide die Schmelzviskosität einer Silikatglasschmelze. Die Oxide wirken daher als Flußmittel.

B_2O_3 wird meist als synthetisches Borax, aber auch in Form der Borminerale Pandermit, Colemanit oder Kernit (Handelsname Rasorit) eingesetzt.

P_2O_5 wird allgemein in Form synthetischer Alkaliphosphate, Na_2O und andere Alkalioxide in Form ihrer Carbonate eingeführt. Quelle für PbO ist die großtechnisch auch im Rahmen der Akkumulatorenindustrie erzeugte Mennige Pb_3O_4.

Fluoride sind wichtige Flußmittel, aber auch Trübungsmittel. Sie sind stets Quelle für eine geringe Fluoridabgabe der Schmelzöfen. Eingesetzt werden Flußspat (CaF_2) und natürliche oder synthetischer Kryolith (Na_3AlF_6) sowie Na-silikofluorid (Na_2SiF_6). Weitere Trübungsmittel sind vor allem TiO_2 (Anatas und Rutil) und SnO_2, die in die Fritte eingearbeitet werden. Außer den Emailgrundbestandteilen und Trübungsmitteln werden Emails Oxidationsmittel in Form von Braunstein (MnO_2) für Grundemails und Nitraten zugefügt, um organische Bestandteile beim Schmelzen zu oxidieren und damit Fehlfarbigkeit der Schmelze zu vermeiden. Emails können auf verschiedene Weise gefärbt werden. Kräftige Farbtöne außer Rot und Pink werden direkt in der Fritte angefärbt. Es entstehen dann transparente Farbemails. Daneben gibt es Ausscheidungsfarbstoffe, die ihre Farbigkeit von sich kolloidal während des Brennens ausscheidenden Metallen oder Verbindungen ableiten. Weitere Anfärbungen werden bei der späteren Weiterverarbeitung in der Mühle erzielt, wenn man Farbkörper untermischt.

Tabelle 12-7: Lösungs- und Ausscheidungsfarbstoffe

Rohstoff	Farbe	Farbzentrum
Co-Oxide	tiefblau	Co^{2+}
Cr_2O_3	grün	Cr^{3+}
$K_2Cr_2O_7$	gelb	Cr^{6+}
CuO	blau bis grün	Cu^{2+}
Fe-II-Verbindungen	blaugrün	Fe^{2+}
Fe_2O_3	gelb	Fe^{3+}
MnO_2	violett	Mn^{3+}
Ni-Oxide	grau	Ni^{2+}
UO_3 oder Na_2UO_4	gelb bis gelbgrün	U^{6+}
V-II-Verbindungen	grün	V^{3+}
V_2O_5 oder Na-Vanadat	gelb	V^{5+}
Nd_2O_3	rot bis violett	Nd^{3+}
Pr_2O_3	grün	Pr^{3+}
Schwefelverbindungen	gelbbraun	S_x^{2-}
Selenverbindungen	tiefbraun	Se_x^{2-}
Fe-Verbindung + Sulfid	tiefbraun	$(FeS_2)^-$ (reduzierend)
Ausscheidungsfarbstoffe:		
Cu_2O + Sn	rubinrot	kolloidales Cu
$AgNO_3$ + Sb_2O_3	gelb	kolloidales Ag
$AuCl_3$ + Sb_2O_3 + Nitrat	rubinrot	kolloidales Gold
Fe-Verbindungen + Sulfid	schwarz	FeS

12.2 Emaillierfähiger Stahl

Ein Verbundwerkstoff besteht mindestens aus zwei Partnern. Beim emaillierten Stahlblech sind dies die Emailschicht und das Stahlblech. Emaillierfähiges Stahlblech muß einer Reihe von Anforderungen genügen:

- Kohlenstoffgehalt   < 0,1%
- Stickstoffgehalt   < 0,2%
- Schwefelgehalt   < 0,05%

Das im Eisen-Kohlenstoffdiagramm interessierende Gebiet liegt damit ganz auf der Eisenseite des Diagramms. Emaillierfähige Stahlbleche sind nach DIN 1623 die Gruppe EK 2 und EK 4 (beruhigte Stähle für konventionelle Emaillierung) und ED 3 und 4 für die Direktemaillierung. Ferner werden für Apparate beruhigte und unberuhigte, normalgeglühte Kesselbleche nach DIN 17007 und 17155, titanstabilisierte Stahlbleche und IF-Stahl eingesetzt. Verwendet werden sowohl Stähle aus dem Kokillenguß wie aus dem Strangguß.

Tabelle 12-8: Analyse (Gew.%) einiger im Einsatz befindlicher Stahlsorten zur Stahlblechemaillierung [22].

Bezeich-nung	C	Mn	P	S	N	Al	Nb	Ti
EK 2 EK 4	0,025- 0,060	0,18- 0,30	0,007- 0,020	0,01 0,03	0,007	0,03- 0,05		
ED 3	0,004		0,007					
ED 4	0,004							
CAN	0,002	0,30	0,014	0,014	0,0028	<0,005		
U VAC	0,005	0,20	0,009	0,0014	0,0020	<0,005		
R VAC	0,014	0,19	0,011	0,018	0,0044	0,055		
MT-Nb	0,014	0,22	0,014	0,008	0,0040	0,033	0,190	
MT-Ti	0,014	0,23	0,014	0,008	0,0051	0,043		0,200
MHZ	0.050	0,22	0,006	0,011	0,0027	0,034	0,034	
U 1	0,057	0,28	0,022	0,022	0,0032	<0,005		
U 2	0,140	0,42	0,023	0,022	0,0041	<0,005		

Das Gefüge des emaillierfähigen Stahlblechs muß gleichmäßig sein und sollte keine kritischen Verformungsgrade aufweisen. Der Durchmesser der Ferritkörner beim Stahlblech sollte 50 bis 70 µm je nach Blechdicke nicht überschreiten. Die Bleche sollten Mittenrauhigkeiten von maximal 5 µm aufweisen und möglichst poren- und lunkerfrei sein. Narben, Kratzer und andere Beschädigungen der Oberfläche sollten nicht vorkommen. Emaillierfähiges Stahlblech besitzt ferner folgende Materialeigenschaften :

- Härte HV 1100 bis 1400 Mpa
- E-Modul $210*10^3$ MPa
- Streckgrenze 210 bis 270 MPa
- Bruchdehnung 27 bis 38%
- thermische Ausdehnungskoeffizient $135*10^{-7}K^{-1}$

Bei emaillierfähigem Stahl muß ferner darauf geachtet werden, daß das Eisen in der Lage ist, gewisse Mengen an Wasserstoff aufzunehmen. Man mißt dazu die Durchtrittszeit von einseitig erzeugtem Wasserstoff durch das Stahlblech. Je langsamer der Wasserstoffdurchtritt erfolgt (d.h. je größer die Löslichkeit ist), desto besser geeignet ist der Stahl für die Emaillierung (vgl. Brennvorgang des Emails). Als Richtwert wird in der Literatur [23] angegeben

$$\frac{t_o}{d} > 8\,Min./mm$$

t_o = Durchtrittszeit in Min., d = Blechdicke in mm.

Dadurch werden die im Brennvorgang gebildeten Wasserstoffmengen im Stahl gehalten und treten nicht unter hoher Druckentwicklung (bis 30 MPa) unter Absprengen des Emails (Fischschuppenbildung) aus, wenn das emaillierte Blech abkühlt. Emaillierfähiger Stahl enthält deshalb im Inneren Wasserstoffallen (Mikrorisse, Korngrenzen), in denen H_2 sich ansammeln kann.

Emaillierfähiges Gußeisen enthält erheblich größere Mengen an Verunreinigungen. Das Normalgefüge emaillierfähigen Gußeisens ist perlitisch mit Lamellengraphit. In den Kristallzwischenräumen liegt der Steadit (Phosphid-Eutektikum), graues MnS und eventuell dunkles FeS eingelagert. Beim Emaileinbrand zerfällt der Perlit in Graphit und Ferrit. Sehr langsam abgekühlter Guß zeigt fast keinen Perlit, dafür Ferrit und Graphit. Für emaillierte Werkstücke ist Gußeisen mit etwa 2,4% Si von Bedeutung. Der Si-Gehalt bewirkt, daß wenig Fe_3C auftritt. Das Eutektikum zwischen Fe und C wird nach niederen Werten von C verschoben, und der Stabilitätsbereich des Austenits wird kleiner. Unterhalb von 750°C ist im Gleichgewicht nur

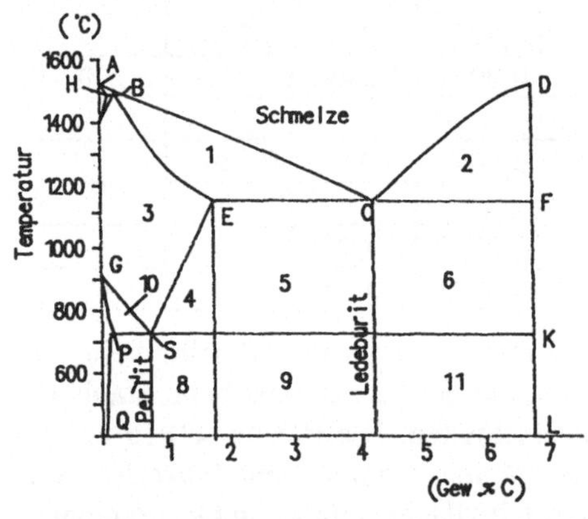

Bild 12-4: Eisen-Kohlenstoff-Diagramm mit 2,4% Si
1 Austenit u. Schmelze
2 Schmelze u. Graphit
3 Austenit, Schmelze u. Graphit
4 Austenit u. Graphit
5 Ferrit, Austenit und Graphit
6 Austenit
7 Ferrit u. Austenit
8 Ferrit
9 Ferrit und Graphit

noch Ferrit und Graphit vorhanden. Abgeschreckter Guß (weiß erstarrtes Material) besteht aus Ledeburit und kann nicht emailliert werden. Zementit ist generell für Emaillierungen schädlich. Zu heiß gegossener Guß besitzt eine harte Gußhaut, die aus den gleichen Gründen Störungen gibt. Grober Graphit führt leichter zu Blasenbildung im Email als feiner. Kugelgraphitguß sollte von vornherein überwiegend Ferrit enthalten, weil die Umwandlung von Perlit zu Ferrit bei diesem Guß zu langwierig ist.

Gehalte an Si und P machen das Eisen dünnflüssiger und sind gießtechnisch erwünscht, Stickstoff stabilisiert dagegen den Zementit, was emailtechnisch unerwünscht ist. Gaskanäle im Guß ergeben Emaillierfehler (Fischaugen). Schwefel verursacht Aufkochen des Emails und Rostflecken.

Zum Emaillieren von hochlegierten Stählen sind sowohl ferritische Chrom-Nickel-Stähle wie auch hochlegierte austenitische Stähle geeignet. Reiner Chromstahl dagegen ist nicht emaillierfähig.
Emaillierfähiges Aluminium können Reinaluminium 99.5 wie auch aushärtbare und nicht aushärtbare Al-Knetlegierungen sein, wobei der Gehalt an Cu, Zn, Mn, Mg nicht

zu hoch sein soll und die Legierungen einen Anteil an Si enthalten sollten. Si-freie Legierungen sind nicht emaillierfähig. Magnesium und Mg-Legierungen sind ebenfalls emaillierfähig.

12.3 Emaillierverfahren

Das historisch ältere Verfahren ist der Naßemailauftrag. Dieser wiederum unterteilt sich heute in das konventionelle Emaillieren und das Direktemaillieren, wobei das konventionelle Emaillieren wiederum je nach Zahl der Emailaufträge und Zahl der Brände unterschieden wird. Ergänzt wird diese Palette durch die elektrophoretische Tauchemaillierung. Vervollständigt wird das Bild durch die moderne Entwicklung des Pulveremailauftrages und durch das Emaillierverfahren ohne Vorbehandlung (Liberty Coat).

Tabelle 12-9: Konventionelle Emaillierverfahren. E Entfetten, B Säurebeize, Ni Vernickel, c = coat (Auftragen), f = fire (Brennen)

Bezeichnung des Verfahrens	verwendeter Stahl	Vorbehandlung E	B	Ni	Naß- Auftrag	Pulver- Auftrag	c/f
1.KE, naß I	EK2,EK4,ED3	x	x	(x)	x	-	2/2
2.KE, Pulver I	EK2,EK4,ED3	x	x	(x)	x	-	2/2
3.KE, naß II	EK2,EK4,ED3	x	-	-	x	-	2/2
4.KE,Pulver,II	EK2,EK4,ED3	x	-	-	-	x	2/2
5.KE,2 Schicht/ 1 Brand, I	EK2,EK4,ED3	x	x	(x)	x	-	2/1
6.KE,2Schicht/ 1 Brand, II	EK2,EK4,ED3	x	-	-	x	-	2/1 (3/2
7.KE 2Schicht/ 1 Brand I	EK2,EK4,ED3	x	x	x	-	x	2/1
8.KE 2 Schicht/ 1 Brand II	EK2,EK4,ED3	x	-	-	-	-	2/1
9.KE, 2 Schicht/ 1 Brand,komb.	EK2,EK4,ED3	x	x	(x)	x	x	2/1
10.KE,2 Schicht/ 1 Brand,komb.II	EK2,EK4,ED3	x	-	-	x	x	2/1
11.Direktemail, dunkle Farben	EK2,EK4,ED3	x	x	(x)	x	-	1/1
12.Direktemail, dunkle Farben Pulver	EK2,EK4,ED3	x	x	(x)	-	x	1/1
13.Direktemail, dunkle Farbe,	EK2,EK4,ED4	-	-	-	-	x	1/1 2/1
14.Direktweiß	ED3	x	x	x	x	-	1/1
15.Direktweiß	ED3	x	x	x	-	x	1/1

Konventionelles Emaillieren ist dadurch gekennzeichnet, daß grundsätzlich die unterste Emailschicht ein blaues Grundemail ist, das das Haftoxid CoO enthält. Tabelle 12-10 zeigt die in Gebrauch befindlichen Verfahrensvarianten. Bei allen Emaillierverfahren, bei denen Haftoxide in die erste aufgetragene Emailschicht, das Grundemail oder das dunkle Direktemail, mit eingearbeitet werden kann, können herkömmliche Emaillierstähle eingesetzt und die Vernickelung eingespart werden. Ebenso ist hier die Verwendung einer Sparbeize möglich. Lediglich beim Direktweißverfahren sind eine Abtragsbeize und eine Vernickelung unumgänglich notwendig.

12.3.1 Naßemaillierung

Allen Naßemaillierverfahren gemein ist, daß die im Frittenwerk hergestellte Emailfritte in Mühlen unter Wasserzusatz zu einer Dispersion, dem Schlicker, aufgemahlen werden muß. Schlickermühlen sind Kugelmühlen, die mit Porzellankugeln gefüllt werden und in denen die Fritte bis auf mittlere Korngrößen von etwa 60 µm (Grundemails) bzw. 10-15 µm (Deckemails) vermahlen wird. Kugelmühlen stellen einen Typ der Trommelmühle mit einem sich um die horizontale Achse drehenden Trommel dar, deren Drehzahl je nach Durchmesser bei $n = 24$ bis $35/(d)^{0,5}$ liegen soll. d ist hierin der innere Mühlendurchmesser. Das Gewichtsverhältnis von Kugeln zu Feststoff soll bei etwa 3 : 1 liegen, je nach Art der Kugeln. Das Mühlenfutter besteht aus Porzellan oder Quarzitsteinen. Die Mahlkugeln bestehen zu je 1/3 aus Kugeln von etwa 8, 5 und 3 cm Durchmesser. Die Mühle wird zu etwa der Hälfte mit Kugeln gefüllt. Der Füllgrad in der Mühle sollte etwa 80% nicht übersteigen.

Tabelle 12-10: Beipiel für Mengen an Mühlenzusätzen

Wirkung	Bezeichnung	Menge (%)
Stellmittel	Borax $Na_2B_4O_7 . 10\ H_2O$	0,05 - 0,4
	Soda Na_2CO_3	0,03 - 0,1
	Pottasche K_2CO_3	0,3
	Magnesit $MdCO_3$	0,1 - 2
	Schwerspat $BaCO_3$	0,5
	NH_4Cl	0,1
	Kalksalpeter $Ca(NO_3)_2$	
	$MgCl_2$, $CaCl_2$, $BaCl_2$	0,5
	$NaAlO_2$	0,1-0,2
	Na_2SiF_6	0,2-0,4
	Wasserglas	0,25
Stellmittel und Rostschutzmittel:	$NaNO_2$ oder KNO_2	0,1 - 0,3
Entstellmittel:	$Na_4P_2O_7$	0,1 - 0,15
	Zitronen-, Phosphor-oder Oxalsäure	0,03 - 0,06

Unterschiedlich große Mühlen mit Durchmessern bis etwa 1,7 m sind in Emaillierwerken inGebrauch, jenachdem, welche Schlickersorte in welchen Mengen angesetzt werden muß. Die Kugelmühlen besitzen mantelseitig eine Einfüll- und Entleeröffnung, die beim Entleeren nach unter gedreht wird, beim Befüllen nach oben zeigt und bei größeren Mühlen vom darüber liegenden Stockwerk aus befüllt wird. Außer Fritten und Wasser werden den Mühlenversätzen Stoffe zugesetzt, die in Tabelle 12-11 aufgeführt worden sind. Den Mühlen werden ferner noch Ton, gegebenenfalls Bentonit (etwa 5 - 10 Gewichtsteile je 100 Tl.Fritte), eventuell bis 35 Gewichtsteile Quarzmehl je 100 Tl.Fritte und etwa 40 bis 70 l Wasser je 100 Gew.Tl. Fritte zugesetzt, so daß Schlickerdichten von etwa 1,4 bis 1,9 g.cm^{-3} erzielt werden. Fertige Emailschlicker sind thixotrope Flüssigkeiten, die ohne Scherbelastung sich ähnlich wie Festkörper verhalten und nicht fließen. Damit erreicht man es, daß die zu beschichtende Oberfläche in jeder Raumlage beschichtet werden kann. Man nennt dies das Stellverhalten des Schlickers. Mühlenräume müssen stets sauber gehalten werden. Die zum Säubern verwendeten Spülwässer enthalten im allgemeinen Nitrit.

Bild 12-5: Blick in einen Mühlenraum. Foto OT-Labor der MFH

Der Schlickertransport erfolgt in fahrbaren Transportbehältern aus Edelstahl. Es ist aber in manchen Betrieben auch möglich, den Schlicker von Mühlenraum in die einzelnen Vorratsbehälter zu pumpen. Die Verwendung einer Ringleitung ist nicht möglich, weil es doch zu Feststoffablagerungen in der Leitung kommen kann. Der Feststoff im Schlicker sollte sich zwar auch bei längerem Stehen nicht absetzen, dennoch werden viele Schlickervorratsbehälter mit Rührwerken ausgerüstet.

Der Naßauftrag von Emailschlickern kann auf unterschiedliche Weise vorgenommen werden. Kleine Stückzahlen oder Produkte vom Kunstgewerbebereich können per Hand in Schlicker getaucht werden. Dabei muß man den getauchten Gegenstand nach dem Tauchvorgang etwas Ablaufzeit geben, damit überschüssiger Schlicker ablaufen kann. Runde Gegenstände wie z.B. Geschirrware werden magnetisch auf Drehtellern gelagert (Dreipunktlagerung) und über ein Düsensystem mit Schlicker beschwallt. Durch Schwenken und Drehen der Werkstücke verläuft der Schlicker gleichmäßig auf der Oberfläche. Die Schlickerförderung kann dabei über Pumpen oder durch aufgegebenen Gasdruck (Preßluft) aus Druckbehältern erfolgen.

Flachware oder größere Hohlware wird im allgemeinen durch Spritzen (Druckluft unterstützt) beschichtet. Diese Tätigkeit kann per Hand oder von Spritzrobotern ausgeführt werden. Auch ist es möglich, den Spritzvorgang wie beim Lackieren elektrostatisch zu unterstützen und die in der Lackiertechnik verwendeten Anlagen, wie z.B. Sprühscheiben ebenfalls einzusetzen. Der hierbei entstehende Overspray sollte zusammen mit den Spülwässern wieder aufgearbeitet werden. Elektrostatisch unterstütztes Emailschlickerspritzen wird als ESTA-Verfahren bezeichnet.

Zum Beschichten von Bandmaterial wird außer dem Spritzverfahren auch das in der Lackiertechnik eingesetzte Roller-Coating mit Auftragswalzen eingesetzt. Allerdings begnügt man sich in der Emailliertechnik mit einer vereinfachten Auftragstechnik, bei der die Auftragsmenge durch einen von zwei Walzen gebildeten Schlitz dosiert wird. Mit Roller-Coating werden sehr feinteilige Schlicker aufgetragen. Es lassen sich Schichtdikken bis herab zu 0,05 mm erzielen.

Die Feststoffpartikel in einem Schlicker verhalten sich wie kolloiddisperse Partikel in einer Dispersion, d.h. die Einzelpartikel sind elektrisch aufgeladen. Bei dem System Silikat-Wasser ist die elektrische Aufladung der Partikel negativ. Das zugehörige elektrische Potential wird als Zeta-Potential bezeichnet. Diese elektrische Aufladung wird beim ETE-Verfahren (Elektrophoretische Tauchemaillierung) dazu ausgenutzt, die Werkstückbeschichtung vorzunehmen. Beim ETE-Verfahren wird das Werkstück als Anode geschaltet. Legt man zwischen Anode und der im Bad befindliche Edelstahlkathode eine Spannung an, so wandern die elektrisch geladenen Schlickerpartikel in Richtung des Werkstücks und werden am Werkstück abgelagert. Der Wanderungsvorgang ist eine elektrophoretische Wanderung. Die notwendigen Spannungen betragen etwa 150 V, wobei ein niedriger Stromfluß angestrebt wird, weil Stromfluß Wärmeentwicklung bedeutet. Der Stromfluß liegt in der Größenordnung von etwa 10 A je Beschichtungszelle. Durch die Partikelabscheidung bildet sich im Laufe der Zeit eine Schlickerschicht. Werden die Partikel durch die Schicht festgehalten, tritt eine Schichtentwässerung ein, weil die Elektrolytlösung ihre Relativbewegung zur Partikelschicht während der gesamten Beschichtungszeit fortsetzt. Der abgelagerte Schlicker wird dadurch entwässert (elektroosmotische Entwässerung) und bildet nach einiger Zeit einen griffesten Belag (Biskuit). Überschüssiger Schlicker kann daher anschließend mit Wasser abgespült werden. Die dabei entstehenden Schlickerreste werden sedimentiert und dem Prozeß wieder zugeführt.

Die ETE-Beschichtung (Bild 12-6) ist das einzige Beschichtungsverfahren in der Emaillierindustrie, bei dem naß-in-naß gearbeitet wird, d.h. die Werkstücke werden vorbehandelt, vernickelt, aktiviert und mit Emailschlicker beschichtet, ohne eine Trocknungsstufe zu durchlaufen. Das Verfahren wird für Flachware eingesetzt. Es können insbesondere bei kleineren Werkstücken geringe Taktzeiten von weniger als 1 Minute eingesetzt werden. Außer dem Vernickeln enthält das Verfahren einen Aktivierungsschritt, bei dem durch Austauschverkupferung geringe Kupfermengen deutlich sichtbar auf der Oberfläche abgelagert werden. Diese Aktivierung verbessert die Leitfähigkeit auf der Werkstückfläche, so daß die Beschichtung gleichmäßiger wird. Dem Schlicker werden ferner Reduktionsmittel zugesetzt, die eine Sauerstoffabscheidung am anodisch geschalteten Werkstück verhindern.

Bild 12-6: Karussellanlage, Foto Miele

Die Innenbeschichtung von Hohlkörpern kann - wenn der Hohlkörper durch größere Öffnungen relativ frei zugänglich ist - dadurch erfolgen, daß man den Hohlkörper innen über eine Düse mit Schlicker teilweise befüllt und dann den Körper langsam einmal um seine Achse um 360° dreht, so daß der Schlicker die gesamte Innenfläche benetzt. Überschüssiger Schlicker wird dann abgegossen.

Beliebig geformte Hohlkörper können durch Vakuumeinzug beschichtet werden [24]. Man setzt dazu in die Schlickervorlage einen Ansaugstutzen, auf den man eine der Öffnungen des Hohlkörpers setzt. Die Aufsetzfläche wird mit Hilfe einer Dichtung abgedichtet. Anschließend saugt man mit Hilfe einer Vakuum-Saugleitung die Luft aus dem Hohlkörper, der sich dadurch mit Schlicker füllt. Der Schlicker wird bis in die Pumpenvorlage gesaugt, damit die vollständige Befüllung gesichert ist. In der Pumpenvorlage wird dann ein Schalter ausgelöst, der die Vakuumleitung sperrt. Danach wird der Hohlkörper belüftet, so daß der Schlicker wieder zurück in den Schlickervorrat fließen kann. Um beim Nachsetzen des Schlickers am Boden des Hohlkörpers keine zu dicken Schichten zu erhalten, wird der Hohlkörper unter Drehen und Schwenken zum Trockenplatz transportiert, wo er durch Einblasen von Warmluft getrocknet wird.

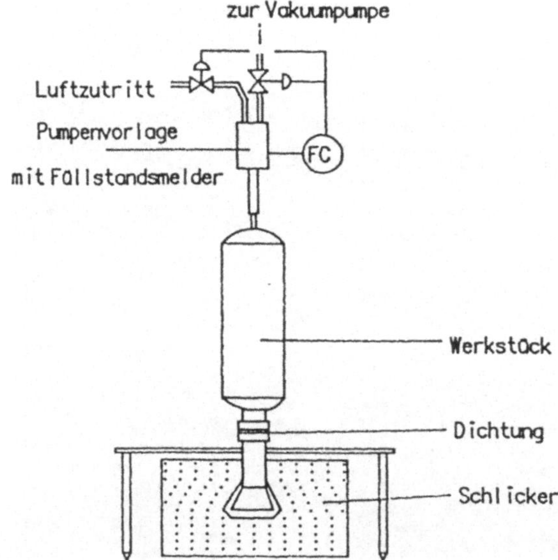

Bild 12-7: Vakuumbeschichten von Hohlkörpern, Patent Austria-Email, Knittelfeld [24]

In der Naßemailtechnik aufgetragene Schichten müssen vor ihrer Weiterbearbeitung getrocknet werden. Die Trocknung hat einmal zum Ziel, die entstandene Biskuit-Schicht griffest werden zu lassen, um die manuelle Handhabung beim Umhängen auf die Brennkette zu ermöglichen, zum anderen ist der Auftrag einer zweiten Schicht bei 2c/1f-Verfahren nur möglich, wenn die erste Biskuit-Schicht genügend fest ist, zum dritten ist zu hoher Wassergehalt Ursache für Wasserstoffehler, die durch die Reaktion

$$Fe + H_2O = FeO + 2\,H$$

entstehen und sich als Fischschuppenbildung bemerkbar machen. In kleineren und in älteren Betrieben erfolgt die Trocknung durch die Raumluft. Man führt also das Werkstück an einer Transportvorrichtung längs einer Abdunststrecke durch die Werkhalle, wobei man die Fahrstrecke günstig über den Brennofen lenkt, um die Wärmeabstrahlung des Ofens auszunutzen. Bei moderneren Emaillierwerken trocknet man die Werkstücke in einem Durchlauftrockner, der als Umlufttrockner oder als Infrarot-Strahlungstrockner ausgeführt sein kann. Möglich sind auch die Trocknung durch induktives oder durch dielektrisches Erhitzen, allerdings wird dabei nicht die Ofenabwärme, die in genügender Menge zur Verfügung steht, ausgenutzt, so daß letztere Verfahren in der Praxis kaum anzutreffen sind. Umlufttrockner sind kostenmäßig günstig, weil die Abwärme der Brenner im Emaillierofen zum Beheizen ausgenutzt werden kann. Bei der Trocknung werden das frei bewegliche Wasser, das in Schichtmineralen (Tonpartikeln) aufgenommene Hüllenwasser und Hydratwasser der im Schlicker enthaltenen Salze weitgehend entfernt. Nicht entfernt werden jedoch Wasseranteile, die in Form von OH-Gruppen chemisch gebunden sind. Diese Gruppen bilden erst Wassermoleküle, wenn sie in Reaktion mit der Emailschmelze treten. Sind am Werkstück partiell höhere Konzentrationen an chemisch gebundenem Wasser vorhanden (z.B. durch Kieselgel als Reinigerrückstand), entsteht an diesen Stellen Schaummemail, ein Emaillierfehler.

12.3.2 Pulveremail und -auftrag auf Stahlblech

Das Pulverbeschichten von Stahlblech ist in der Lackiertechnik schon seit vielen Jahren Stand der Technik. Das Pulverbeschichten mit Email dagegen ist eine neuere Entwicklung, die jedoch in ihrer technischen Ausführung dem Pulverlackauftrag gleicht. Emailfritten jedoch bestehen aus einem Glas, dessen elektrischer Widerstand etwa 10^8 Ohm•cm beträgt und dessen Härte größer als die eines Kunststoffs ist. Deshalb gelingt ein Pulverauftrag nur mit Koronapistolen. Weil Kunststoffbauteile abgerieben werden, sind Tribopistolen nicht einsetzbar. Der elektrische Widerstand von Emailpartikeln ist nicht groß genug, um ein Abfließen der elektrischen Ladung zu verhindern, wenn Pulverpartikel auf einem geerdeten Werkstück abgelagert werden. Deshalb werden die Pulverpartikel mit einem Silikonöl umhüllt, um den elektrischen Widerstand auf $> 10^{13}$ Ohm•cm zu steigern.Er liegt dann in der gleichen Größenordnung wie bei Lackpartikeln von Pulverlacken. Die für elektrostatische Pulverlackierungen eingesetzten Emails werden erschmolzen. Die Fritte wird anschließend in Kugelmühlen trocken vermahlen, wobei die zu erzielende mittlere Korngröße bei etwa 30 μm liegen sollte. Die feingemahlene Fritte wird anschließend in einem Wirbelbett mit Silikonöl beschichtet. Dieser Beschichtungsprozeß verteuert das Email beträchtlich und zehrt die Kostenvorteile der Pulveremaillierung im wesentlichen auf. Pulverbeschichtungsanlagen gleichen denen, die bei der elektrostatischen Pulverlackierung beschrieben wurden. Zu technischen Angaben wird daher auf die Pulverlackierung verwiesen. Pulveremails gibt es als Einschichtemails in den Farben weiß, braun, grau oder schwarz und als Zweischichtemails mit einem blauen Grundemail und den zugehörigen Deckemails. Der Pulverauftrag erlaubt es, im 2c/1f-Verfahren sehr dünne Schichten aufzutragen. Man verwendet Grundemailschichten von 20 bis 50 μm und Deckemailschichten von etwa 100 bis 250 μm. Pulver-Elektrostatisches-Emaillieren wird auch als PUESTA bezeichnet.

12.4 Der Emaileinbrand

Beim Brennen von Emailschichten werden Temperaturen zwischen 800 und 900°C verwendet. Dabei werden Schichten aufgeschmolzen, die nur geringen Ausbrand aufweisen, die aber gegenüber der Ofenatmosphäre empfindlich sind. Innerhalb des Brennvorganges sich entwickelnde geringe Gasmengen bilden ein Blasengefüge, dessen Ausbildung dem Brenner die Qualität seines Brandes zeigt. Beim Einbrennen von Emails wird keinesfalls eine direkte Brennereinwirkung auf das Brenngut zugelassen. Das Brenngut wird vor den Brenngasen geschützt. Folgende Brennöfen sind im Einsatz:

Muffelöfen. Muffelöfen bestehen aus einer mit feuerfestem Material (z.B. Schamotte) ausgekleideten Kammer, die von einer Tür abgeschlossen ist. Die Beschickung der Muffel erfolgt periodisch. Muffelöfen können von außen oder von innen beheizt werden.

Kammeröfen. Kammeröfen sind wie Muffelöfen aufgebaut, nur daß die Muffel fehlt. In der Kammer sind also direkt sichtbar die Heizelemente angebracht worden. Sie finden Anwendung bei der Herstellung großer Werkstücke wie Chemiebehälter oder Tanks oder zur Fertigung kleinerer Fertigungsmengen.

Tunnelöfen. Tunnelöfen werden als gerade Durchgangsöfen oder weit häufiger als Umkehröfen gebaut, wobei die Form der Umkehröfen sehr variabel den räumlichen Gegebenheiten des Werkes angepaßt werden kann, und kontinuierlich betrieben. Umkehr- oder Durchgangsöfen sind aus feuerfestem Material hergestellte Brennkanäle, in denen die Beheizung als Innenbeheizung angebracht ist. Die Isolation der Öfen erfolgt mit Leichtbaustoffen, so daß die Wärmekapazität und damit die Anheizzeiten klein werden ("Leichtbauöfen"). Gerade Durchgangsöfen sind Umkehröfen wärmewirtschaftlich leicht unterlegen, erlauben es aber, sehr variabel auch bei zweidimensional großen Werkstükken eingesetzt zu werden. Die Maße der in Umkehröfen gebrannten Artikel sind dagegen begrenzt durch den Ofenquerschnitt am Umkehrpunkt.

Die Wärmeerzeugung in den Öfen bei Innenbeheizung erfolgt elektrisch oder durch Strahlrohre, die mit Gas oder Öl beheizt werden. Strahlrohre sind Schutzrohre aus hochchromhaltigem Stahl, in denen das Gas oder Öl verbrannt wird. Die Wärmeübertragung erfolgt daher vorwiegend durch Strahlung der Rohraußenwandung. Die heißen Brennerabgase können danach zum Beispiel zum Betrieb eines Umlufttrockners verwendet werden.

Umkehröfen sind wärmetechnisch auch deshalb günstiger, weil in ihnen die vom gebrannten Werkstück abgestrahlte Wärme an die in den Ofen einlaufenden Artikel abgegeben werden kann. Beim Umkehrofen wird die Brennatmosphäre nur wenig ausgetauscht. Das Brennen erfolgt dabei in der heißesten Zone des Ofens, der Umkehrschleife, in der die Werkstückförderer durch ein Umlenkrad eine Umlenkung um 180° durchführen.

Als einziger nennenswerter Ausbrennstoff beim Einbrennen von Emails muß Fluorid genannt werden. Fluoridemissionen, die bis zu 1/5 des Gesamtfluoridgehaltes (je nach Emailtype bis 3%) betragen können, können aus Abgasen mit Kalkstein aufgefangen werden. Insbesondere die durch Einwirkung von Wasserdampf und Kieselsäure entstehende Flußsäure, HF, wird so aufgefangen und in CaF_2 umgewandelt. Zur besseren Ausnutzung des Kalksteins kann man die Schüttung mechanisch in Bewegung halten, so daß sich bildendes Calciumfluorid mechanisch abgerieben wird.

Bild 12-8: Blasenbildung in Emailschichten, Foto Alliance Ceramicsteel, Genk

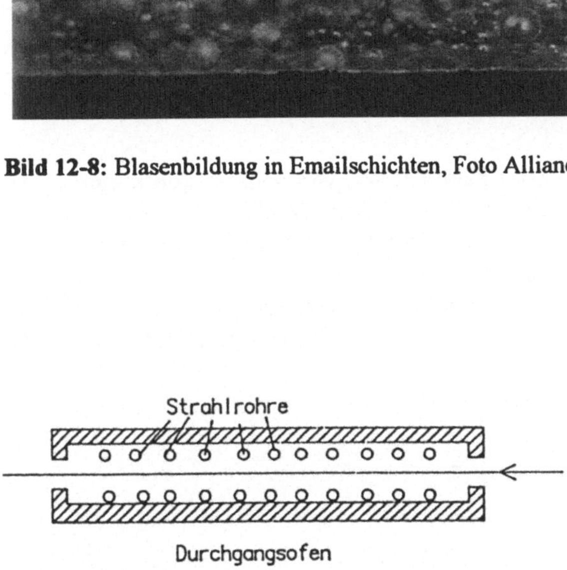

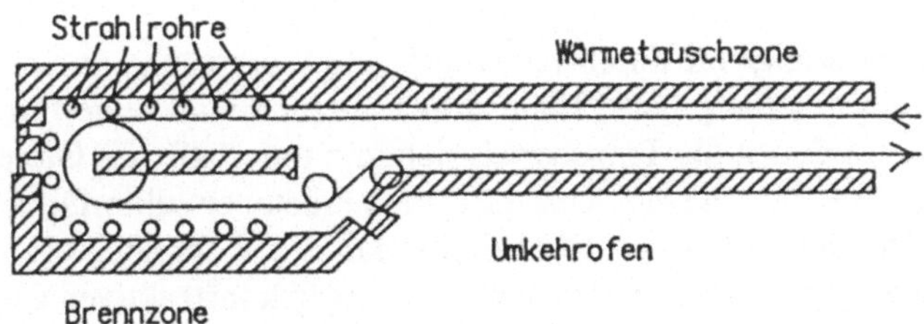

Bild 12-9: Durchgangsofen

Bild 12-10: Umkehrofen

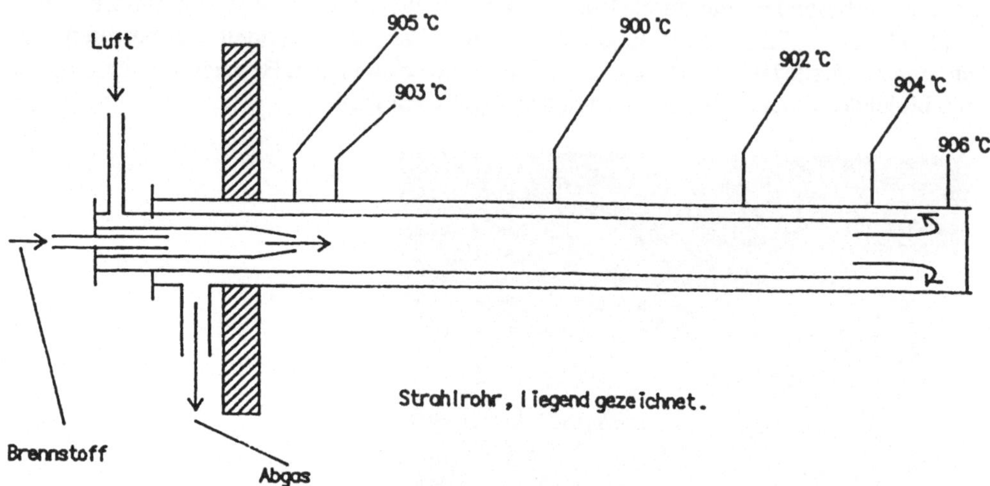

Bild 12-11: Strahlrohr

Der Temperaturverlauf ist im Muffel- oder Kammerofen von dem im kontinuierlich betriebenen Durchgangs- oder Umkehrofen verschieden. Beim Muffelofen erfolgt durch die unmittelbare Einbringung des Werkstücks in den Brennraum ein sehr rasches Aufheizen und bei der Entnahme wiederum ein sehr rasches Abkühlen des Emails je nach Wandstärke des Werkstücks. Beim Tunnelofen dagegen erstrecken sich Aufheiz- und Abkühlzeit auf einen etwas längeren Zeitraum. Die Vorgänge in der Emailschicht während des Brennens in einem Tunnelofen zeigt Bild 12-13.

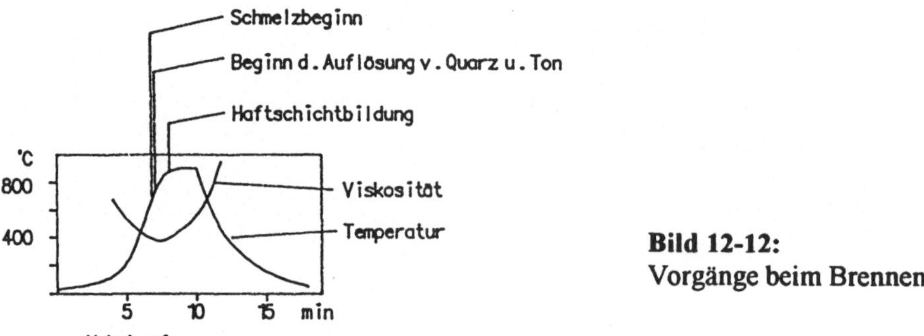

Bild 12-12:
Vorgänge beim Brennen

Die Warenführung im Tunnelofen erfolgt oft durch Anhängen der Werkstücke an eine Förderkette, die über der Ofendecke entlang läuft. Ebenso in Gebrauch sind Unterflurförderer (z.B. für Geschirrware), bei denen die Transporteinrichtung unterhalb des Ofens entlang verläuft. Während des Brennprozesses wird das verwendete emaillierfähige Stahlblech sehr weich. Die größte Gefahr besteht daher darin, daß die Werkstücke sich verziehen. Wichtigste Maßnahme gegen Verzug sind außer richtiger konstruktiver Gestaltung des Werkstücks der Einsatz geeigneter Brennroste als Auflagesystem für das Brenngut.

12.5 Emaillieren von Bandstahl

Über den Einsatz von emailliertem Stahlblech beim Bau von Straßenbegrenzungen, Hausdächern etc. wurde gerade in neuerer Zeit [25,26,27] viel diskutiert. Durch beidseitiges Emaillieren von Bandstahl wird ein Werkstoff gewonnen, der heute in wachsendem Maße eine wichtige Rolle bei der Verkleidung von Häuserfassaden, Passagierhallen von Flughäfen, Untergrundbahnstation, Büro- und Konferenzräumen, aber auch als Karosserieblech für S- und U-Bahnwagons oder zur Herstellung von Wandtafeln in Schulen und Universitäten darstellt. Der Einsatz dieses biegsamen, kratzfesten, farbenfreudigen und korrosionsfesten Materials wurde erst möglich, als es gelang, Bandstahl vom Coil abzuwickeln, zu emaillieren und auf ein Coil wieder aufzuwickeln und anschließend zu biegen, zu schneiden und wie jede andere Fassadenplatte, eventuell zusammen mit aufgeklebten Dämmschichten, zu verlegen. Das Emaillierverfahren benötigt allerdings Stahlbleche von etwa 0,3 mm Dicke. Nach Reinigung wird dieses Stahlblech beidseitig mit Grundemails beschichtet. Das Email wird dabei auf der Innenseite (Unterseite) 0,1 mm, auf der Oberseite nur 0,05 mm stark beschichtet. Nach Einbrennen des Grundemails wird das Deckemail einseitig aufgetragen und erneut eingebrannt. Der Emailauftrag ist dabei ein Schlickerauftrag, der mit Rollen oder im Sprühen auf das eben liegende Blech durchgeführt wird. Das entstandene Produkt kann anschließend bedruckt (für Stadt- und Wanderpläne) oder sogar künstlerisch (Siebdruck, Spray-Brush) bearbeitet werden.

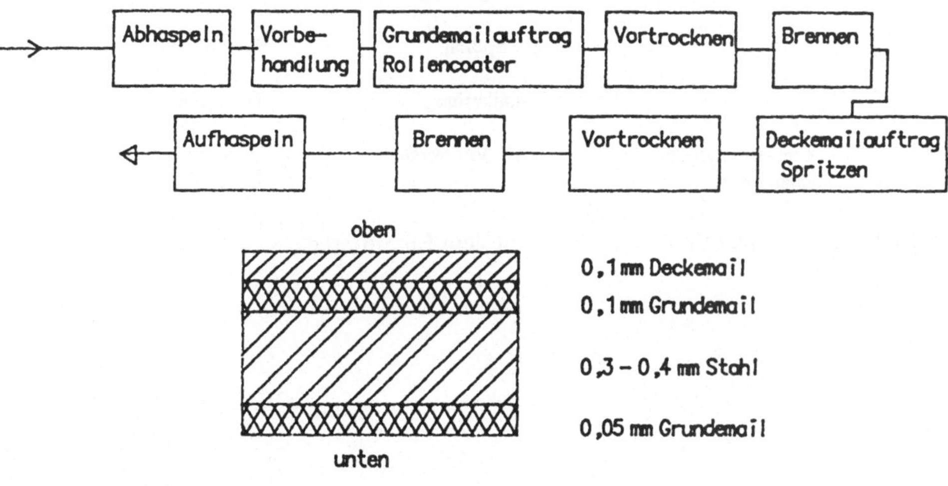

Bild 12-13: Bandstahl-Emaillierverfahren, Alliance Ceramicsteel, Genk

12.6 Vorbehandlung vor dem Emaillieren

Die Vorbehandlung vor dem Emaillieren beinhaltet eine auf das jeweilige Emaillierverfahren abgestimmte Arbeitsfolge. Bild 12-15 zeigt eine Übersicht über die Vorbehandlungsvarianten.

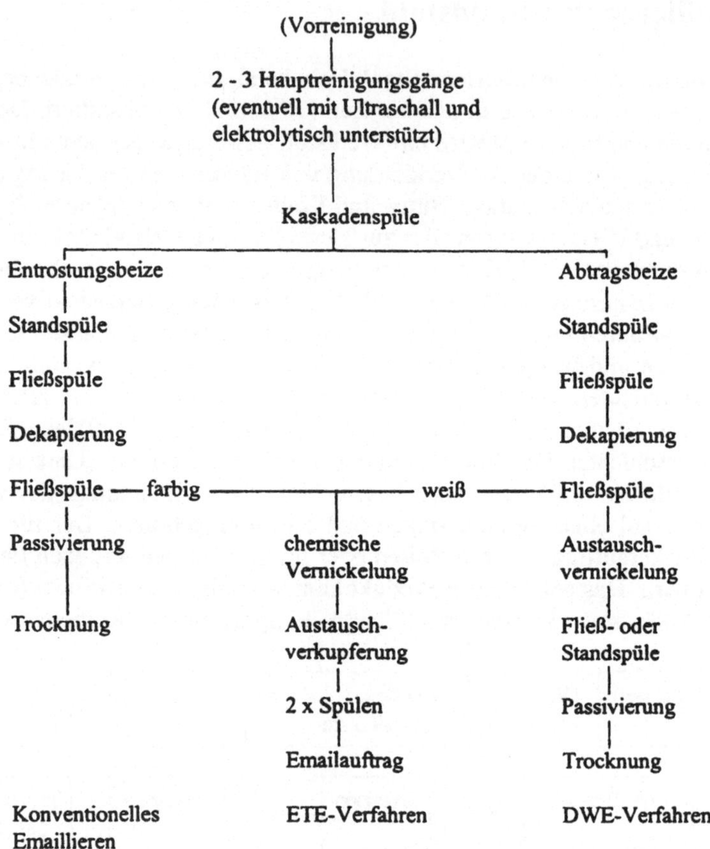

Bild 12-14: Vorbehandlungsverfahren vor dem Emaillieren

12.7 Dekoremail, Effektemail

Dekoremails sind Schmuckemails, die auf Werkstücke wie Geschirr als Schmuck eingebrannt werden. Effektemails sind Emailanfärbungen, die ganzflächig aufgetragen werden. Das Dekorieren eines Werkstücks mit Dekoremails kann drucktechnisch durch
Siebdruck oder durch Übertragen thermoplastischer Farben von einem Papierband, durch
Aufbringen von Abziehbildern per Hand oder durch Aufspritzen mit Hilfe von Düsen
erfolgen. Kleinere Serien von Geschirrware werden meist per Hand mit Abziehbildern
dekoriert. Die Anziehbilder werden dazu zunächst auf Papier aufgedruckt. Das einzelne
Abziehbild wird dann vom angefeuchteten Papier auf die Oberfläche übertragen
(Schiebebild). Abziehbilder mit thermoplastischen Farben werden auf Papierstreifen, die
zu Rollen gewickelt werden, aufgedruckt. Das Werkstück wird auf 120 bis 150°C vorge-
wärmt, so daß die Farbe durch eine Druckwalze übertragen werden kann. Linien oder
Noppen können mit Hilfe von Düsen aufgespritzt werden. Bei rotationssymmetrischen
Körpern wird dabei das Werkstück unter der Düse um seine Achse gedreht. Beim Scha-
blonendruck kann das Dekor entweder durch Aufspritzen im Handspritzverfahren oder
durch Aufbürsten aufgebracht werden. Siebdruck benutzt die gleichen Einrichtungen,
wie sie in der Druckindustrie gebräuchlich sind. Auch Handdekorieren im Spray-Brush-
Verfahren wird zur künstlerischen Gestaltung großer Wandflächen eingesetzt.

Das Beschriften von Emailoberflächen kann entweder durch Stempeln oder über Scha-
blonen oder durch Laseranwendung [28] oder im Tampondruck-Verfahren erfolgen.
Unter Effektemails sind zu nennen:

- Marmorierung durch Aufsprudeln von Emailschlicker auf den ungetrockneten
  Deckemail-Biskuit, eventuell mit anschließendem Rütteln des Werkstücks.

- Melieren oder Sprenkeleffekt durch Zusatz eines gröberen andersfarbigen
  Emails zum Deckemailschlicker.

- Craquele´ oder Reißstruktur durch Verwendung schwerschmelzender Emails
  mit hoher Oberflächenspannung.

- Metallglanzeffekt durch Aufsprühen von Metallsalzlösungen auf das noch rot-
  glühende Werkstück (z.B. alkoholische $FeCl_3$-Lösung oder eine $SnCl_2$-Lösung).

Übungsaufgaben:

Frage 12.1: Worauf beruht die Haftung von Email auf Stahlblech?

Frage 12.2: Welche Vor- und Nachteile haben Emailschichten gegenüber Lackierungen?

Frage 12.3: Wie verläuft die Temperaturkurve im Muffelofen im Vergleich zum Umkehrofen?

Frage 12.4: Was ist der Unterschied zwischen dem ETE-Verfahren und einer Elektro-
tauchlackierung?

13 Chemisches Metallisieren

Das Beschichten von Werkstücken mit Metallschichten hat immer den Zweck, ein billigeres Grundmaterial, aus dem die Form und Festigkeit des Werkstücks und damit auch die überwiegende Masse des Materials besteht, mit einem teureren Material zu überziehen, das dekorativer aussieht, besseren Korrosionsschutz bietet oder/und die abrasiven Eigenschaften der Oberfläche verbessert. Man sollte alle diese Prozesse mit Metallisieren bezeichnen. Metallisiert werden Kunststoffartikel, um sie zum Zwecke der Erdung elektrisch leitend zu erhalten oder um Metallartikel wie Radkappen, Zier- oder Verschlußkappen oder Stoßstangen aus Metall vorzutäuschen. Metallisiert werden aber auch Eisen-, Messing-, Aluminium- oder Zinkartikel, um die Gebrauchseigenschaften zu verbessern und um den Artikel für den Kunden attraktiver zu gestalten. Zum Metallisieren werden verschiedene Verfahren eingesetzt:

- Schmelztauchschichten
- chemisch aufgetragene Metallschichten
- galvanisch aufgetragene Metallschichten
- Aufschweißen von Metallschichten
- Aufspritzen von Metallschichten
- mechanisches Aufbringen von Metallschichten
- im Vakuum aufgetragene Metallschichten

Schmelztauchschichten entstehen dadurch, daß man das Werkstück in geschmolzenes Metall eintaucht und dadurch mit diesem Metall überzieht. Diese Methode ist die älteste Metallisierungsmethode. Sie ist daran gebunden, daß man temperaturbeständige Werkstücke verwendet, die weder verbrennen noch sich verziehen. Da dieser Vorgang früher mit einem sichtbaren Feuer unter dem Schmelzkessel verbunden war, wurden solche Verfahren als Feuerverzinken oder Feuerverzinnen etc. bezeichnet.

Chemisches Auftragen von Metallschichten (chemisch Metallisieren) dagegen ist ein Produkt der modernen Chemie. Es beruht darauf, daß man gelernt hat, aus Schwermetallsalzlösungen durch Einsatz von Reduktionsmitteln Metalle gezielt reduktiv abzuscheiden.

Reduktive Metallabscheidung ist auf wenige Elemente begrenzt. Praktisch werden heute nur Nickel-, Kupfer-, Silber- und neuerdings auch Zinnschichten reduktiv erzeugt. Da hierbei kein elektrischer Strom eingesetzt wird, spricht man auch von "außen-stromlos vernickeln".

Die Abscheidung durch äußere Stromzufuhr (galvanische Metallabscheidung) ist dagegen schon etwas älteren Datums. Seit der Entdeckung des elektrischen Stroms kennt man Verfahren, bei denen man mit Hilfe des Stroms durch Elektrolyse ein Schwermetallsalz zersetzt und das Metall auf dem Werkstück abscheidet. Allerdings muß das Werkstück elektrisch leitend sein. Nichtleitende Werkstücke müssen also zunächst in leitende Werkstücke überführt werden.

Zeilengruppe: **Elektrolytisch und chemisch abgeschiedene Metallschichten**

Schicht	Korrosionswiderstand[1]	Oxidationswiderstand	Verschleißwiderstand abrasiv	Verschleißwiderstand adhäsiv[2]	Gleitvermögen	Haftfestigkeit[1]	Einfluß auf Bauteilfestigkeit	Härte HV	Maximale Anwendungstemperatur (°C)
Aluminium	●●●[3]	●●	●●●[4]		●	●	—	50	400
Chrom	●●●[5]	●●●	●●●	●●	●●	●●●	↓	900	500
Cobalt	●●	●	●	●●	●●	●●●	↓	280	400
Cobalt + Chromoxid	●●	●●	●●	●●●	●	●●●	—*/↓	420	800
Nickel	●●	●	●	●		●●●	↓	250	500
Nickel + Siliziumcarbid	●●	●	●●	●●	●	●●●	↓	420	400
Stromlos Nickel	●●		●●	●●		●●●	↓	500	500
400 °C / 1 h	●		●●●	●●●		●●●	↓	900	500
Stromlos Nickel + Siliziumcarbid	●●		●●●	●●		●●●	↓	650	400
Stromlos Nickel + Diamant	●●		●●●	●●		●●●	↓	700	500
Stromlos Nickel + PTFE	●		●	●●●		●●●	↓	280	300
Kupfer	●●	●	●	●●	●●●	●●●	—	190	350
Messing	●●		●●	●●	●●	●●●		600	<200
Bronze	●●		●●	●●	●●	●●●		700	<200
Zink	●●●[3]		●	●	●●	●●●	—	80	250
Silber	●	●	●	●●●	●●●	●●●	—	60	850
Cadmium	●●●[3]		●	●●	●●	●●●	↓	80	220
Nickel/Cadmium	●●●	●				●●●		320	500
Zinn	●●●		●	●●●	●●●	●●	—	5	100
Blei	●●●		●	●●●	●●●	●●	—	5	200
Blei/Zinn	●●●		●	●●●	●●●	●●	—	10	100

[1] auf Stahl, [2] gegen Stahl, [3] kathodischer Schutz, [4] anodisiert, [5] abhängig von Schichtsystem (Ni/Cr).
● niedrig, ●● mittel, ●●● hoch, — kein Einfluß, ↓ Abnahme, ↑ Zunahme. * nach 400 °C / 16 h

Tabelle 13-1:
Verwendung chemisch oder galvanisch abgeschiedener metallischer Schichten [29].

Aufschweißen von Metallschichten (Auftragsschweißen) erfordert schweißbare Werkstoffe und ist damit ebenfalls auf metallische Werkstücke begrenzt. Mit diesem Verfahren werden insbesondere dickere Verschleißschutzschichten oder Reparaturschichten aufgetragen, um abgenutzte Bauteile wieder nutzbar zu machen. Über den Einsatz von Metallschichten, die durch chemisches Metallisieren oder galvanisch erzeugt werden, gibt Tabelle 13-1 Auskunft. Aufspritzen von Metallen ist an Werkstoffe gebunden, die temperaturfest sind. Metallisieren durch Metallspritzen kann daher bei allen anorganischen Werkstoffen, also bei Metallen und Keramik, durchgeführt werden.

Unter mechanischem Auftragen von Metallen versteht man Verfahren, bei denen z.B. zwei Bleche durch Walzdruck oder durch Einwirkung einer Explosion miteinander verschweißt werden. Dieses sogenannte Plattieren wird gern angewendet, wenn man Baumaterialien mit einem sehr teuren Metall überziehen will, z.B. Stahlblech mit Tantal.

Unter Metallisieren im Vakuum versteht man Verfahren, die das Schichtmaterial über die Gasphase auf dem Werkstück ablagern lassen. Diese Verfahren, zu denen im einfachsten Fall das Bedampfen zählt, haben heute z.B. auch in der Kunststoffindustrie Verbreitung gefunden. Man faßt diese Verfahren unter PVD-Prozessen zusammen.

13.1 Austauschmetallisieren

Chemisch Metallisieren nennt man Vorgänge, bei denen Metallschichten allein auf Grund einer chemischen Reaktion abgeschieden werden. Im einfachsten Fall taucht man ein Werkstück in die Lösung eines edleren Metalls, das sich daraufhin auf dem Werkstück abscheidet. Diesen Vorgang nennt man Austauschmetallisieren. Chemisch kann diese Reaktion verallgemeinernd beschrieben werden

$$n * M_A^{m+} + m * M_B = n * M_A + m * M_B^{n+}$$

Folgende Tabelle 13-2 zeigt die technische Anwendung dieses einfachen Verfahrens.

M_A	n	M_B	m	Anwendung
Ni	2	Fe	2	Haftgrund für Direktweißemail etc.
Zn	3	Al	2	Überzug oder Haftgrund für Aluminium
Hg	2	Cu	2	Haftgrund für das Versilbern
Ag	2	Cu	1	dekorative Schicht

Tabelle 13-2: Anwendungen der Austauschmetallisierung

Die technische Arbeitsweise bietet hier keine Sonderheiten. In ein geeignetes Tauchbad wird die entsprechende Salzlösung eingefüllt, der pH-Wert eingestellt und das Werkstück meist im Tauchen metallisiert. Der Gesamtprozeß dauert einige Minuten und kann durch Temperaturerhöhung im Bad beschleunigt werden.

13.2 Chemisch reduktives Metallisieren

Beim chemisch reduktiven Metallisieren wird ein in Lösung befindliches Metallsalz durch Zusatz eines starken Reduktionsmittels so reduziert, daß es sich auf der Werkstückoberfläche gezielt abscheidet. Als Reduktionsmittel sind technisch nur einige wenige im Einsatz, wenn auch in manchem Rezeptbuch verschiedene weitere Verfahren aufgeführt werden. Technisch werden als Reduktionsmittel eingesetzt

- Formaldehyd zum Versilbern und zum Verkupfern
- Hypophosphit zur Abscheidung von Nickel
- Borwasserstoffderivate zum Abscheiden von Nickel
- Hypophosphit zum Abscheiden von Ni/Cr-, Ni/Fe-, Ni/Co- oder Ni/Cu- Legierungsschichten

13.2.1 Reduktion mit Formaldehyd

Bei der Reduktion von Schwermetallsalzen mit Formaldehydlösungen wird Formaldehyd zu Ameisensäure oxidiert gemäß

$$Cu^{2+} + 4\ OH^- + 2\ HCHO \rightarrow Cu + 2\ HCOO^- + H_2 + 2\ H_2O$$

$$2\ Ag^+ + 4\ OH^- + 2\ HCHO \rightarrow 2\ Ag + 2\ HCOO^- + H_2 + 2\ H_2O$$

Bereich durchgeführt. Da Schwermetallionen im alkalischen pH-Bereich meist nicht löslich sind, werden die Ionen durch Zusatz von Komplexbildnern in lösliche Schwermetallkomplexe überführt. Beim chemisch Versilbern läuft die Reaktion sehr schnell ab, so daß man z.B. ein Glas zunächst mit einer ammoniaklischen Silbernitratlösung besprüht und anschließend die Silberionen durch eine Formaldehydlösung reduziert (Herstellung von Silberspiegeln). Beim chemisch Verkupfern, das z.B. für viele Kunststoffteile (Leiterplatte) angewendet wird, wird ein weinsaurer Kupferkomplex alkalisch angesetzt, die Lösung mit Formaldehyd versetzt und das gereinigte Werkstück in diese Lösung eingetaucht. In der Lösung sind außer Kupferionen als organischer Komplex gleichzeitig nennenswerte Mengen an Reduktionsmitteln enthalten. Die Abscheidung erfolgt bei Raumtemperatur mit einer Abscheiderate von etwa 2,5 µm/h. Übliche Schichtdicken liegen bei 0,5 bis 50 µm. Verwendet man Kupferschichten als Reparaturschicht auf Eisen, kann man durch nachfolgendes Tempern bei 260°C(1 h) die Duktilität der Kupferschicht verbessern.

13.2.2 Chemisch Vernickeln - Reduktion mit Hypophosphit - NaH$_2$PO$_2$*H$_2$O

Hypophosphitbäder sind weitaus die am häufigsten anzutreffenden. Bei der Umsetzung im nickelsalzhaltigen Bad laufen verschiedene chemische Reaktionen ab.

Abscheidereaktion $\quad Ni^{2+} + H_2PO_2^- + 3H_2O = Ni + H_2PO_3^- + 2H_3O^-$

Nebenreaktionen

$$H_2PO_2^- + H_2O = H_2PO_3^- + 2H_{ads} \quad \text{(katalytisch)}$$

$$H_2PO_2^- + H_{ads} = H_2O + 2OH^- + P$$

$$2H_{ads} = H_2$$

Katalytisch reduziert also Hypophosphit auch Wasser. Der dabei entstehende Wasserstoff verbleibt teilweise atomar an der Metalloberfläche (Nickel oder Eisen) und reduziert (hydriert) Hypophosphit bis zum Phosphor, der mit in die Nickelschicht eingebaut wird. Nickelschichten, die nach dem Hypophosphitverfahren hergestellt wurden, enthalten also stets elementaren Phosphor bis 12 Gew.% P. Die praktisch abgeschiedene Wasserstoffmenge beläuft sich auf 1,76 bis 1,93 mMol H$_2$/g-Atom Nickel oder 1,3 bis 1,5 Ncm^3 Wasserstoff je 1 g Nickel.

Nickelschichten, die nach dem Hypophosphitverfahren abgeschieden wurden, sind ebenfalls röntgenamorph, d.h. nicht kristallin. Beim Tempern dieser Schicht bei 320°C entstehen kristalline Schichten unter Ausbildung der Verbindung Ni$_2$P. Ni-P-Schichten werden im Gegensatz zu Ni-B-Schichten laminar abgeschieden. Jede Abscheidungsschicht wächst damit parallel zur Oberfläche, was der Ausbildung tiefgehender Poren entgegensteht und den erhöhten Korrosionsschutz begründet.

Die Dichte von Ni-P-Schichten kann aus dem Phosphorgehalt bestimmt werden. Es gilt die empirische Formel

$$\rho = \frac{113,6 - (P)}{12,7}$$

mit dem Phosphorgehalt [P] in Gew.%.

Nickelschichten, die durch chemisch reduktive Verfahren erzeugt wurden, sind gleichmäßig und können heute in hoher Präzision abgeschieden werden. Im Gegensatz zu galvanisch abgeschiedenen Schichten gibt es bei diesen Schichten keine Abschirmungs- oder Kanteneffekte. Das prädistiniert diese Schichten zum Einsatz als Reparaturschichten, auch in Bohrungen oder Höhlungen. Die gezielte Abscheidung von Nickel auf einer Werkstückoberfläche ist ein katalytischer Prozeß, ein Prozeß also, der nicht auf jeder beliebigen Oberfläche ohne Zusatzmaßnahmen gezielt abläuft. Der Katalysator ist dabei der Grundwerkstoff. Man unterscheidet

a.   eigenkatalytische Grundwerkstoffe, die die Nickelabscheidung von selbst einlei-
      ten. Hierzu zählen die Elemente der 8. Nebengruppe des Periodensystem wie Co
      (nur alkalisch), Ni, Ru, Rh, Pd, Os, Ir, Pt und amorphes Ag,

b.   fremdkatalytische Werkstoffe, bei denen die Oberfläche zunächst mit Ni-Keimen
      belegt werden muß, ehe eine Eigenkatalyse abläuft. Unterschieden werden

b1.   Metalle, die unedler als Nickel sind und auf denen sich Nickelkeime von selbst
      autokatalytisch abscheiden wie Fe, Al, Be, Ti

b2.   Metalle, die edler als Nickel sind, bei denen also eine Nickelbekeimung durch ei-
      nen kurzen kathodischen Stromstoß eingeleitet werden muß wie C, Cu, Ag, Au,

b3.   nichtmetallische Werkstoffe, auf denen Keime aus Ni, Ag oder Pd abgelagert
      wurden.

Legierungen lassen sich chemisch vernickeln, wenn der Legierungshauptbestandteil
chemisch vernickelt werden kann.

Zu den Katalysatorgiften zählen die Elemente Zn, Cd, Sn, Pb, Sb, Bi und S.

In Hypophosphitbädern können vernickelt werden

- unlegierte bis hochlegierte Stähle, Gußeisen
- Messing
- Cu-Sn-Bronzen
- andere Cu-Legierungen
- Al-Legierungen
- bekeimte Kunststoffe

Die Abscheidegeschwindigkeit von chemisch Nickel-Bädern ist von sehr vielen Parame-
tern der Badführung und der Badverunreinigung, dazu auch von der Temperatur und der
Betriebsweise abhängig. Die chemische Vernickelung ist immer eine Gratwanderung
zwischen stabilem Badzustand und spontanem Badzerfall, sind doch gleichzeitig sehr
starke Reduktionsmittel und Reduzierbares anwesend.

Der pH-Wert:

Hypophosphitbäder arbeiten normalerweise im schwach sauren Bereich bei pH 4 bis 6.
Es gibt allerdings auch Bäder, die im schwach alkalischen Bereich bis pH 11 arbeiten.
Da bei der Abscheidereaktion Protonen gebildet werden, nimmt der pH-Wert des Bades
während der Abscheidung ab. Insbesondere bei schwach sauren Hypophosphitbädern ist
die Abscheiderate stark vom pH-Wert abhängig, gleichzeitig vermindert sich mit sinkendem pH-Wert die Stabilität der Bäder. Man muß daher den pH-Wert während der Abscheidung fortlaufend durch NaOH-Zugabe korrigieren. Um die pH-Schwankungen
nicht zu groß werden zu lassen, enthalten die Bäder Puffersubstanzen z.B. auf Azetatba-
sis. Mit steigendem pH-Wert des Elektrolyten sinkt der Phorphorgehalt in der Schicht.

Die Temperatur:

Saure Hypophosphitbäder arbeiten optimal bei etwa 85 bis 95 °C. Die Abscheidegeschwindigkeit des Nickels steigt mit steigender Badtemperatur sowohl in sauren wie in
alkalischen Hypophosphitbädern.

Das Redoxverhältnis das Molverhältnis F = Ni²⁺/H₂PO₂⁻:

Das Redoxverhältnis liegt in Hypophosphitbädern optimal bei 0,35 < F < 0,45. Die gut
funktionierende Bandbreite liegt bei 0,25 < F < 0,6, wobei der Hypophosphitgehalt 0,15
bis 0,35 Mol/l betragen sollte. Bei F < 0,25 entstehen dunkle Nickelschichten.

Die Literbelastung:

Das Verhältnis von gleichzeitig im Bad zur Beschichtung eingebrachter Oberfläche zum
Badvolumen wird Literbelastung genannt. Die Literbelastung beeinflußt die Abscheiderate und den Phosphorgehalt der Schicht. Experimentell wurde gefunden, daß mit steigender Literbelastung auch der Phosphorgehalt ansteigt. Die Abhängigkeit der Abscheidegeschwindigkeit von der Literbelastung zeigt das Nomogramm in Bild 13-1 nach [30].

Bild 13-2 nach [31] zeigt, daß die Schichtdickenzunahme nicht linear mit der Expositionszeit ansteigt. Die Dickenzunahme verläuft nicht nach einem linearen Zeitgesetz. Die
Temperaturabhängigkeit der Abscheidegeschwindigkeit dagegen ist fast linear. Der
Phosphorgehalt in der Schicht nimmt dagegen mit steigender Literbelastung, mit steigender Expositionszeit, aber mit sinkendem pH-Wert zu (Bild 13-3) [32].

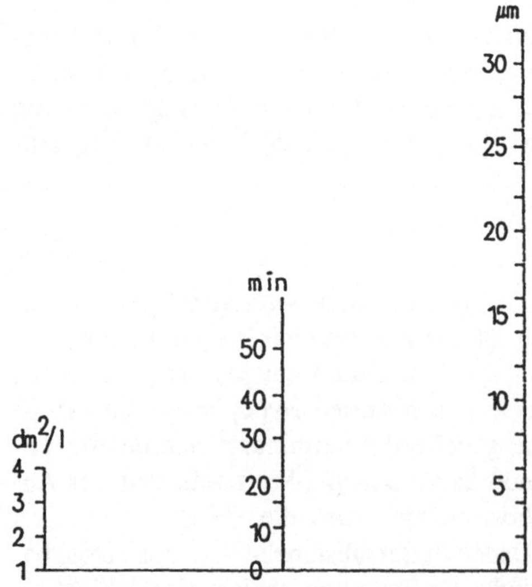

Bild 13-1:
Nomogramm zur Berechnung des Zusammenhangs zwischen Schichtbildungsgeschwindigkeit und
Literbelastung nach [30]

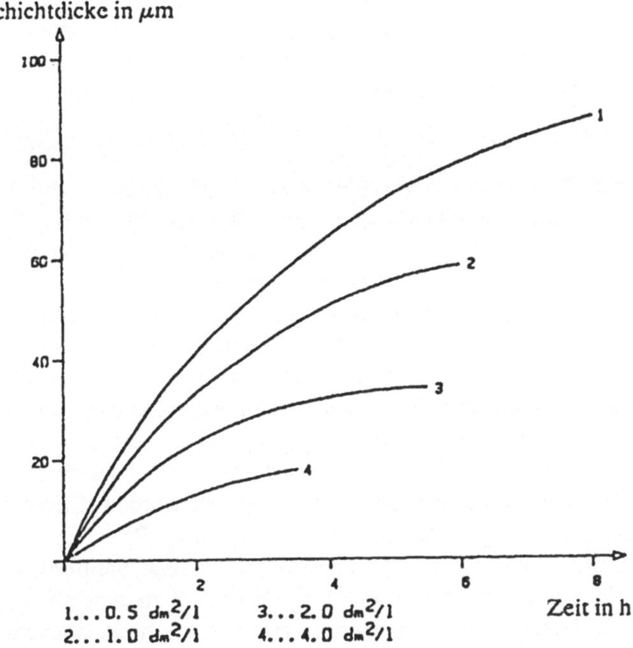

Bild 13-2:
Abhängigkeit der Schichtdicke von Expositionszeit und Literbelastung bei Ni-P-Überzügen [31]

Badbewegung:

Der Antransport der Stoffe, die auf der Werkstückoberfläche miteinander zur Reaktion gelangen, wird mit steigender Badbelastung in stärkerem Maße geschwindigkeitsbestimmend für die Schichtbildung. Man kann daher zu einer Beschleunigung der

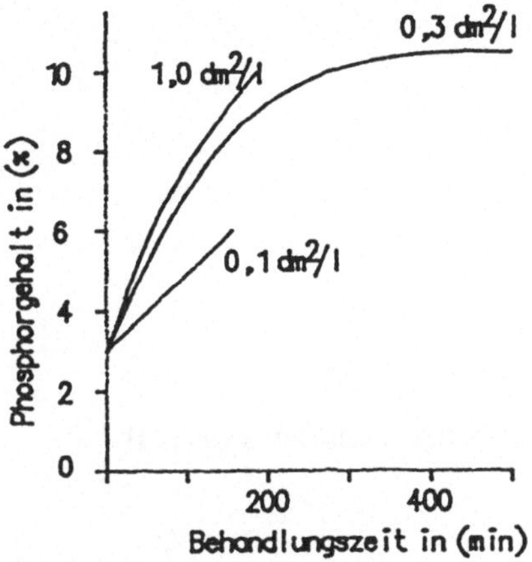

Bild 13-3: Einfluß von Expositionszeit und Literbelastung auf den Phosphorgehalt bei Ni-P Schichten nach Daten von [32]

Schichtbildung kommen, wenn man die Diffusionswege im Bad klein werden läßt. Das geschieht am günstigsten durch Bad - oder Warenbewegung, d.h. z. B. wenn man das Bad umpumpt, rührt oder durch Lufteinblasen bewegt. Masseteile werden in Körben, die eine Hubbewegung ausführen, oder in Trommeln, die gedreht werden, eingesetzt.

Badalter:

Von besonderem Einfluß auf die Qualität der abgeschiedenen Nickelschicht ist die Anreicherung anfallender Nebenprodukte, insbesondere des entstehenden Phosphits. Reichert sich in den Bädern Phosphit zu stark an, so ändern sich oberhalb bestimmter Phosphitkonzentrationen die Eigenspannungen in der Nickelschicht. Anstelle einer Nickelschicht, die unter Druckspannung steht, entsteht eine Schicht, die unter Zugspannung steht und daher reißt (Bild 13-4). Da der Phosphitgehalt aus chemischen Gründen etwa proportional zur abgeschiedenen Nickelmenge ansteigt, kann man die abgeschiedene Nickelmenge als Maßstab für den Phosphitgehalt wählen. In der Praxis verwendet man den Quotienten aus ausgearbeiteter Nickelmenge und ursprünglich bei der Badfüllung eingesetzter und gibt die Lebensdauer in Zahl der Füllmengendurchsätze - turn-over - an. Chemisch - Nickelbäder müssen nach etwa 5 turn-over ausgewechselt werden. Chemisch - Nickelschichten besitzen Eigenspannungen, die unmittelbar mit dem Phosphorgehalt zu tun haben. Je höher der Phosphorgehalt ist, desto eher entstehen Druckspannungen in der Schicht. Spannungsfreie Überzüge sind bei etwa 10,5 Gew.% P zu erreichen. P-gehalte < 10,5% bergen dann die Gefahr, daß Zugspannungen in der Schicht entstehen. Erst gegen Ende der Standzeit der Bäder werden die Makrospannungseigenschaften dann vom Badalter abhängig.

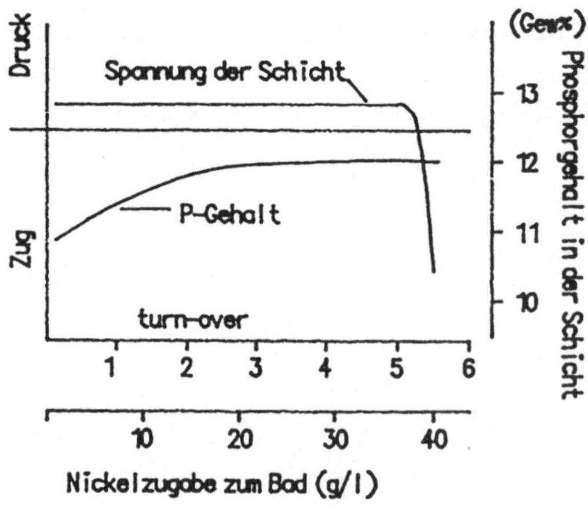

Bild 13-4:
Eigenschaften einer 20 µm Ni-P-Schicht als Funktion des Badalters nach Daten von [33]

13.2.3 Eigenschaften der Ni-P-Schichten

Die Zugfestigkeit und der thermische Ausdehnungskoeffizient von Ni-P-Schichten werden mit steigendem P-Gehalt kleiner, die Härte der Schicht steigt dagegen mit steigendem P-Gehalt. Man kann die Ni-P-Schicht durch Tempern zum Kristallisieren bringen. Dadurch werden die Härte und die Haftfestigkeit der Schicht (vgl. auch DIN 50966) gesteigert, allerdings sinkt dabei die Duktilität. Die Lage der günstigsten Temperatur zum Glühen ist vom P-Gehalt abhängig (Bild 13-5). Die zum Kristallisieren notwendige Glühzeit folgt einem logarithmischen Zeitgesetz. Die Glühtemperatur von Ni-P-Schichten liegt etwa bei 300 bis 500°C. Größe und Art der Eigenspannungen ist natürlich bei anderen Werkstofftypen auch von der Art des Trägermaterials abhängig (Bild 13-6).

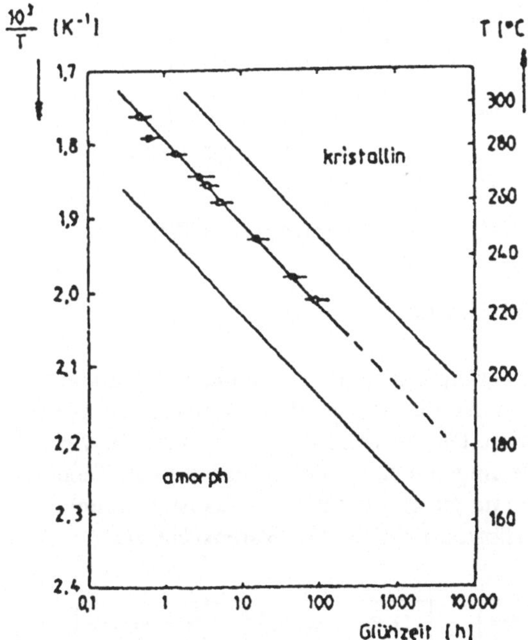

Bild 13-5:
Glühtemperatur und Glühzeit für Ni-P-Schichten nach [34]

Das Ablösen und Entfernen von Ni-P-Schichten (Entmetallisieren) auf chemischem Wege von Eisenwerkstoffen erfolgt am besten durch Umsetzung mit HNO_3, eventuell unter Zusatz von H_2O_2 oder im Gemisch mit Essigsäure oder Flußsäure. Hier sind aber einschlägige Sicherheitsvorschriften zu beachten.

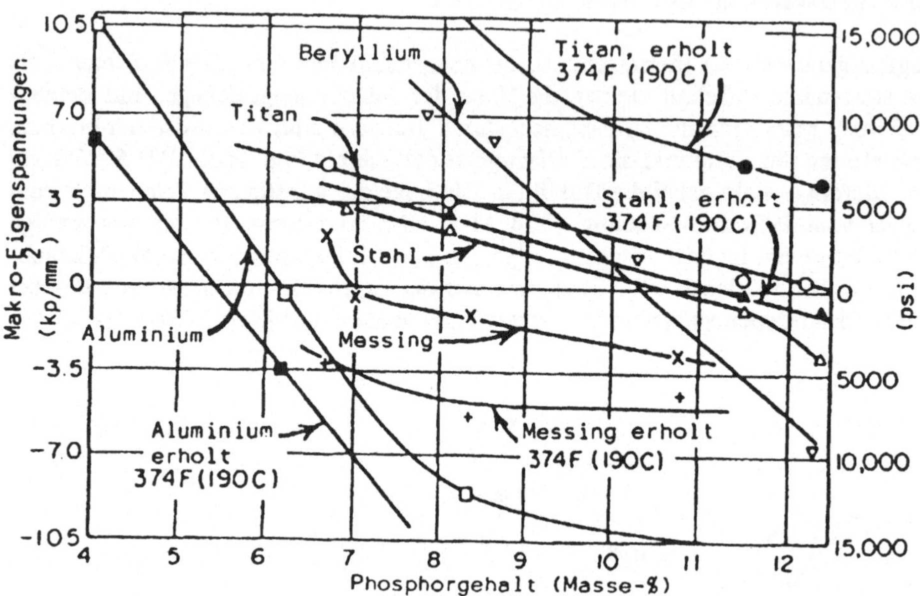

Bild 13-6: Spannungsverhältnisse für Ni-P-Schichten auf verschiedenen Werkstoffen

13.2.4 Anlagen zum chemischen Vernickeln

Anlagen zum chemischen Vernickeln oder Verkupfern sind Tauchanlagen. Sie umfassen Bäder für alle Vorbehandlungsschritte und solche für die eigentliche Metallisierung, die ständig filtriert und temperiert werden müssen. Die Vorbehandlungsschemen, die vor dem Metallisieren verschiedener Werkstoffe eingehalten werden sollten, enthält Tabelle 13-3. Die verwendeten Tauchbäder bestehen im günstigsten Fall aus Edelstahlwannen. Die Warenbeschickung erfolgt wie bei Tauchbädern üblich über Warenkörbe etc.

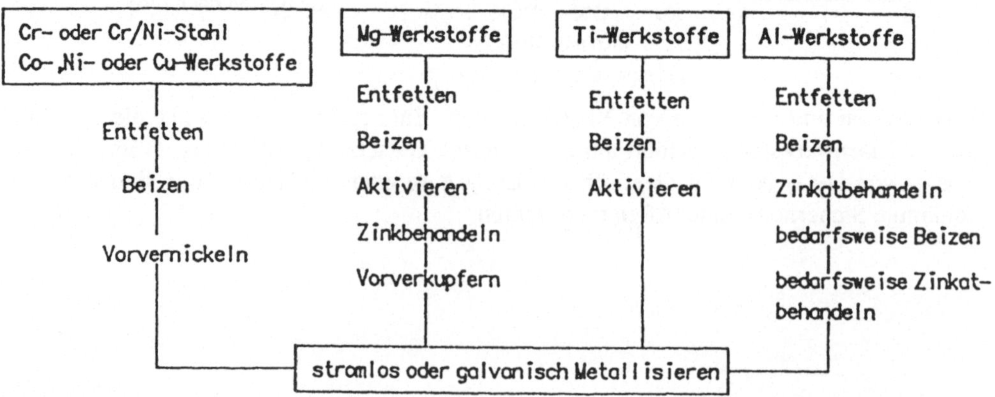

Tabelle 13-3:
Vorbehandeln verschiedener Werkstoffe vor dem chemischen oder galvanische Metallisieren

Bei der chemischen Vernicklung von Aluminium muß vor dem Vernickeln ein Zinkatbeize angewendet werden, damit Nickelschichten mit brauchbaren Eigenschaften entstehen. Hierbei wird Aluminium mit einer Zinksalzlösung umgesetzt, so daß zunächst
auf dem Aluminium eine Zinkschicht abgelagert wird, weil Zink edler als Aluminium
ist. Je nach pH-Wert der Zinkatbeize werden etwa 50 nm dicke Zinkschichten nach folgendem Mechanismus abgeschieden:

$$pH < 7 \qquad\qquad 2\,Al + 3\,Zn^{2+} = 3\,Zn + 2\,Al^{3+}$$

$$pH > 9 \qquad\qquad 3\,[Zn(OH)_4]^{2-} + 2\,Al = 3\,Zn + 2\,[Al(OH)_4]^- + 4\,OH^-$$

13.3 Dispersionsschichten

Bei allen Bädern, die man zum chemischen Metallisieren verwendet, wird darauf geachtet, daß im Bad keine Trübungen oder Feststoffpartikel auftreten, weil diese Verunreinigungen in die Oberfläche mit eingebaut werden. Die Nickelschicht erhält Pickel
etc. und wird damit fehlerhaft. Erhöht man aber absichtlich den Feststoffgehalt in der
Badflüssigkeit, so kann man so viel Feststoff in die abgeschiedene Metallschicht einbauen, daß die Eigenschaften der Metallschicht sich ändern. Derartige Schichten haben den
Namen Dispersionsschichten erhalten. Die dispergierten Feststoffe haben in der Regel
Durchmesser von 0,1 bis 30 µm. Eingebaut werden sowohl Hartstoffe wie Carbide (z.B.
SiC, Cr_3C_2), Oxide (z.B. Al_2O_3, SiO_2, Cr_2O_3) oder Diamant, cub.-BN als auch schmierende Stoffe wie PTFE, Graphit oder MoS_2. Als Matrixmetall werden außer Nickel auch
Cobalt, Kupfer u.a. verwendet. Die Wirkung des Dispersanten beruht nun darauf, daß
nach geringem oberflächlichen Abtrag der Schicht der Dipersant frei gelegt wird. Bei
Hartstoffeinlagerung bestimmt dann der Hartstoff die abrasiven Eigenschaften der Oberfläche.

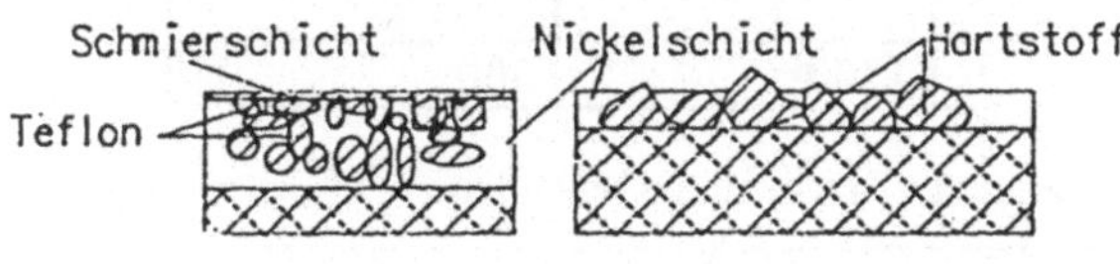

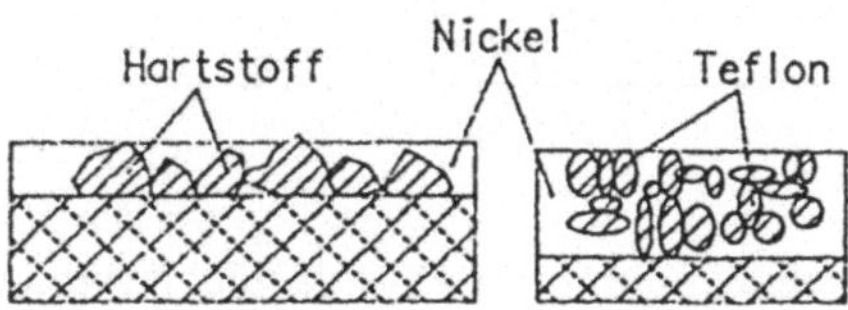

Bild 13 - 7: Wirkungsweise von Hart- und
Schmierstoffen in Dispersionsschichten

Die Härte der Gesamtschicht steigt dann nahezu linear mit steigendem Gehalt an Hartstoffen. Bei schmierenden Einlagerungen wird dann der Schmierstoff frei gegeben, so daß eine Trockenschmierwirkung entsteht. Bild 13-7 zeigt den Wirkungsmechanismus von Hart- und von Schmierstoffeinlagerungen.

Um Feststoffpartikel einbauen zu können, müssen diese in der Lösung dispergiert und homogen verteilt werden. Das kann man bei sehr feinteiligen Partikeln einfach erreichen, indem man in die Lösung ein Dispergierhilfsmittel gibt, das z.B. unter gegebenen pH-Bedingungen ionisiert. Dann werden diese Zusätze an der Partikeloberfläche adsorbiert. Die Partikel erhalten dadurch eine bei allen Partikeln gleich gerichtete elektrische Aufladung, wodurch das Bilden von Koagulaten und damit von leicht sich absetzenden Agglomeraten verhindert wird. Bei größeren Partikeln muß man dagegen durch Umpumpen oder Rühren für eine ständige Strömung im Bad sorgen, die der Absetzbewegung entgegensteht. Der Einbau von Hartstoffen wird auch zur Fertigung metallgebundener Schleif- oder Polierscheiben, hartstoffbestückter Werkzeuge etc. eingesetzt. Anzumerken ist, daß bei den Schichteigenschaften natürlich auch die Eigenschaften des Matrixmetalls zur Wirkung kommen, wie folgende Tabelle zeigt:

Tabelle 13-4: Eigenschaften von Ni(P)-Dispersionsschichten

Eigenschaft	Dispersant		
	SiC	B_4C	PTFE
Korngröße (μm)	1-3	1-3	< 1
Einbaumenge (Vol.%)	20-25	20-25	25
Einbaumenge (Gew.%)	9-12	7-9	7
Phosphorgehalt derNi-P-Schicht (Gew.%)	7	7	7
Dichte (g.cm^{-3})	7,0	6,8	6,5
Härte $HV_{0,1}$im Abscheidezustand	570	570	300
wärmebehandelt	1400	1200	500

Tabelle 13-5: Reibungswerte von Ni(P)-Schmierstoff-Dispersionsschichten

Dispersant	Reibwert	Einsatztemperatur
PTFE	0,05	320°C
Graphit	0,07 - 0,13	600°C
MoS_2	0,07 - 0,10	400°C

Übungsaufgaben:

Frage 13.1: Wie unterscheidet sich die Vorbehandlung für eine Vernickelung von Stahl und der von Aluminium?

Frage 13.2: Wie sind die Auswirkungen des Temperns auf die Eigenschaften chemisch abgeschiedenen Nickelschicht?

Frage 13.3: Warum kann ein chemisch Nickelbad nicht endlos eingesetzt werden?

14 Galvanisches Metallisieren

14.1 Theoretische Grundlagen

Wäßrige Lösungen von Salzen, Säuren oder Basen leiten den elektrischen Strom. Der Stromtransport wird durch die Wanderung der Ionen in der Lösung hervorgerufen und ist mit Materietransport verbunden. Trifft das wandernde Ion auf eine Elektrode, wird das Ion entladen. Ist das wandernde Ion ein Schwermetallion, so kann sich das Schwermetall beim Entladen auf der Elektrode abscheiden. Diesen Vorgang nennt man galvanisch Metallisieren.

Da der Stromtransport mit einem Massetransport verbunden ist, kann man die Strommenge, die zum galvanischen Abscheiden einer bestimmten Menge eines Metalls notwendig ist, leicht berechnen. Für den Entladungsvorgang (M = Metallsymbol, e_o= Elektron)

$$M^{n+} + n\, e_o = M \tag{14.1}$$

kann man ausrechnen, daß zum Entladen von 1 g-Atom eines n-wertigen Metallions N_L *n*e_o Elektronen benötigt werden. (N_L= Loschmidtsche Zahl $6,023*10^{23}$ Atome/g-Atom). Die Ladung eines Elektrons beträgt $1,602*10^{-19}$ A.s. Die Größe $N_L.e_o$ wird Faraday-Konstante $\mathcal{J}$ genannt. Die Faraday-Konstante gibt die Strommenge an, die zum Entladen eines g-Atoms, d.i. die Gewichtsmenge in (g), die dem Atomgewicht des Metalls entspricht, eines einwertigen Ions benötigt wird. Aus der Ladung eines Elektrons und N_L berechnet sich

$$\mathcal{J} = 26,803 \text{ A.h.}$$

Für die Entladungsreaktion eines n-wertigen Ions werden daher n*26,803 A.h Strom benötigt.

Teilt man das Atomgewicht durch n*26,803, so erhält man die Metallmenge in (g), die von 1 Amperestunde A.h abgeschieden werden kann. Man nennt diese Größe "das elektrochemische Äquivalent"

$$AE = \frac{Atomgew.}{n*26,803}$$

Elektrische Arbeit (A) besteht aus: dem Produkt aus Spannung (E), Stromfluß (I) und Zeit (t)

$$A = E * I * t \tag{14.2}$$

Um den praktischen Arbeitsaufwand zu ermitteln, muß neben der Stromarbeit auch die Summe der Spannungsaufwendungen bekannt sein.

Die aufzuwendenden Spannungen kann man in folgende Summanden zerlegen:

$$E = \Delta E_N + E_{Ohm} + \Sigma E_\eta \tag{14.3}$$

Darin ist E_N die Spannung des galvanischen Elements, wie sie sich aus den Normalpotentialen und der Nernstschen Gleichung (15.4) unter gegebenen realen Verhältnissen berechnet, E_{Ohm} ist die Spannung, die zur Überwindung des inneren Elektrolytwiderstandes aufgewendet werden muß, weil ja die Ionen bei ihrer Wanderung durch den Elektrolyten die Reibungskräfte überwinden müssen. E_η sind alle anderen sich als Spannungsanteil zeigenden Potentialanteile wie Polarisationen, Überspannungen etc.

Die Spannung E_N eines Elementes, bezogen auf die Normalwasserstoff-Elektrode, kann man aus der Spannungsreihe der Elemente (Tab. 14-1) und der Nernstschen Gleichung berechnen. Es gilt die Nernstsche Gleichung für ein Halbelement

$$E = E_0 + \frac{R*T}{n* F_{(Faraday)}} * \ln[a] \tag{14.4}$$

Werden in einer Elektrolysezelle zwei Halbelemente einander gegenüber gestellt, so errechnet sich die Gesamtspannung aus der Differenz der Nernstschen Gleichungen für jedes Halbelement:

$$E_1 = E_o + \{R*T/n*\mathfrak{J}\}*\ln[a_1] \tag{14.5}$$

$$E_2 = E_{0,2} + \{R*T/n2*\mathfrak{J}\}*\ln[a_2] \tag{14.6}$$

$$\Delta E_N = E_2 - E_1 = E_{0,2} - E_{0,1} + \{R*T/\mathfrak{J}\}*\{\ln[a_2]^{1/n_2} - \ln[a_1]^{1/n_1}\} \tag{14.7}$$

Das Überwindungspotential E_{Ohm} kann aus dem Stromfluß und dem elektrischen, Ohmschen Widerstand des Elektrolyten berechnet werden. Es gilt

$$E_{Ohm} = I* \Phi* \kappa \tag{14.8}$$

I ist wieder der Stromfluß (Ampere), k ist die spezifische elektrische Widerstand des Elektrolyten und Φ ist ein für die Anordnung charakteristischer geometrischer Faktor, der dem Verhältnis aus Elektrodenabstand zu -fläche entspricht. Werte von k können häufig einschlägigen Tabellenwerken entnommen werden. Hier sind aber dann die Werte zu verwenden, wie sie für das reale Elektrolytsystem gelten. Werte für verdünnte Elektrolyte sind hier unbrauchbar. Der Reziproke Wert 1/ κ wird spezifische elektrische Leitfähigkeit l genannt und kann entsprechend verwendet werden.

Die Summe der Überspannungen und Polarisationen, die sich praktisch in Form einer notwendigen Spannungsmehraufwendung bemerkbar machen, können hier nur teilweise angegeben werden. Auch ist im realen Fall ihre Gewichtung nicht immer möglich. Die wichtigsten sind die Konzentrationspolarisation, die Durchtrittspolarisationen, die Reaktionspolarisation, die Wasserstoffüberspannung und Keimbildungshemmungen.

Normalerweise betreibt man ein galvanisches Bad so, daß man das Metall, das kathodisch abgeschieden wird, als Anode verwendet und anodisch in Lösung bringt. Bei langsamem Galvanisieren werden dann die an der Kathode abgeschiedenen Ionen durch anodische Auflösung nachgeliefert. Konzentrationspolarisation tritt real jedoch leicht auf, wenn mit erheblichen elektrischen Strömen gearbeitet wird. Dann tritt an den Kathoden, den Werkstücken, leicht eine Verarmung der abzuscheidenden Ionen auf, weil die

Nachwanderung der Ionen zu langsam verläuft, und im Anodenraum tritt ein Stau der Ionen ein, weil die Bildung schneller als die Abwanderung erfolgt. Die zur Abscheidung notwendige Spannung wird dann um den Betrag vergrößert.

$$E_{konz.pol.} = \frac{R*T}{n*F_{(Faraday)}} * \ln\left(\frac{\kappa a}{\kappa a - i}\right) \qquad (15.9)$$

mit

$$\kappa = D*n*\Im \, / \, t_-*d \qquad (14.10)$$

Darin bedeuten

- t_- die Hittorfsche Überführungszahl des Anions
- n   die Zahl der Elektronen, die am Entladungsprozeß beteiligt sind
- D   ist der Diffusionskoeffizient der Ionen
- δ bedeutet die Dicke der adhärierenden (ruhenden) Flüssigkeitsschicht
- i   ist die Stromdichte, die angewendet wird

Je höher die Konzentration (besser Aktivität a) des Elektrolyten oder je geringer die Stromdichte i ist, desto geringer ist die Konzentrationspolarisation. Ebenso wird diese erniedrigt, wenn durch Temperaturerhöhung z.B. der Diffusionskoeffizient D erhöht wird oder/und wenn die Dicke der adhärierenden Schicht δ durch Erhöhung der Relativgeschwindigkeit zwischen Flüssigkeit und Werkstückoberfläche verkleinert wird [36]. Konzentrationspolarisationen können praktisch dadurch vermieden werden, daß man die Wanderstrecke der Ionen von der Anode zur Kathode verkürzt, die Gesamtkonzentration anhebt, und in dem man das Bad (Umpumpen. Lufteinblasen oder Rühren) oder die Ware bewegt.

Weitere Polarisationen treten auf, wenn sich z.B. an der Anode Oxidfilme bilden, die man dann z.B. mechanisch entfernen muß, oder wenn der Ladungsaustausch durch die elektrolytische Doppelschicht behindert wird. Beide Erscheinungen werden Durchtrittspolarisationen genannt. Chemische Reaktionshemmungen können zu einer Reaktionspolarisation führen, wenn z.B. ein zu langsam zerfallender Komplex an der Reaktion beteiligt ist oder wenn der Zerfall des hydratisierten Ions verzögert ist. Hier kann oft durch Änderung der chemische Zusammensetzung des Elektrolyten abgeholfen werden.

Wasserstoff- oder Sauerstoffüberspannung entstehen, wenn sich Wasserstoff oder Sauerstoff an der entsprechenden Elektrode abscheiden. Das abgeschiedene Gas bildet dann eine Gegenspannung aus, die die weitere Abscheidung behindert. Die Wasserstoffüberspannung, die bei einigen galvanischen Prozessen sogar notwendige Voraussetzung zum Abscheiden des Metalls ist, wird durch die Tafelsche Gleichung beschrieben

$$E_{\eta,H} = q + p*\log i \qquad (14.11)$$

q und p sind Konstanten, i ist die Stromdichte in (A/dm^2).

Weitere Überspannungen entstehen, wenn das entladene Metallatom Schwierigkeiten hat, seinen Gitterplatz zu finden. Man spricht dann von Keimbildungshemmungen und unterscheidet zwei- und dreidimensionale Vorgänge:

zweidimensional

$$E_{\eta,2K} = 1/(q^{,} + p^{,}.\log i) \tag{14.12}$$

dreidimensional

$$E_{\eta,3K} = 1/(q'' + p''*\log i)^{1/2} \tag{14.13}$$

$q^{,}$ und $p^{,}$ bzw. q'' und p'' sind Konstanten.

Die zum galvanischen Abscheiden notwendige Gesamtspannung ist damit bekannt. Sie besitzt zu Beginn des galvanischen Abscheidevorgangs den durch Gleichung (14.3) gegebenen Wert, solange das Werkstück noch unbeschichtet ist. Ist das Werkstück mit einer ersten Schicht des galvanisch abgeschiedenen Überzugsmetalls bedeckt, so sind die Materialien an der Anode und an der Kathode chemisch gleich geworden und notwendige Elektrolysespannung geht auf den Betrag

$$\Delta E_{el} = E_{Ohm} + \Sigma.E_{\eta} \tag{14.14}$$

zurück. Die zu Beginn der Abscheidung erhöhte Spannung wird "Deckspannung" genannt. Soll eine bestimmte Metallmasse m auf einer Werkstückoberfläche F in (dm²) abgeschieden werden, so berechnet sich die dazu notwendige Strommenge aus dem elektrochemischen Äquivalent AE, der kathodisch aufgewendeten Stromdichte i_k in (A/dm²), der Elektrolysezeit t (min) nach der Gleichung

$$m = AE*F*i_k*\beta_k* t / 60 \tag{14.15}$$

β_k ist darin die praktische kathodische Stromausbeute, meist ein Wert zwischen 0,9 und 1. Der Faktor 60 kommt dadurch zustande, daß die Fläche F in (dm²), das elektrochemische Äquivalent in (A.h), die Zeit t aber in (min) angegeben wird. Kennt man die Dichte ζ des abgeschiedenen Metalls in (g/cm³), kann man die Dicke der abgeschiedenen Schicht leicht berechnen:

$$d\ (\mu m) = AE*i_k*\beta_k*t / 0,6*\zeta \tag{14.16}$$

Ebenso können die für eine bestimmte Schichtdicke einzuhaltenden Stromdichten oder Expositionszeiten berechnet werden.

Werden Legierungsschichten abgeschieden, verwendet man folgende Mischterme:

$$AE_{Legierung} = 100/[(m_1/AE_1) + (m_2/AE_2) + ...] \tag{14.17}$$

$$\zeta_{Legierung} = 100/[(m_1/\zeta_1) + (m_2/\zeta_2) + ...] \tag{14.18}$$

m sind darin der Gehalt des jeweiligen Metalls 1 oder 2 in der abgeschiedenen Legierung in (Gew.%), AE_1 und ζ_1 etc. sind die Werte der reinen Metalle.

Die für galvanische Bäder einzusetzenden Elektrolyte werden im allgemeinen bei Fachfirmen chemisch komponiert. Der Galvaniseur ist bei der Wahl des Elektrolyten auf die Hilfe einer Fachfirma angewiesen, wobei er nicht unbedingt nach dem Einkaufspreis, sondern vor allem auch nach dem Service zu den Bädern fragen sollte, weil die analytische Überwachung der Bäder und damit die Sicherung einer einwandfreien Produktionsqualität für einige Badbestandteile mit hohem analytischen Aufwand verbunden ist und im Bedarfsfall vom Lieferanten schnell durchgeführt werden sollte. Nur in Ausnahmefällen ist der wünschenswerte Zustand zu erreichen, daß der Galvaniseur in diesem Punkt unabhängig vom Lieferanten werden kann, indem er die Badüberwachung einem Fachinstitut anvertraut. Der analytische Service des Lieferanten kostet Geld und wird zweifelsohne auch mit Gewinn über die Produktpreise wieder hereingeholt.

Potentialbestimmendes Redoxpaar	Standardpotential (Volt)	Potentialbestimmendes Redoxpaar	Standardpotential (Volt)
Li/Li^+	$-3,01$	$H_2/2H^+$	0
K/K^+	$-2,92$	Sn/Sn^{4+}	$+0,05$
Ca/Ca^{2+}	$-2,84$	Cu/Cu^{2+}	$+0,34$
Na/Na^+	$-2,71$	Cu/Cu^+	$+0,51$
Mg/Mg^{2+}	$-2,38$	Hg/Hg^{2+}	$+0,79$
Al/Al^{3+}	$-1,66$	Ag/Ag^+	$+0,80$
Ti/Ti^{2+}	$-1,62$	Rh/Rh^{3+}	$+0,80$
Mn/Mn^{2+}	$-1,18$	Pd/Pd^{2+}	$+0,99$
Zn/Zn^{2+}	$-0,76$	Pt/Pt^{2+}	$+1,20$
Cr/Cr^{3+}	$-0,71$	Au/Au^{3+}	$+1,50$
Fe/Fe^{2+}	$-0,44$	Au/Au^+	$+1,70$
Co/Co^{2+}	$-0,27$		
Ni/Ni^{2+}	$-0,25$		
Sn/Sn^{2+}	$-0,14$		
Pb/Pb^{2+}	$-0,13$		
Fe/Fe^{3+}	$-0,04$		

Tabelle 14-1: Spannungsreihe der Elemente

Für die Elektrolyte sind drei Forderungen von Bedeutung:

- Streufähigkeit
- Deckfähigkeit
- Einebnung

Dazu kommen noch Faktoren wie Glanzgrad, Duktilität des Überzugs, Spannungen, Härte, Porigkeit, elektrische Oberflächenleitfähigkeit, Haftfestigkeit und gegebenenfalls Mikrorisse, die diskutiert werden müssen. Unter Streufähigkeit versteht man die Eigenschaft des Elektrolyten, die Abscheidung des Metalls unabhängig vom Abstand zur Anode gleichmäßig erfolgen zu lassen. Die Deckfähigkeit ist die Eigenschaft des Elektrolyten, eine Metallabscheidung auch in Bohrungen etc. zu ermöglichen. Sie wird meist an einem realen Werkstück ausprobiert. Die Einebnung kann durch Messung der Rauhigkeit der Werkstückoberfläche vor und nach dem Beschichten ermittelt werden.

Die Duktilität der Metallschicht ist im betrieblichen Alltag am besten mit der Dornbiegeprobe zu ermitteln, bei der man den kleinsten noch ohne Bruch der Schicht einsetzbaren Biegeradius ermittelt. Innere Spannungen der Schicht lassen sich im Streifenkontraktometer bestimmen. Eine einseitig beschichtetes Kathodenblech krümmt sich konvex bei
Druck-, konkav bei Zugspannung in der Schicht, wenn diese außen liegt. Mit Hilfe der
Meßanordnung kann die Auslenkung gemessen und bei bekannten Daten über die Elastizität des Kathodenblechs quantitativ ausgewertet werden. Die Messung der elektrischen Leitfähigkeit galvanischer Überzüge auf nichtleitenden Folien erfolgt nach der
Vierpunktmethode. Die Beurteilung der Haftfestigkeit einer galvanischen Schicht erfolgt
grob in Biege- oder Torsionsprüfungen oder mit der Feilprobe. Ein gut haftende Schicht
darf bei Abfeilen einer Kante nicht absplittern. Haftungsverbesserung erreicht man dadurch, daß man eventuell Zwischenschichten aus anderem Material erzeugt, weil die
Haftung einer Schicht auf dem Trägerwerkstoff umso besser wird, je ähnlicher sich die
Kristallgitter werden. Härteprüfungen an dünnen Schichten haben immer den Nachteil,
daß man leicht die Härte des darunter liegenden Werkstücks mißt. Aus diesem Grunde
sind aussagefähige Ergebnisse bei dünnen Schichten nur mit Mikrohärteprüfern zu erwarten.

Porentests sind bei vielen technischen galvanischen Metallschichten wichtig, weil von
der Porigkeit der Schutzwert für den jeweiligen Einsatzzweck abhängt. In der betrieblichen Praxis verwendet man dazu die Methode, daß man ein Farbagens, das mit dem
Untergrundmetall reagiert, auf ein Fließpapier gibt und damit eine bestimmte Fläche des
Schichtwerkstoffs benetzt. Nach einiger Zeit zeigen sich Poren durch Farbflecke auf dem
Fließpapier. Folgende Lösungen werden verwendet:

Tabelle 14-2: Lösungen zur Porenprüfung

Grundwerkstoff	Schichtwerkstoff	Reagens
Al	Cr	125 ml gesättigte Lösung von Morin in Ethanol + 125 ml dest. Wasser,+ 1 ml Eissessig
Fe	Cu, Sn, Ni	50 g $K_3[Fe(CN)_6]$, + 12 ml HCl (Dichte 1,16 g/cm^3) in 1 l dest. Wasser
Ni, Ni/Co-Legierung	Cr	1%-ige Lösung von Dimethylglyoxim mit Wasser 1:1 verdünnt
Cu	Ni oder Cr	125 ml 1% a-Benzoinoximlösung, + 2 ml konz. NH_3-Lösung + 125 ml dest.Wasser

Beim Aufwachsen einer galvanisch erzeugten Schicht werden Körnigkeit, Rauhigkeit
und Glanz durch die Relation zwischen Keimbildungsgeschwindigkeit und Keimwachstumsgeschwindigkeit bestimmt. Die Keimbildungsgeschwindigkeit läßt sich z.B. durch
Erhöhung der Stromdichte und Erniedrigung des aktuellen Angebots an abzuscheidenden Ionen durch Komplexbildung im Elektrolyten fördern. Die Keimwachstumsgeschwindigkeit erhöht sich, wenn man das aktuelle Ionenangebot verstärkt, z.B. durch
Temperaturerhöhung, die die Wanderungsgeschwindigkeit der Ionen erhöht. Einflußgrößen auf die Schichtausbildung sind

- die Reinheit der Oberfläche
- die Stromdichte
- die Anscheidespannung
- die Temperatur
- die Badbewegung
- die Badzusammensetzung
- die Konzentration der Metallionen

Die Stromdichte wird in (A/dm^2) gemessen. Die optimal anzuwendende Stromdichte kann durch Messungen in der Hullzelle ermittelt werden. Die Hullzelle (Bild 14-1) ist eine kleine transportable Galvanikzelle, in der ein schräg gestelltes Kathodenblech der Anode gegenüber steht. Durch diese Anordnung erhält das Kathodenblech mit wachsen dem Abstand zur Anode abnehmende Stromdichte, so daß in einer Untersuchung ein ganzer Stromdichtebereich überblickt werden kann. Die Hull-Zelle gibt es in zwei verschiedenen Größen mit 250 ml und mit 1 l Inhalt. Die Expositionszeit in der Hullzelle soll 15 +/- 0,5 min. betragen. Bei Chrombädern wird 4 min +/- 10 s Expositionszeit vorgeschrieben. Es empfiehlt sich, zur Vervollständigung der Anordnung bei Elektrolyten mit Warenbewegung mit einem Glasstab während der Untersuchung nahe der Anode umzurühren. Bei der Auswertung ermittelt man

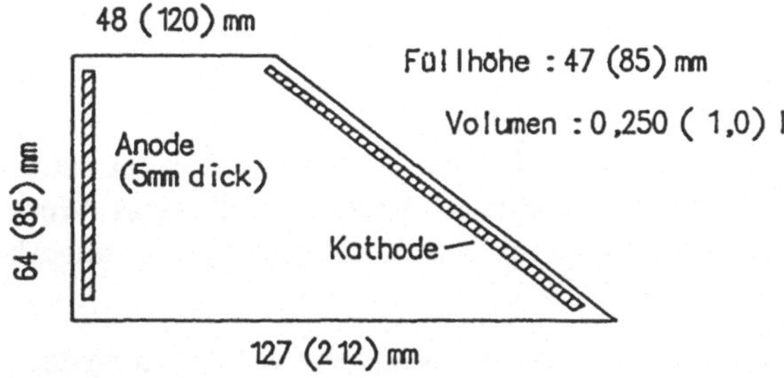

Bild 14-1: Hullzelle. Maße für die 1/4 l und in Klammern für die 1 l-Zelle

den Bereich, in dem die Abscheidung visuell optimal erfolgt ist in (cm), gemessen von der der Anode am nächsten liegenden Kante des Kathodenblechs. Verwendbar sind die Bereiche zwischen 0,6 und 8,3 cm, für die dann die Stromdichte nach folgender Zahlenwertgleichung berechnet werden kann:

$$250 \text{ ml Hullzelle:} \qquad i_k = I.(5,10 - 5,40.\log x) \qquad (14.19)$$
$$1 \text{ l Hulzelle:} \qquad i_k = I.(3,26 - 3,04.\log x) \qquad (14.20)$$

I ist darin der durch die Hullzelle fließende Strom, der im Bereich 0 bis 10 A gewählt wird, x ist dann der gemessene Abstand auf dem Blech in (cm).

Die Erzielung der gewünschten Produktivität bei gewünschter Qualität erfordert, daß man die notwendige Badspannung klein hält, daß man also alle unnötigen Überspannungen und Polarisationen vermeidet. Saubere Anoden, genügend Badbewegung etc. sind Mittel der Wahl. Die Badbewegung, die man durch Lufteinblasen, Umpumpen, Rühren, Ultraschalleinwirkung, aber auch durch Warenbewegung erzielen kann, sollte etwa 5 cm.s⁻¹ betragen. Die Abscheidetemperatur spielt auf die Qualität der Abscheidung eine wichtige Rolle. Höhere Temperatur erhöht die Keimwachstumsgeschwindigkeit und fördert damit die Ausbildung grobkörniger Schichten.

Kleine Konzentrationen der Metallionen fördern die Abscheidung feinkörniger Schichten. Allerdings ist die Gefahr der Konzentrationspolarisation dann größer, weil leicht Verarmung im Kathodenraum eintritt. Man behilft sich dann damit, daß man Depot-Ionen verwendet, d.h. Komplexe einbringt, die das Metallkation enthalten. Um dann den Badinnenwiderstand nicht ansteigen zu lassen, setzt man dann Salze, die an dem elektrochemischen Prozeß nicht teilnehmen, zur Erhöhung der Leitfähigkeit zu.

Die Badzusammensetzung ist manchmal ein kritischer Parameter. Glanzzusätze z.B. sollten meist in genauer Dosierung eingesetzt werden. Zu hohe Zusätze von Glanzbildnern können ebenso wie zu geringe zu Fehlern in der Schicht führen. Man kann auch bei Fehlern im Bad möglich Korrekturmaßnahmen mit Hilfe einer Hullzelle leicht überprüfen.

14.2 Galvanotechnische Anlagen

Ein galvanisch zu beschichtendes Werkstück muß elektrisch leitend und absolut sauber sein. Kunststoffteile müssen vorher chemisch metallisiert werden. Teile von Werkstücken, die nicht beschichtet werden sollen, müssen mit Masken abgeklebt oder mit Abdecklacken überzogen werden.

Zum Reinigen der Werkstückoberfläche werden meist alle Register der Reinigungstechnik gezogen. Abkochentfettungen, gefolgt von Ultraschallentfettungen, Beizen und elektrolytischen Entfettungen werden meist in Kombination benutzt. Dabei sollte insbesondere durch gut versorgte Spülen die Überschleppung von einem in das andere Bad sehr klein gehalten werden.

Galvanotechnische Anlagen gibt es von kleinen Handanlagen bis hin zu großen Automaten. Alle Anlagen haben gemeinsam, daß sie Tauchanlagen sind. Die Tauchanlagen enthalten im allgemeinen alle chemischen Behandlungsbäder von der Reinigung bis zur Schlußspüle nebeneinander zu einer Kompaktanlage integriert. Große Tauchbecken, die mit Portalumsetzern betrieben werden, stehen in Reihen, kleinere Anlagen werden oft in Hufeisenform (Umkehrautomaten) angeordnet. Allen gemein ist, daß die für die galvanische Abscheidung bestimmten Bäder mit leistungsfähigen Stromversorgungen versehen werden. Die Stromkontaktierung ist bei galvanischen Prozessen von großer Bedeutung. Man muß bedenken, daß der zu Abscheideprozeß notwendige Stromfluß durch die Kontaktstelle zwischen Werkstück und Aufhängung fließen muß, und daß nur ein bestimmter Stromfluß maximal durch einen Leiterquerschnitt geschickt werden kann. Lokkere Aufhängung der Teile liefert zusätzliche Übergangswiderstände, was sich in den Stromkosten und Beschichtungszeiten niederschlägt. Soweit es wirtschaftlich vertretbar ist, werden zu galvanisierende Werkstücke an Gestellen aufgehängt, die durch Beschichten, z.B. mit PVC, vor Korrosion geschützt und elektrisch isoliert werden. Klemmkontakte halten dann die Werkstücke und sorgen für genügend kleine Übergangswiderstände. Hierbei muß darauf geachtet werden, daß beim Eintauchen in das Bad keine Luftblasen an der Ware hängen bleiben und daß Vertiefungen, Winkel etc. beim Herausnehmen auch genügend auslaufen können. Bei Trommelware werden Trommeln aus chemikalienfestem Kunststoff eingesetzt, in die der elektrische Kontakt über Gleitlager eingebracht wird. Die Trommelwand ist dabei perforiert. Die Lochgröße der Perforation kann bei manchen Trommelkostruktionen gewechselt und dem Füllgut angepaßt werden. Bild 14-2 zeigt einige Bauarten der Stromdurchführung bei Galvanisiertrommeln. Die Galvanisiertrommel besitzen eine aufklappbare Seite, durch die die Befüllung und Entleerung vorgenommen wird. Der Weitertransport der Trommeln erfolgt durch einen Portalumsetzer oder eine andere mechanische Hilfe.

Um das Überschleppen von Elektrolyten oder anderen Badflüssigkeiten zu vermindern, wurde für Trommeln eine Trommelspüle entwickelt, mit der die gefüllte Trommel gespült und ausgeblasen werden kann. Man kann dabei so viel Wasser verwenden, daß der Füllstand des Behandlungsbades wieder hergestellt wird. Zum Spülen kann man nicht nur Frischwasser, sondern günstiger das Spülwasser aus dem nachfolgenden Spülbecken einsetzen.

Außer mit leistungsfähigem Gleichrichter und den zugehörigen elektrischen Meßeinrichtungen sollten die Bäder mit Einrichtungen zur Waren- oder Badbewegung ausgerüstet sein. Warenbewegung kann z.B. durch einen Exzenterantrieb, der die Gestelle hin- und herbewegt, erfolgen. Jedes galvanische Bad sollte mit Filterpumpen versehen werden, die das Bad ständig von

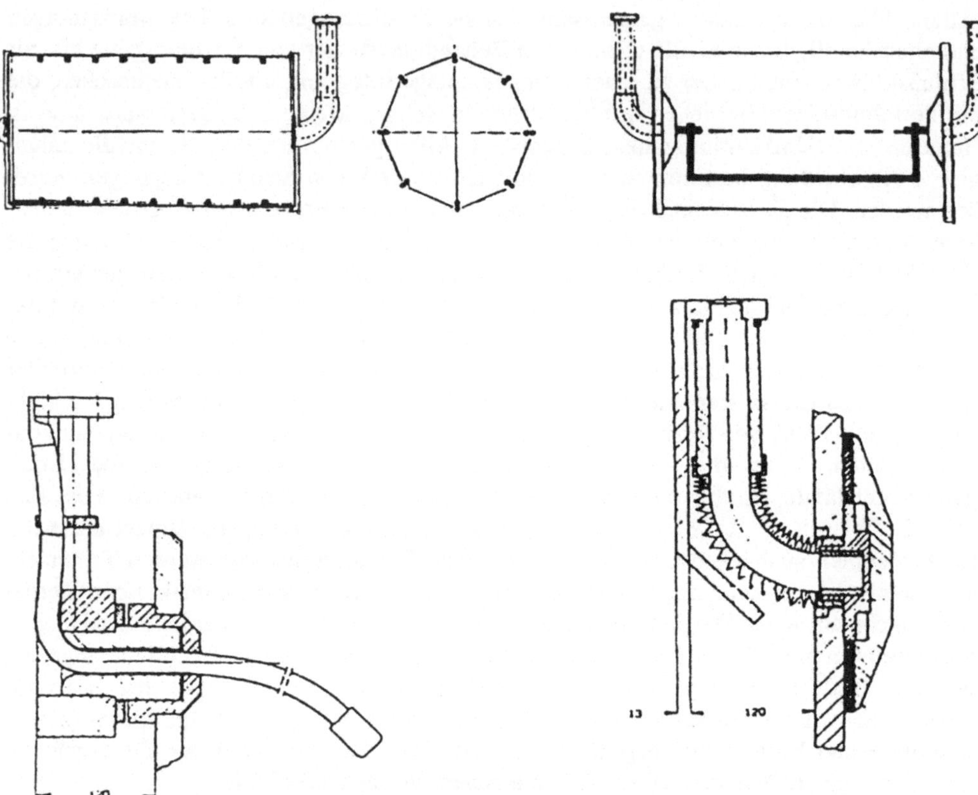

Bild 14-2: Stromdurchführung durch die seitliche Trommelwand

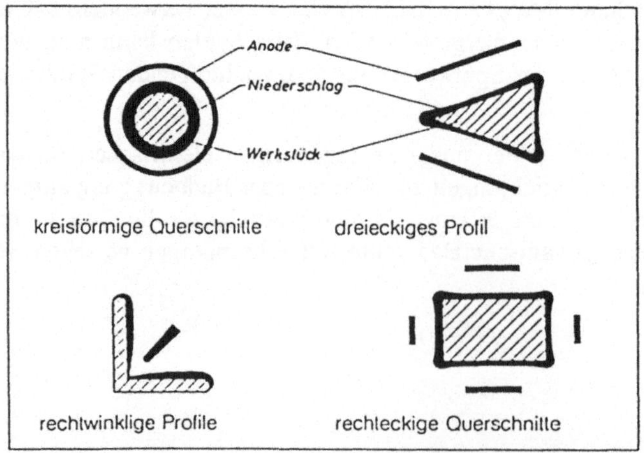

Bild 14-3: Elektrodenanordnung bei komplizierteren Werkstücken nach [29]

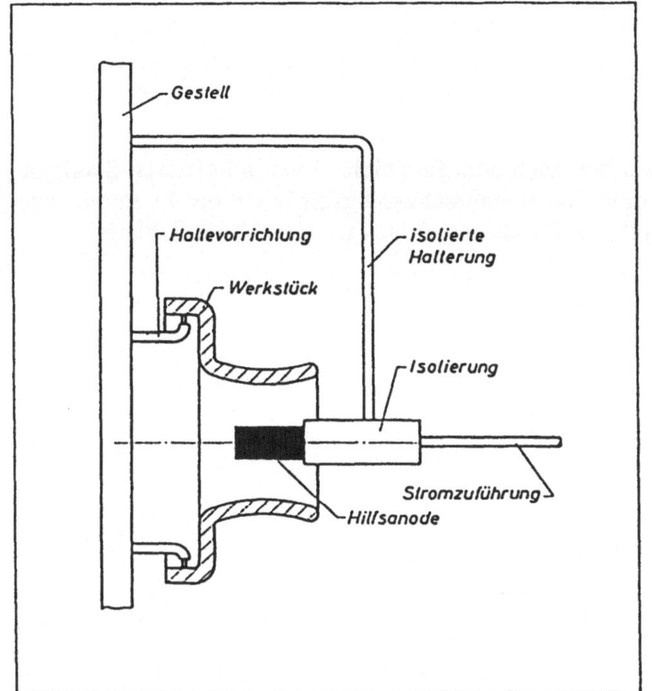

Bild 14-4:
Elektrodenanordnung
bei komplizierteren
Werkstücken
nach [29]

Feststoffen befreien. Dabei werden im allgemeinen keine großen Filterflächen benötigt,
weil der Feststoffanfall klein ist. Zur Badpflege kann es auch gehören, gelegentlich eine
Filtration des Bades über Aktivkohle durchzuführen, insbesondere um sich anreichernde
Reste organischer Zusatzstoffe zu entfernen.

Anodenmaterial wird in Form von Walzblechen, Gießbarren, Pellets oder Cylpeps eingesetzt. Schüttmaterial wie Pellets und Cylpeps wird dabei in flachen oder runden
Titanmaschendrahtkörben eingefüllt. Es ist notwendig, den beim Auflösen der Anoden
entstehenden Schlamm aufzufangen. Man verwendet dazu Anodensäcke aus Kunststoff-
geweben.

Bei jeder galvanischen Beschichtung richten sich die elektrischen Feldlinien insbesondere auf Spitzen und Kanten der Werkstücke. Dadurch bedingt, scheiden sich galvanisch
abgeschiedene Schichten an Spitzen und Werkstückkanten dicker als auf der Fläche oder
gar in einer Bohrung ab. Man kann dagegen durch richtige Anordnung der Anoden relativ zum Werkstück und eventuell Einführen von Hilfsanoden oder durch Einführen von
Anoden in größere Bohrungen zu einer Vereinheitlichung der Abscheidungsdicke kommen.

Kontinuierlich arbeitende Galvanisieranlagen werden zum Beschichten von Draht und
Bandmaterial eingesetzt. Bei Drahtgalvanisieranlagen sind vorwiegend Horizontalanlagen im Einsatz, bei denen mit sehr hohen Stromdichten bei hohen Durchlaufge-
schwindigkeiten und entsprechend minimaler Verweildauer gearbeitet wird. Typische
Daten für die in Bild 14-5 gezeigte Verzinkungsanlage von 28 m Länge sind Drahtge-

schwindigkeiten von 40 m/min und Stromdichten von 35 A/dm². Zum galvanischen Beschichten verbleiben in der Anlage 18 s, um eine Schicht von 3 bis 7 μm je nach Einstellung zu erhalten. Bild 14-6 zeigt die Konstruktion einer in Horizontalanlagen eingesetzten Elektrolysezelle.

Horizontale Durchlaufanlagen werden auch zum Beschichten von schmaleren Stahlbändern eingesetzt. Allerdings ist dann die Bandgeschwindigkeit mit 8 bis 11 m/min entsprechend kleiner. Bild 14-7 zeigt eine Bandbeschichtung in einer Vertikalanlage.

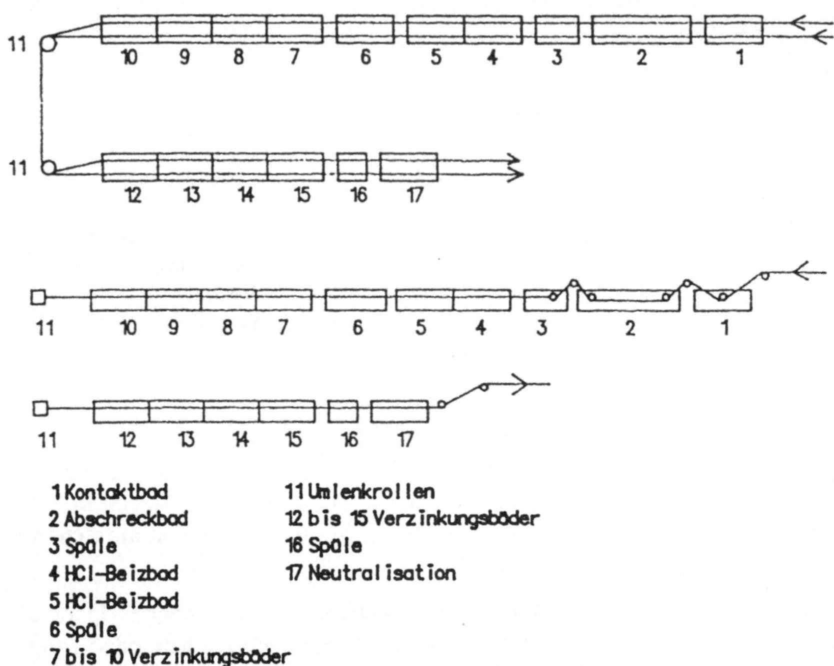

Bild 14-5: Drahtverzinkungsanlage

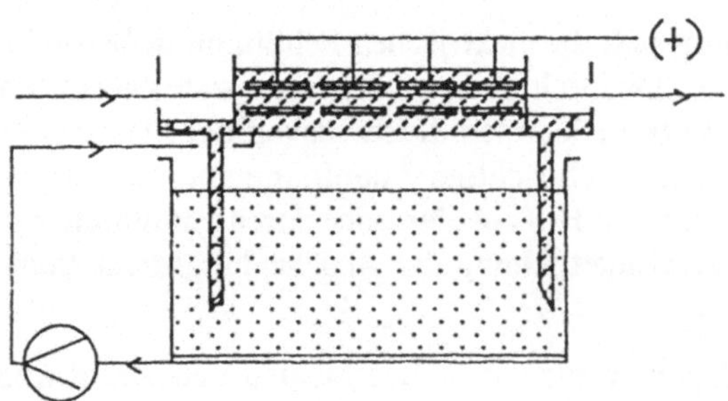

Bild 14-6: Horizontalanlage

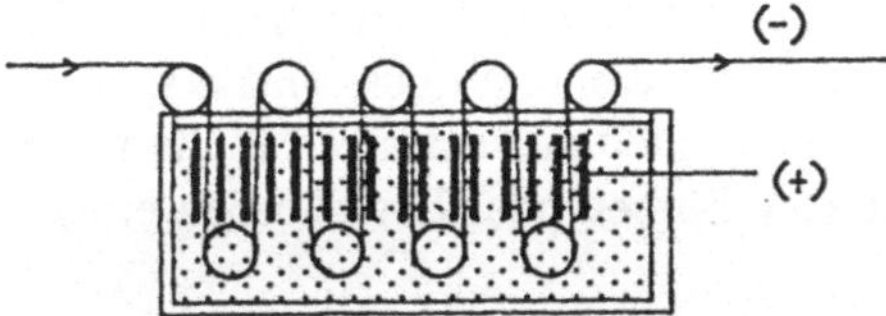

Bild 14-7: Vertikalanlage, schematisch

Breiteres Stahlband bis 2000 mm Breite oder mehr kann natürlich nicht in horizontalen Durchlaufanlagen galvanisch beschichtet werden, weil die abzuscheidende Metallmenge keine so kurzen Behandlungszeiten zuläßt. Das Stahlband wird in Anlagen, wie sie beim Lackieren beschrieben wurden, mit Schlingenturm etc. kontinuierlich vom Coil abgenommen, an das Ende des vorhergehenden Bandes angeschweißt durch Rollennahtschweißen und dann durch die Anlage gezogen. In modernen Anlagen werden dabei Stromdichten von bis zu 100 A/dm² angewendet, wobei Bandgeschwindigkeiten bis 180 m/min eingesetzt werden. Durch die Mehrfachumlenkung des Bandes wird trotzdem eine endliche Behandlungszeit angewendet. Die Stromzufuhr zu den einzelnen Elektrolysezellen ist sehr hoch. Werte von 60 000 A sind zu beobachten. Gearbeitet wird im allgemeinen mit löslichen Anoden, die auf die Unter- und Oberseite des Bandes gerichtet sind. Dadurch, daß das Band der Innenseite einer Schlaufe stets die gleiche Seite zeigt, kann man durch Wahl der Anodenfläche in den Schleifen die Beschichtungsdicke steuern. Unterschiedliche Anodenflächen in benachbarten Bandschlaufen ergeben unterschiedliche Schichtdicken auf Ober- und Unterseite des Bandes.

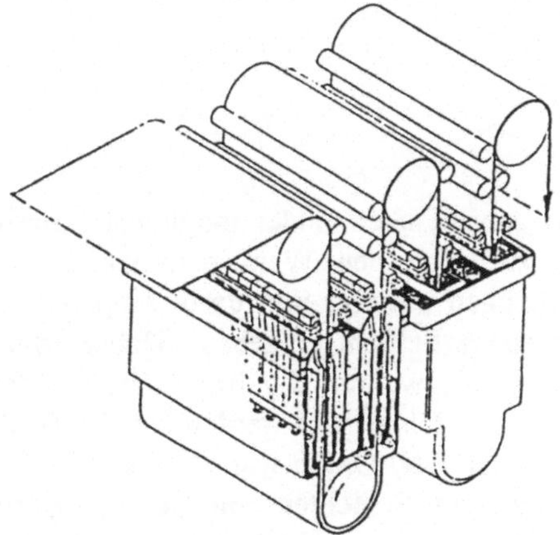

Bild 14-8: Bandführung in einer vertikalen Hochleistungszelle

Die Stromzufuhr erfolgt am besten über Rollenkontakte, um keine Schleifspuren auf dem Band zu erhalten. Verwendet werden wassergekühlte Edelstahlrollen zur Stromzufuhr und verbronzte Edelstahlrollen als Kontakt zum Band. Der Kontaktdruck wird über Anpreßrollen aus Gummi hergestellt. Die Anoden selbst bestehen aus massiven Platten, die direkt eingehängt werden oder aus Stücken, die in Titankörben oder Eisenkörben eingesetzt und mit Anodenbeuteln umgeben werden.

In einigen Bandverzinkungsanlagen wird das Anodenmaterial getrennt vom Elektrolyseraum aufgelöst. Aus unter der Anlage liegenden Vorratstanks wird dann der Elektrolyt zwischen die Edelstahlanoden und das laufende Band gepumpt. Vorteil dieses Verfahrens ist es, daß die Gefahr der Schlammbildung im Elektrolyseraum gebannt ist. Auch in diesem Fall lassen sich die Schichtdicken durch die Größe der Flächen der unlöslichen Anoden steuern. An der Bandkante kann es leicht zu Whisker-Bildung kommen. Um diesen Effekt zu vermeiden, arbeitet man oft mit Kantenmasken, die die Dichte der elektrischen Feldlinien herabsetzen.

Bei der Bandstahlverzinkung kann man auch aus jeder zweiten Schleife die Anoden komplett entfernen. Dann erhält man einseitig beschichtetes Material. Zinkblech dieser Art ist als Monozincal (Fa.Hoesch) im Handel.

Beim Bandstahlverzinken beträgt die übliche Metallauflage 2,5 bis 7,5 µm. Außer Bändern und Drähten werden auch Rohre kontinuierlich galvanisiert, meist verzinkt. Dünne Rohre, z.B. für Bremsleitungen im Automobilbau, werden flüssigkeitsdicht maschinell ineinander gesteckt und so wie für Draht beschrieben galvanisiert. Beschichtet werden vielfach Drähte mit Zink und Zinn aus Gründen des Korrosionsschutzes und des Dekors. Messingbeschichteter Stahldraht wird für die Herstellung von Stahlgürtelreifen benötigt. Man erzeugt die Messingschicht bei Laufgeschwindigkeiten von etwa 600 m/min. Bandstahl wird galvanisch mit Zink, Nickel, Blei, Kupfer und Messing für verschiedenste Weiterverarbeitungszweige beschichtet.

14.3 Dispersionsschichten

Bei allen galvanischen Verfahren muß man die galvanischen Bäder möglichst ständig filtrieren, um keine Fehler durch Feststoffeinbau zu bekommen. Wenn man aber in das galvanische Bad systematisch größere Feststoffmengen einträgt und darin suspendiert, werden größere Feststoffmengen in die abgeschiedene Schicht eingebaut. Dabei erhält das Metall dann die Funktion eines Matrixwerkstoffs, währen die Eigenschaften des Werkstoffs durch den Dispersant bestimmt werden. Als Dispersant werden Hartstoffe aller Art wie Carbide (z.B. SiC, WC), Nitride wie cub.-BN, Oxide wie Korund (Al_2O_3) oder auch Diamant eingesetzt werden. Die so erzeugten Schichten können ihrer Härte wegen als Lagermetall eingesetzt werden, sie können aber auch als Schleif- oder Polierscheiben, Glissenscheiben oder zu anderen spanabhebenden Werkzeugen verwendet werden. Verwendet man als Dispersant leicht schmierende Stoffe wie Graphit, MoS_2 oder PTFE-Pulver, so erhält man selbstschmierende Trockenlaufschutzschichten, deren Wirkung in Kap. 13 erklärt wurde. Als Matrixmetall werden meist Kupfer, Nickel, Kobalt oder Chrom eingesetzt. Die Bäder unterscheiden sich von einfachen Tauchbädern nur dadurch, daß man in den Bädern für eine starke Umwälzung sorgt durch Rühren,

Lufteinblasen oder Pumpen. Der Feststoffgehalt in den Bädern liegt bei 50 bis 300 g/l. Die maximalen Einbaumengen in der Schicht belaufen sich auf etwa 25 Vol% entsprechend etwa 10 Gew.%. Bei kleinen Korngrößen des Dispersanten von ca. 1-5 µm kann man die Dispergierfähigkeit durch Zusatz eines kationischen Tensids bei saurem pH-Wert des Elektrolyten verbessern. Kationische Tenside werden leicht von anorganischem Material adsorbiert und laden damit jedes Körnchen des Dispersanten elektrisch auf. So wie in Waschflotten Feststoff durch Tenside dispergiert wird, erfolgt das auch in diesen Elektrolyten.

Ein Feststoffeinbau ist aber stets mit kurzzeitigem Kontakt des Feststoffs mit der Kathode, dem Werkstück, verbunden. Diese Kontaktzeit muß so lang sein, daß die in dieser Zeit abgeschiedene Metallmenge ausreicht, um ein Abfallen des Korns zu verhindern. Werden die Körner aber größer, bei Werkzeugen werden z.B. Diamant-Körnungen über 100µm eingesetzt, so kann man die Hartstoffe nicht mehr dispergieren. In diesem Fall werden die Hartstoffe in um das Werkstück gelegte Gewebesäckchen gehalten, wobei man am besten das Werkstück in dem Säckchen periodisch bewegt, um neue Kontaktflächen zu schaffen.

14.4 Galvanoformung

Galvanoformung unterscheidet sich von einfachen galvanischen Verfahren dadurch, daß man hier die Schichtdicke der galvanischen Metallabscheidung so hoch treibt, daß die Schicht selbsttragend wird. Man scheidet also auf einem Modellkörper, Kern genannt, eine dicke Metallschicht galvanisch ab, trennt Kern und Schicht und besitzt in der Schicht jetzt ein getreues Abbild des Kerns. Man stellt den Kern meist aus leicht formbaren Werkstoffen wie Kunststoff, Siliconkautschuk, Wachs, Glas, Porzellan, Gips, Leder oder Holz her, macht die Oberfläche elektrisch leitfähig und scheidet darauf eine bis 10 mm dicke Metallschicht galvanisch ab. Für sehr hochwertige Werkstücke verwendet man auch Kerne aus Metallen wie Al, Cu, Zn,Sn/Zn- oder Bi/Sn/Pb-legierungen oder Stahl verschiedener Güte. Bei manchen Formen kann die Trennung von Schicht und Kern nur durch Zerstörung des Kerns vorgenommen werden, wozu man den Kern chemisch herauslöst (z.B. Al und Zn mit NaOH) oder herausschmilzt. Bei anderen Formen trennt man Schicht und Kern einfach voneinander. Der Arbeitsgang zur Kernbeschichtung ist folgender:

- Reinigen
- Oberfläche elektrisch leitend machen
- Trennschicht erzeugen

Zum Reinigen werden bekannte Verfahren eingesetzt. Um die Oberfläche elektrisch leitend zu machen, kann man Leitlacke mit Ag, Cu oder Bronzepartikeln aufbrennen. Man kann auch chemisch versilbern oder nach Bekeimung verkupfern oder vernickeln, man kann auch die Oberfläche mit einem elektrisch leitfähigen Polymeren auf Polypyrrolbasis überziehen und darauf direkt galvanisieren.

Die Erzeugung der Trennschicht erfolgt durch Ausbildung dünner, die Leitfähigkeit nicht behindernder Schichten, auf denen das abzuscheidende Metall nicht haftet. Man behandelt die Oberflächen gegebenenfalls mit Chromat- oder Sulfidlösungen oder scheidet Metallschichten ab, die am Kern schlecht haften (z.B. Ag auf Al). In manchen Fällen beläßt man es aber auch beim Verbund Kern/Galvanoplastik. So kann man beispielsweise eine Preßform aus Beton mit einer Nickelgalvanoplastik versehen, die dann durch Polieren etc. nachbearbeitet werden kann und die Stabilität des Betonkerns besitzt.

Beispiele für den Einsatz der Galvanoformung finden sich viele. Z.B. kann man Siebe oder Scherblätter so herstellen, daß man auf einer Zylinderkathode durch Ätzen Rasterpunkte erzeugt, die man mit nichtleitendem Material ausfüllt. Im Galvanoformprozeß entstehen dann Siebe, die man von der Kathode abnehmen kann. Folien aus Nickel können auf Zylinderkathoden aus Titan, Chrom oder chromhaltigen Legierung kontinuierlich gefertigt werden.

14.5 Elektropolieren und Strippen

Schaltet man ein in einem Elektrolyten befindliches Metallstück als Anode, wird das Metall an der Oberfläche anodisch oxidiert. Dabei geht Metall von der Oberfläche in Lösung. Werden geeignete, im Handel befindliche Elektrolyte (z.B. Gemische anorganischer Säuren) eingesetzt, so werden von der Oberfläche in erster Linie Rauhigkeitsspitzen abgelöst. Die Mikrorauhigkeit nimmt dadurch ab, die Makrorauhigkeit bleibt aber bestehen. Man nennt diesen Vorgang elektrolytisch Glänzen oder Elektropolieren. Im Gegensatz zum mechanischen Polieren werden beim Elektropolieren Rauhigkeitstäler nicht durch Zuziehen ausgefüllt, sondern es werden Rauhigkeitsspitzen abgetragen. Vorteil des Elektropolierens gegenüber dem mechanischen Verfahren ist es, daß praktisch jede von Flüssigkeiten erreichbare Oberfläche bearbeitet werden kann und daß Oberflächenfehler nicht verdeckt, sondern frei gelegt werden. Das Verfahren ist insbesondere bei der Verarbeitung legierter Stähle bedeutungsvoll geworden, weil insbesondere in Pharmazie und Lebensmittelindustrie polierte Rohrleitungen, Behälter etc. verwendet werden, um die Bildung von Verkeimungsnestern zu verhindern.
Elektrolytisch Strippen oder Entmetallisieren beruht im Prinzip auf dem gleichen Effekt, daß bei anodischer Schaltung die Oberfläche eines elektrisch leitenden Werkstücks oxidativ abgelöst wird. Man kann natürlich mit Hilfe aggressiver Chemikalien Metalle auch ohne elektrischen Strom ablösen und chemisch strippen, elektrolytisch unterstütztes Strippen führt aber meist zu glatten Werkstückoberflächen und wird in manchen Betrieben bevorzugt. Beim elektrolytischen Strippen verwendet man Lösungen, die als Komplexbildner wirken, die also z.B. NH_3 oder alkalische Cyanid-Lösungen oder Säuren enthalten. Die eingesetzte Chemikalie soll natürlich das Grundmetall möglichst wenig angreifen. In jedem Fall entstehen aber Lösungen, in denen das Schichtmetall als Schwermetall vorhanden ist und die als solche entsorgt werden müssen.

14.6 Spezielle galvanische Verfahren

Spezielle Angaben zu galvanischen Verfahren können nicht die in der Betriebspraxis bekannten Details vollständig wiedergeben. In Tabelle 14-3 werden die wichtigsten galvanisch abgeschiedenen Überzüge und ihr Einsatzgebiet beschrieben. Da die galvanotechnischen Verfahren sich vielfach sehr stark ähneln, werden im folgenden Abschnitt nur wenige technisch interessante Typen der Abscheidung behandelt.

14.6.1 Kupferschichten

Der Korrosionsschutz von Kupfer auf Eisen beruht darauf, daß Kupfer als edleres Metall edler als Wasserstoff ist und somit nur von oxidierenden Säuren angegriffen wird. An der Luft bildet sich im Idealfall ein basisches Kupfercarbonat, das wegen seiner grünen Färbung nicht nur eine Schutzschichtfunktion, sondern auch eine dekorative Schicht ergibt. Allerdings entstehen in der heutigen Industrieluft durch Stickoxide und durch SO_2 lösliche Nitrate und Sulfate, die den Kupfergehalt im Regenwasser erhöhen.

Korrosionsschutz durch Kupferschichten erfordert Schichtdicken von etwa 20 bis 50 μm, weil sie porenfrei sein müssen. Geht eine Pore bis zum Eisen, bildet Eisen im Verbund mit Cu die Anode und korrodiert. Kupferschichten werden in der Elektroindustrie ihrer hohen elektrischen Leitfähigkeit wegen, aber auch im Maschinenbau als Reparaturschicht, Gleitschicht, Einlaufschicht oder als Haftvermittler beim Anvulkanisieren von Gummi an Stahldraht eingesetzt. Kupfer kann im sauren pH-Bereich aus Lösungen des Cu^{2+}-Ions oder aus alkalisch-cyanidischen Lösungen des Cu^+-Ions abgeschieden werden. Daneben sind alkalische komplexbildnerhaltige Cu^{2+}-Bäder bekannt. Folgende Kennwerte der Kupferabscheidung sind allgemein anzutreffen:

Schwefelsaure Kupferbäder:

Kathodenreaktion:	$Cu^{2+} + 2\ e_o = Cu$
Elektrochemisches Äquivalent:	1,186 g Cu/Ah
Anodenreaktion:	$Cu = Cu^{2+} + 2\ e_o$
aber auch	$Cu = Cu^+ + e_o$
und	$SO_4^{2-} = [SO_4] + 2\ e_o$,
	$[SO_4] + Cu = Cu^{2+} + SO_4^{2-}$
Nebenreaktion:	$[SO_4] + 2\ Cu = 2\ Cu^+ + SO_4^{2-}$
Anode:	Kupferband, Elektrolytkupfer.
Betriebsbedingungen:	ca. 50°C, 1,5-4 A/dm², 1,7- 2,5 V.
Bemerkungen:	Gute Haftung auf Nickel, Blei, Kupfer.
Elektrolytzusammensetzung:	15-20% $CuSO_4$, 20% H_2SO_4, Leim, Melasse o. anderes.

Cyanidisch-alkalische Kupferbäder:

Kathodenreaktion:	$Cu^+ + e_o = Cu$
Elektrochemisches Äquivalent:	2,373 g Cu/Ah
Anodenreaktion:	$Cu = Cu^+ + e_o$, $Cu^+ + 3\ CN^- = [Cu(CN)_3]^-$
Anode:	Kupferband, Elektrolytkupfer.

Elektrolyt: 20-80 g CuCN, 20-120 g NaCN. 2-1ß g NaOH, 20-80 g Na_2CO_3 in 1 l.

Cyanidische Bäder müssen stets durch NaOH alkalisch gehalten werden, um das Entweichen von HCN zu vermeiden. Als Nebenreaktion tritt in geringem Umfang die Bildung von Cyanat und dadurch Carbonat und NH_3 durch Cyanidzersetzung auf. Überschuß an Carbonat kann mit $Ba(OH)_2$ als $BaCO_3$ ausgefällt werden. Arbeitsbedingungen: 20-30°C aber auch bis 70°C bekannt, 0,3 bis 0,5 A/dm² oder hö-her, 2-4V, Stromausbeute etwa 75%.

Anforderung an die Schicht	Basismaterial					
	Stahl/Eisen	Zn	Buntmetalle	Al	Ni	Ag
Dekorativ	Cu, ME, Ni Zn, Sn, Au, Ag	Cu, ME, Ni	Ni, Sn, Au, Ag		Gl-Cr, Au	Au
Korrosions-	Cu, Ni, H-Cr, Zn, Sn	Cu, Ni	Ni, Au	Ni		
Verschleiß-beständig	H-Cr		Au	H-Cr		
Anlauf-beständig			Au		Gl-Cr, Au	Rh
Lötbar	Cu, Sn		Sn, Au, Ag	Au		
elektrisch leitfähig	Cu		Au, Ag	Ag		
chemisch beständig	Ni, Sn	Ni	Ni, Sn, Au	Ni		
Härte	H-Cr		Au	H-Cr		
Lebens-mittelun-bedenklichkeit	Ni, Sn, Ag			Ni	Au,Ag	

Es Bedeuten: H-Cr Hartchrom, Gl-Cr Glanzchrom, ME Messing. Alle anderen Symbole sind die chemischen Elemente.

Tabelle 14-3: Funktionelle galvanische Schichten und ihr Einsatzgebiet nach [29]

14.6.2 Nickelschichten

Der Korrosionsschutz durch Nickelschichten beruht auf einer Schutzschichtbildung. Nickel, das etwas edeler als Eisen ist, ist stets mit einer sehr dünnen aber dichten NiO-Schicht überzogen, die den Korrosionsschutz bewirkt. Eisen wird von Nickel erst bei Schichtdicken von 25 bis 50 μm genügend vor Korrosion geschützt. Man verwendet deshalb oft Mehrfachschichtkombinationen wie zum Beispiel Fe/Cu/Ni oder Fe/Cu/Ni/Cr oder Fe/Ni(matt)/Ni(glanz)/Cr , um genügend Schutz zu erhalten. Doppelnickel hat auch den Zweck, eventuelle Poren in der Nickelschicht zu schließen, weil eine bis zum Grund der Schicht gehende Pore Korrosion hervorruft. Nickelschichten werden außer als Korrosionsschutz oder dekorative Schicht auch als Lötgrund und als Reparaturschicht eingesetzt.

Kathodenreaktion:	$Ni^{2+} + 2\,e_0 = Ni$
Elektrochemisches Äquivalent:	1,095 g Ni/Ah
Anodenreaktion:	$Ni = Ni^{2+} + 2\,e_0$
Nebenreaktion:	Passivierung durch Deckschichtbildung.
Anodenmaterial:	Nickelband oder -pellets.
Elektrolytzusammensetzung:	300 bis 350 g $NiSO_4$/l, 20 - 25 g Leitsalz/l (NaCl, KCl, $MgSO_4$), 30-40 g Borsäure/l, Organ. Zusätze Arbeitsbedingungen: pH 4,0- 4,5, 20-70°C, 0,5-10 A/dm^2, Stromausbeute ca. 95%. Bei zu hohem pH-Wert entstehen dunkle "verbrannte "Schichten wg. Einbau v. $Ni(OH)_2$.

Glanznickelbäder erhalten Glanzzusätze, die man in solche 1. und 2. Klasse unterteilt. Die Wirkung eines Glanzzusatzes beruht darauf, daß er schnelles Schichtwachstum an exponierten Stellen wie Spitzen der Rauhigkeit durch "vergiften" der Wachstumsstellen verhindert und damit die Abscheidung in Rauhigkeitstälern begünstigt. Glanzzusätze 1. Klasse sind meist aromatische Schwefelverbindungen wie Saccharin (Benzoesäuresulfimid). Sie liefern für sich allein angewendet feinkörnige Niederschläge. Erst bei Zusatz von Glanzbildnern 2. Klasse (z.B. Butindiol-1,4, Kumarin, Pyridinderivate etc.) entstehen die glänzenden Überzüge. Glanzbildner werden beim Abscheiden in geringem Maße mit in die Nickelschicht eingebaut. Da die schwefelhaltigen Verbindungen sich im Laufe der Zeit zersetzen und dabei geringe Mengen an NiS entsteht, vergilben Glanznickelschichten nach einiger Zeit. Man übertönt die Vergilbung daher gerne durch zusätzliches Verchromen, weil Chromschichten einen geringen Blaustich aufweisen.

Weitere Nickelbäder sind Sulfamatbäder, die bei hoher Abscheidungsgeschwindigkeit dicke, spannungsarme Nickelschichten ergeben und gern zur Herstellung von Reparaturschichten verwendet werden, und Fluoboratbäder, die wegen der hohen Löslichkeit des $Ni(BF_4)_2$ in Wasser mit Nickelgehalten von 100g Ni/l betrieben werden können und Anwendung beim Hochgeschwindigkeitsvernickeln von Draht etc. finden.

14.6.3 Zinkschichten

Zink ist unedler als Eisen. Seine Korrosionsschutzwirkung ist daher damit verbunden, daß Zink selbst durch Reaktion mit der Atmosphäre im Idealfall mit basischen Carbonat-Passivschichten abgedeckt wird, zum anderen darauf, daß Zink bei der Bildung einer Pore oder eines Risses gegenüber Eisen zur Anode wird, die sich langsam auflöst und das Eisen eine Zeit lang kathodisch schützt. Zink bildet also im Verbund mit Eisen eine Opferanode. Die Zeit, in der Zink als Korrosionsschutz wirkt, ist daher proportional zur Zinkschichtdicke bei vergleichbaren Flächen. 5-25 μm Zink reichen vielfach aus im Innenausbau. 100 μm werden oft im Außenausbau eingesetzt. In der heutigen Industrieatmosphäre ist allerdings die Bildung von Passivschichten stark eingegrenzt, weil Umsetzungen mit Stickoxiden oder SO_2 zur Bildung löslicher Zinksalze führt. Der Zinkabtrag in normal belasteten Umgebungen wird in der Literatur mit 7 μm/Jahr oder 35 g Zn/m^2 angegebn, wobei er in Industrieluft erheblich höher sein kann. Der Zinkabtrag stellt eine Zinkbelastung für die Umwelt dar.

Für den Korrosionsschutz durch Zinkschichten werden folgende Beanspruchungsstufen unterschieden:

- Stufe 1: mindestens 5 μm Zn für Möbelbeschläge und Schrauben.
- Stufe 2: mindesten 8 μm Zn für Sport- und Freizeitgeräte, Zeltstangen, Kofferbeschläge, Markisen, Schaukeln, Elektroinstallationsmaterial inklusiv zugehöriger Schrauben
- Stufe 3: mindestens 12 μm Zn für Fahrradbauteile, Rasenmäher, Skizubehör, Fensterbeschläge, Landmaschinenbauteile, Baumaschinenbauteile und zugehörige Schrauben
- Stufe 4: mindestens 25 μm Zn für Karosserieblech, Motorbauteile Wehrtechnik, Bauwesen, Schiffbau, Elektroinstallation im Außenraum mit zugehörigen Schrauben

Wird ein Eisenblech beidseitig verzinkt, so wirkt die Schutzwirkung durch kathodischen Schutz des Eisens über eine Entfernung von 1,5 mm maximal. Wird der Abstand zwischen beiden Zinkschichten größer, korrodiert auch das Eisen. Bei der Korrosion von Zinkschichten werden zwei Zeiträume unterschieden: die erste Bildung weißer Oxidationsprodukte des Zinks, der sogenannte "Weißrost", und das erste Durchstoßen der Zinkschicht, der sogenannte "Rotrost". Beides sind Qualitätsangaben für Zinkschichten.

Beim Verzinken verwendet man saure oder alkalische oder alkalisch-cyanidische Zinkelektrolyte. 40 bis 50% aller galvanischen Verzinkungen werden in alkalisch-cyanidischen Bädern ausgeführt, die relativ unempfindlich gegen Einschleppung von Verunreinigungen sind und sehr gute Streufähigkeit besitzen. Ebenso werden 40-50% aller Verzinkungen in sauren Elektrolyten mit hoher Deckkraft und hohem Glanz ausgeführt. Saure Elektrolyte sollten nicht eingesetzt werden bei überlappenden Teilen mit Kapillaren, bei Falzen, Punktschweißungen etc., weil die dort meist anzutreffenden Reste der Vorbehandlungschemikalien das Zinkbad verunreinigen. Hier ist das alkalisch-cyanidische Bad vorzuziehen. Der Anteil cyanidfreier alkalischer Bäder beläuft sich nur auf 2-4%. Sie werden dort eingesetzt, wo keine Cyanidentgiftung möglich ist, wo saure Bäder aber nicht eingesetzt werden können.Da Zink jedoch nur als zweiwertiges Ion auftritt, ist das elektrochemische Äquivalent stets gleich: 1,22 g Zn/Ah. Man verwendet Anoden aus Zinkbändern oder -pellets.

- Kathodenreaktion: $Zn + 2\,e_o = Zn$
- Anodenreaktion $Zn = Zn^{2+} + 2\,e_o$

Saure Zinkelektrolyte:

Stark saure Elektrolyte werden eingesetzt, wenn schnelle Zinkabscheidung und damit hohe Stromdichten erwünscht ist. Die Bäder, die bis 750 g $ZnSO_4*7\,H_2O/l$ enthalten, arbeiten bei pH 3,0 bis 4,5. Damit bei diesem pH-Wert das relativ unedle Zink abgeschieden wird, ist eine hohe Wasserstoffüberspannung erforderlich. Das bewirkt, daß saure Zinkelektrolyte empfindlich gegen Verunreinigungen von elektropositiveren Elementen sind, bei deren Anwesenheit die Wasserstoffüberspannung sinkt und schwammige Zinküberzüge entstehen. Bei sauberer Badführung beträgt die Stromausbeute 100%. Die Elektrolyte enthalten zusätzlich Leitsalze (z.B. 30-50 g $KAl(SO_4)_2*12\,H_2O$) und arbeiten im Bereich von 50°C. Die Stromdichte in sauren Zinkelektrolyten kann Spitzenwerte von 50 bis 200 A/dm^2 erhalten.

Besonders dekorative Schichten lassen sich aus schwach sauren Elektrolyten abscheiden, in denen Zinkchlorid durch Ammoniumchlorid stabilisiert wird. Diese Bäder enthalten neben 10 bis 125 g $ZnCl_2/l$ 180 bis 190 g NH_4Cl/l, arbeiten im pH-Bereich von 4,5 bis 5,5 bei 20 bis 30°C, 2 bis 6 V und Stromdichten von 2-4 A/dm^2. Elektrolyte dieser Zusammensetzung bewirken oft nur eine geringe Wasserstoffversprödung bei einzelnen Bausteine, weshalb sie auch für Federstahl empfohlen werden.

Alkalische Zinkelektrolyte:

Die am häufigsten eingesetzten alkalischen Zinkelektrolyte sind alkalisch-cyanidische Zinkelektrolyte. Sie enthalten das Zink als Cyanokomplex $Na_2[Zn/CN)_4]$ mit 55 bis 65 g $Zn(CN)_2/l$ und 80 bis 100 g NaCN/l. dazu werden 80 bis 100 g NaOH/l und eventuell Glanzzusätze etc. gegeben. Bei Arbeitstemperaturen von 20 bis 45°C werden Stromdichten bis 5 A/dm^2 und Spannungen bis 6 V eingesetzt. Die Stromausbeute beträgt 80 bis 90%. Um Passivitäten der Anode zu vermeiden, soll die anodische Stromdichte 4 A/dm^2 nicht übersteigen. Im Vergleich zu sauren Zinkelektrolyten sind Schichten aus alkalisch-cyanidischen Bädern feinkörniger. Die Elektrolyte besitzen größere Streukraft.

Alkalisch-cyanidfreie Elektrolyte sind Pyrophosphatbäder mit $K_6[Zn(P_2O_7)_2]$ als Elektrolyt und Zinkatbäder mit $Na_2[Zn(OH)_4]$ als Zinksalz. Zinkpyrophosphatbäder arbeiten bei 20 bis 50°C und pH 8-10 mit 1-5 A/dm^2 und 85 bis 90% Stromausbeute. Zinkatbäder arbeiten entsprechend bei 20 bis 30°C mit Stromdichten von 1-3 A/dm^2 und 70 bis 90 % Stromausbeute.

Beim Verzinken von tragenden Elementen wie Schrauben tritt leicht eine Versprödung auf, die auf eingelösten Wasserstoff zurückzuführen ist. Diese als "Wasserstoffversprödung" unangenehm bekannte Erscheinung läßt sich beim galvanischen Verzinken nicht generell vermeiden.Gefährdet sind vor allem niedrig legierte, hoch vergütete Stähle mit Zugfestigkeiten >1000 N/mm^2. Wasserstoffversprödung macht sich durch Abnahme des Verformungsvermögens, Spaltrißbildung, Blasenbildung unter einer galvanisch abgeschiedenen Schicht und verzögerten Sprödbruch bemerkbar. Ursache ist eine durch eingelösten Wasserstoff entstandene Gitterdeformation im Stahl. Wasserstoff kann schon in der Vorbehandlung eingelöst werden. Günstig ist es deshalb, wenn man vor dem Verzinken Spannungen und den Wasserstoffgehalt durch thermische Vorbehandlung abbaut. Ebenso sollte eine kathodische Entfettung vermieden werden. Es sollten Sparbeizen (inhibierte Beizen) eingesetzt und zunächst schnell deckende Elektrolyte mit Stromausbeuten gegen 100% eingesetzt werden. Um die Wasserstoffversprödung gering zu halten, empfiehlt es sich, derartige Bauteile zunächst mit 2 µm Zink in saurem Bad zu beschichten, anschließend bei ca. 200°C 12 h zu tempern und dann zügig in cyanidischen Zinkbad fertig zu verzinken. Die Temperung sollte nicht später als 30 min nach der ersten Zinkschichtbildung erfolgen. Da atomarer Wasserstoff die Zinkschicht schlecht durchdringt, kann auf diese Weise nur ein sehr geringer Wasserstoffgehalt im Stahl entstehen, der leicht wieder zu beseitigen geht.

Zinkschichten werden vielfach chemisch nachbehandelt. Es werden die verschiedenen Chromatschichten, aber auch Zinkphosphatschichten aufgebracht, um die Zinkschicht vor Weißrostbildung zu schützen oder für eine abschließende Lackierung vorzubereiten.

Eine andere Methode, die Weißrostbildung hinauszuzögern, besteht darin, Zinklegierungsschichten herzustellen, bei denen neben Zink Nickel, Kobalt oder Eisen mit eingebaut wird. Der optimale Legierungsgehalt in der Schicht liegt bei Nickel bei 10-15 Gew.%. Die eingesetzten Bäder arbeiten bei pH 5,5-6,0, 30-40°C mit Stromdichten von 1-5 A/dm^2 bei Gestellware und haben Abscheideraten von 30-60 µm/h. Die Stromausbeute beträgt etwa 95%. Verwendet werden getrennte Zink- und Nickelanoden, die jeweils ihren eigenen Stromkreis besitzen. Der Nickelgehalt des Elektrolyten liegt bei diesen Bädern bei 20-25 g/l, der Zinkgehalt bei 30 bis 40 g/l. Als Leitsalz können in den Elektrolyten sehr hohe Ammoniumchloridkonzentrationen bis 270 g/l eingesetzt werden. Der Nickelgehalt der Schichten steigt mit steigender Stromdichte, Temperatur und pH-Wert [38]. Werden die Schichten anschließend grün- oder gelbchromatiert, erreicht man sehr hohe Korrosionsschutzwerte [39]. Frisch abgeschiedene Zink/Nickel-Schichten enthalten ungeordnet nebeneinander liegende Zink- und Nickel-Kristallite. Durch-Tempern 3-10 h bei 160°C kann das Gefüge homogenisiert werden.

Bei Zink/Cobalt-Schichten beträgt der zur Verbesserung des Korrosionsschutzes notwendige Co-Gehalt nur 0,5 bis 1%. Die Zn/Co-Schichten sind etwas dunkler als die Zn/Ni-Schichten. Sie werden aus Sulfamatelektrolyten hergestellt. Ebenso besitzt die Cobaltanode in diesem Bädern keinen eigenen Stromkreis. Der Co-Gehalt in der Schicht ist vom Cobaltgehalt im Elektrolyten und von der Stromdichte abhängig, wobei, steigende Stromdichte zu vermehrter Abscheidung von Zn und damit Verminderung des Co-Gehaltes führt.

14.6.4 Zinnschichten

Die Korrosionsschutzwirkung von Zinn beruht auf der Ausbildung eines dichten Oxidhäutchens auf der Oberfläche. Da Zinn elektropositiver als Eisen ist, hört auch hier die Schutzwirkung mit der Zerstörung der Schutzschicht auf. Zinnschichten werden als Lötgrund, als Gleitschichten und wegen ihres dekorativen Aussehens und ihrer Korrosionsschutzwirkung als Korrosionsschutzschichten in der Verpackungsindustrie, insbesondere im Lebensmittelbereich eingesetzt. Zinn ist physiologisch unbedenklich und führt im Gegensatz zu Eisen in Lebensmitteln zu keiner Geschmacksveränderung. Verzinntes Stahlblech ist unter dem Namen Weißblech mit Zinnbelägen von 2 bis etwa 12 g/m^2 erhältlich, wobei die Zinnauflage auf beiden Blechseiten unterschiedlich sein kann.

Zinn kann sowohl aus der zweiwertigen wie auch aus der vierwertigen Form galvanisch abgeschieden werden.

Saure Zinnbäder: Bei sauren Zinnbädern erfolgt die

Kathodenreaktion	$Sn^{2+} + 2\,e_o = Sn$
Elektrochemisches Äquivalent:	2,214 g Sn/A.h
Anodenmaterial:	Sn-Barren.
Anodenreaktion:	$Sn = Sn^{2+} + 2\,e_o$

Das Ferrostan-Verfahren arbeitet mit 5 % $SnSO_4$ in 10%-iger H_2SO_4 bei 20-27°C mit Stromdichten von 1,4-4,3 A/dm^2.

Das Halogen-Verfahren arbeitet mit 20 % $Sn(BF_4)_2$ in 15 %-iger HBF_4 mit 2-10 A/dm^2 bei 30°C. Bei höheren Temperaturen werden die sonst glänzenden Schichten leicht matt. Beide Verfahren arbeiten damit im stark sauren Bereich. Sie werden vorwiegend eingesetzt bei der kontinuierlichen Hochgeschwindigkeitselektrolye bei der Draht- oder Bandstahlveredelung.

Alkalische Zinnbäder:

Für die Stückverzinnung werden auch alkalische Zinnbäder eingesetzt.

Kathodenreaktion:	$[Sn(OH)_6]$ <=====> $Sn^{4+} + 6\,OH^-$, $Sn^{4+} + 4\,e_o = Sn$
Elektrochemisches Äquivalent:	1,107 g Sn/A.h
Anodenmaterial:	Zinnbarren.
Anodenreaktion:	$Sn + 6\,OH^- = [Sn(OH)_6]^{2-} + 4\,e_o$

Die Verzinnung erfolgt in Bädern mit 15% Stannatgehalt $Na_2[Sn(OH)_6]$, die durch geringe Mengen an NaOH und Na-Acetat auf pH>12 gehalten werden, damit durch Hydrolyse keine kolloidale Zinnsäure entsteht. Der Elektrolyt arbeitet bei 60-80°C mit 1-3,5 A/dm^2. Zusätze von 0,5 g Na-Perborat/l fördern die Auflösung der Anode. Die Stromausbeute liegt bei alkalischen Zinnelektrolyten bei 65-85%. Die Anodenstromdichte soll bei 1-2,5 A/nm^2 liegen, damit kein zweiwertiges Zinn in Lösung geht.

14.6.5 Chromschichten

Chromschichten unterscheiden sich schon rein äußerlich von Nickelschichten durch einen bläulichen Farbstich der Schicht. Chromschichten werden als Korrosionsschutzschichten und ihrer Härte wegen als Verschleißschutzschichten, aber auch als dekorative Schichten eingesetzt. Dekorative Chromschichten bis 0,5 µm Schichtdicke haben keine Mikrorisse. Darüber hinaus entstehen Mikrorisse mit etwa 400 bis 800 Rissen/cm durch Zugspannungen in der Schicht. Oberhalb 2-2,5 µm entstehen Makrorisse (bis 20 Risse/cm), die bis auf das Grundmetall hinunter gehen können. Oberhalb 20 µm Cr werden die Risse durch eine neue Chromschicht wieder abgedeckt. Die Bildung von Mikrorissen wird durch niedrige CrO_3-Gehalte und erhöhte Temperatur begünstigt. Ursache für die Entstehung von Mikrorissen soll ein bei der Verchromung gebildetes Chromhydrid CrH sein, das unter 18% Volumenkontraktion leicht zerfällt und dabei die Chromschichten unter Zugspannung setzt. Bild 14-9 zeigt eine Chromschicht bei 200 facher Vergrößerung.

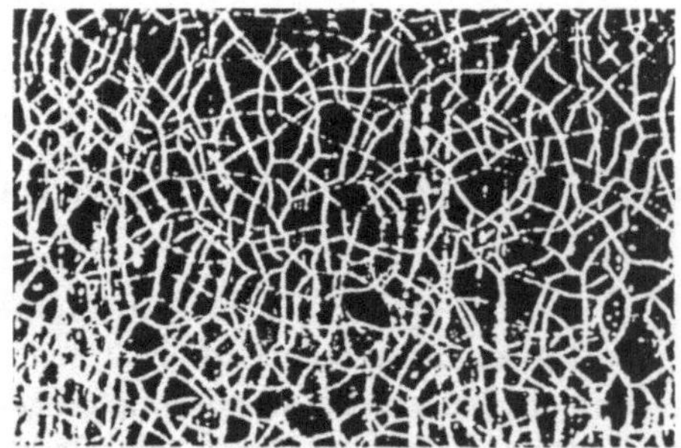

Bild 14-9: Chromschicht bei 200 facher Vergrößerung

Zur Aufnahme von Schmierstoffen auf Reibflächen werden poröse Chromschichten erzeugt. Vor dem Verchromen erzeugt man Vertiefungen oder spiralförmige Kanäle in der Werkstückoberfläche, trägt eine dickere Chromschicht auf und behandelt die Chromschicht anschließend anodisch oxidierend in Schwefelsäure oder NaOH.

Chrom kann bis heute galvanisch nur aus der sechswertigen Form abgeschieden werden. Die gewünschte Kathodenreaktion lautet daher

$$H_2CrO_4 + 6\ H_3O^+ + 6\ e_o = Cr + 10\ H_2O$$

Obgleich das Chromion bei der Entladung den dreiwertigen Zustand durchlaufen muß, erfolgt hier die Abscheidung nicht aus dem dreiwertigen Elektrolyten.

Das elektrochemische Äquivalent des Chroms ist entsprechend sehr klein.

$$AE = 0{,}3233 \text{ g Cr/Ah}$$

Außer der gewünschten Kathodenreaktion wird die Hauptmenge des elektrischen Stroms zur Wasserstoffentwicklung verwendet in der kathodischen Nebenreaktion

$$2\ H_3O^+ = H_2 + 2\ H_2O$$

Daneben kann die unerwünschte Nebenreaktion auftreten

$$H_2CrO_4 + 6\ H_3O^+ + 3\ e_o = Cr^{3+} + 10\ H_2O$$

Die kathodische Stromausbeute beträgt 10 bis 25%.
Die Anodenreaktion ist überwiegend eine Sauerstoffentwicklung
$$4\ OH^- = 2\ H_2O + O_2 + 4\ e_o$$

Daneben kann in geringem Maße eine Aufoxidation der Cr^{3+}-Ionen zum Chromat erfolgen.

Der Chromlieferant ist der Chromsäure-Elektrolyt, dem stets CrO_3 nachgesetzt werden muß.

Elektrolytzusammensetzung:
Chromsäureelektrolyte enthalten je nach Verfahren 130 bis 300 g CrO_3/l, wobei bis 8 g Cr_2O_3/l toleriert werden. Man unterscheidet Elektrolyte mit Zusatz von Schwefelsäure (etwa 1-3 g H_2SO_4/l) von solchen mit Hexafluorkieselsäure (12 g H_2SiF_6/l).

Als Anodenmaterial wird im allgemeinen Hartblei verwendet, das aber nicht stromlos in das Chromsäurebad eingefahren werden soll, weil sich sonst eine Anodenpassivierung durch Ausbildung einer $PbCrO_4$-Schicht ergibt. Richtig behandelte Bleianoden überziehen sich mit einer gut leitenden PbO_2-schicht, die die Anoden vor Angriff schützt. Die Anodenfläche sollte bis doppelt so groß sein, wie die Werkstückoberflächen zusammen, weil bei zu kleinen Anodenflächen Verlust durch Cr^{3+}-Bildung entstehen.

Die Qualität der Chromschicht ist stark von der Temperatur bei der Abscheidung und von der kathodischen Stromdichte abhängig. Deshalb kommt bei Chrombädern der Temperaturführung eine ganz besondere Bedeutung zu. Chrombäder müssen gekühlt werden, weil sie sich durch die relativ hohen Stromdichten, die zum Abscheiden benötigt werden, aufheizen. Die Stromdichten liegen für Glanzverchromungen im Bereich von 10 bis 25 A/dm² mit Abscheidegeschwindigkeiten von etwa 0,1 bis 1 µm/min bei Temperaturen von 20 bis 45°C. Technische Verchromungen dagegen arbeiten bei 50 bis 60°C mit Stromdichten von 40 bis 80 A/dm². Harte glänzende Chromschichten lassen sich nur im Temperaturbereich von 40 bis 60°C bei Stromdichten von 45-60, in Ausnahmefällen bis 80 A/dm² erzielen. Glänzende Chromschichten haben Kristallite von < 0,1 µm. Rißfreie Chromschichten sind maximal 0,5 µm dick. Dekorative Chromschichten unterlegt man zunächst mit einer Nickel-, Doppelnickel- oder Kupfer/Nickel-Schicht, ehe man etwa 0,3 bis 2 µm Chrom darauf abscheidet.

In der Hartverchromung oder auch als Reparaturschicht verwendet man Schichtdicken von 50 bis 500 µm Chrom, die eine Härte von 800 bis 1200 HV besitzen, und bei denen man die Mikrorisse mit feinstem PTFE-Pulver verstopfen kann. Die starke Gasentwicklung bei Chrombädern ist für die Umwelt nicht ungefährlich. Cromat- oder Chromsäurestaub führt nämlich zu Krebs, insbesondere Lungenkrebs beim Einatmen. Aus diesem Grunde müssen Verchromungsanlagen peinlich sauber und frei von CrO_3-Stäuben gehalten werden. Ebenso müssen Spritzer durch eine Randabsaugung der Becken entfernt werden. Um das Auftreten von Spritzer zu minimieren, sollen Chrombäder durch Zusatz von Fluortensiden durch einen Schaumteppich abgedeckt werden. Der hohe Stromfluß führt in Chrombädern zu starker Wärmeentwicklung. Dies hat zur Entwicklung einer ökologisch sehr sinnvollen Nutzung geführt. Man verwendet die abzuführende Wärme zum Eindunsten von Spülwässern und kann auf diese Weise abwasserlos verchromen. Zwei Verfahren haben sich dabei herausgebildet:

- Indirekte Kühlung (Bild 14-10) erfolgt so, daß man die Spülwässer durch im Chrombad liegende Titanrohre leitet und anschließend im Absaugkanal versprüht, wobei Wasser verdunstet oder separat eindunstet.

- Direkte Kühlung (Bild 14-11) liegt vor, wenn man die Spülwässer mit einem Teil des Chrombades vermischt und das Gemisch im Abluftkanal versprüht oder separat eindunstet.

Anstelle einer Verdunstung im Abluftkanal können auch Rieselturm-Verdunster eingesetzt werden. Dekorative Schwarzverchromung entsteht, wenn man den Anteil an Cr^{3+}-Ionen im Chrombad auf 9-13 g/l ansteigen läßt. Dann wird Cr_2O_3 in die Chromschichten mit eingebaut, die dann schwarz aussehen. Die hierzu verwendeten Elektrolyte sind frei von H_2SO_4.

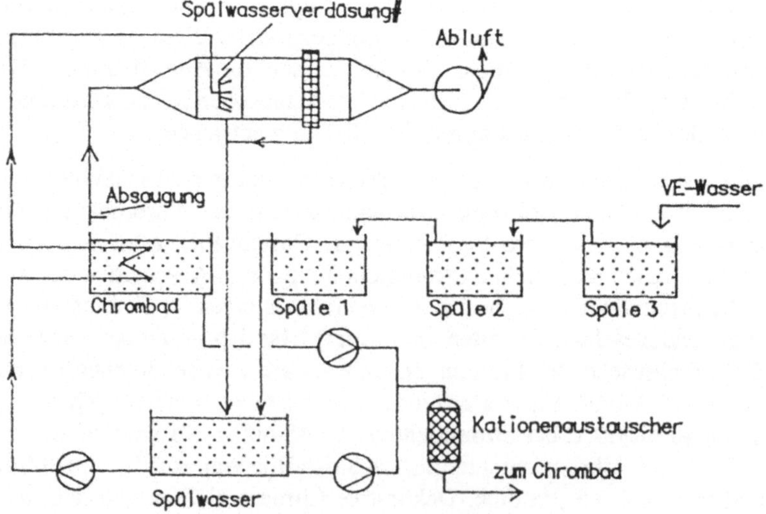

Bild 14-10: Verchromungsverfahren mit indirekter Kühlung

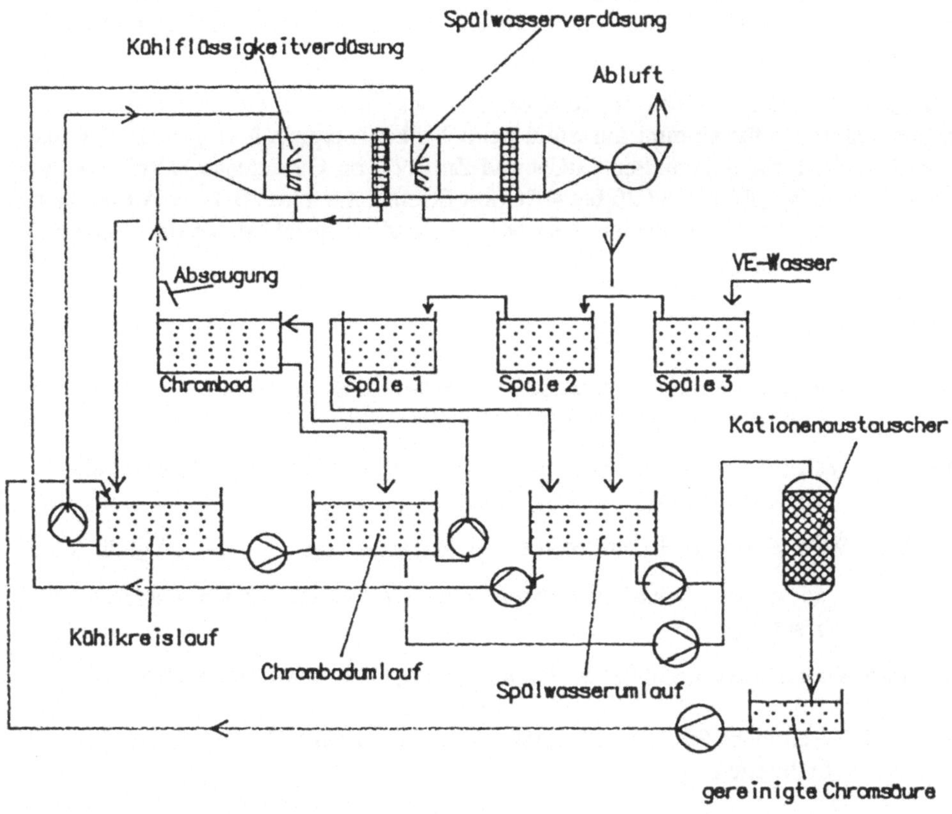

Bild 14-11: Direkte Kühlung eines Chrombades

14.6.6 Legierungsschichten

Metallionen von Elementen, deren Standardpotentiale annähernd gleich sind, lassen sich aus Lösungen ihrer einfachen Salze gleichzeitig galvanisch abscheiden. Sind die Elemente jedoch sehr unterschiedlich in ihrer Elektronegativität, muß die Annäherung der Abscheidungspotentiale durch Bildung von Komplexsalzen der Ionen erreicht werden. Die Potentialänderung wird dabei durch folgendes begünstigt:

- Komplexverbindungen mit elektropositiveren Metallen dissoziieren meist geringer, so daß die Konzentration an freien Metallionen im Gleichgewicht zum Komplex kleiner ist.

- Metallionen von elektropositiveren Metallen werden in Komplexsalzlösungen meist mit höherer Überspannung entladen.

- Die Konzentrationsabhängigkeit des Potentials ist nach Nernstscher Gleichung für Metallionen mit niedrigerer Wertigkeit bei gleicher Konzentrationsänderung größer, weil die Wertigkeit im Nenner des logarithmischen Terms steht.

Es ist bisher eine Vielzahl von Legierungsschichten hergestellt worden. Technische Bedeutung haben außer Zink-Nickel-, Zink-Kobalt- oder Zink-Eisenschichten die Messing- und Bronzeschichten.

Messingschichten mit 18-46% Zn, Rest Kupfer, werden als dekorative Schichten, aber auch als Haftgrund für Gummi auf Stahl beim Vulkanisierprozeß eingesetzt. Die dazu verwendeten Elektrolyte enthalten CuCN und $Zn(CN)_2$ im Gewichtsverhältnis von etwa 3:1 und werden bei pH 10 und 20 bis 40°C mit Stromdichten von 0,3-0,5 A/dm^2 betrieben. Das eingesetzte Anodenmaterial ist Messing und entspricht dabei der Zusammensetzung der Messingschicht.

Übungsaufgaben:

Frage 14.1: Wie ist der Spannungsverlauf bei konstantem Strom beim Eintauchen von Stahlteilen in ein Nickelbad zu erklären?

Frage 14.2: Welche Vor- und Nachteile bietet das galvanische Vernickeln gegenüber dem chemischen?

Frage 14.3: Welches ist die Grundidee, die zum abwasserlosen Verchromen geführt hat?

Frage 14.4: Was ist aus Arbeitssicherheitsgründen beim Betrieb von Chrombädern zu beachten?

Frage 14.5: Welche Bedeutung hat die Kontaktierung beim galvanischen Prozeß?

Frage 14.6: Beschreiben Sie den vollständigen Verfahrensablauf beim Vernickeln von Stahlteilen.

Frage 14: Wie hoch sind die Stromkosten für die Herstellung einer mit 5 μm Kupfer und 10μm Nickel beschichteten Oberfläche, wenn die Badspannung generell mit 5 V und der Strompreis mit 0,60 DM/KWh angesetzt werden?

Frage 14.8: Beschreiben Sie den Behandlungsablauf einer Hartverchromung .

Frage 14.9: Welche Schichtdicke können Sie bei einer Stromdichte von 5 A/dm^2 und bei einer kathodischen Stromausbeute von 95% bei Vernickeln in 1 h erreichen?

15 Schmelztauchschichten

Unter Schmelztauchschichten werden Schichten verstanden, die durch Eintauchen eines metallischen Werkstücks in geschmolzenes Metall erzeugt werden. Tabelle 15-1 zeigt, welche technisch wichtigen Schmelztauchschichten auf gängige Werkstoffe aufgebracht werden.

Tabelle 15-1: Technisch eingesetzte Schmelztauchschichten.

Schmelztauchschicht	Basiswerkstoff
Al- oder Al-Legierungen (Schmelzpunkt Al:659C)	niedrig legierter Stahl, Chromstahl, Cr/Ni-Stahl, Messing, Gußeisen, Cu-Werkstoffe
Pb- oder Pb-Legierungen (Schmelzpunkt v.Pb:327C)	niedrig legierter Stahl, Zink, Cu- und Al-Werkstoffe
Sn- oder Pb/Sn-Legierungen (Schmelzpunkt von Sn:323C)	niedrig legierter Stahl, Gußeisen, Al-,Ni-,Co- oder Cu-Werkstoffe, Messing, Bronze Zink, Cadmium, Blei, Silber, Gold, Platin
Zn- oder Zn-Legierungen (Schmelzpunkt von Zn: 420°C)	niedrig legierter Stahl, Gußeisen, Bronze, Messing, Cu-Werkstoffe

Alle Bauteile, die mit einer Schmelztauchschicht überzogen werden, werden thermisch belastet. Man verwendet daher bei der Konstruktion von Werkstücken entweder vorbeschichtetes Material, oder man unterwirft das Werkstück nach seiner Fertigstellung einer Schmelztauchbehandlung, wobei konstruktiv alle Möglichkeiten zur Vermeidung eines Verzugs ausgeschöpft werden müssen. Das Aufbringen von Schmelztauchschichten erfolgte schon in der industriellen Frühzeit in auf offener Flamme stehenden Schmelzkesseln. Daher haben sich bis heute Ausdrücke wie "Feuerverzinken" etc. gehalten. Die praktischen Verfahren zur Ausbildung von Schmelztauchschichten sind einander fast gleich. Grundsätzlich sind darunter die Stückbearbeitung und die Bandstahlbearbeitung zu unterscheiden. Auf beide Verfahren wird bei der Besprechung des Feuerverzinkens eingegangen.

15.1 Feuerverzinnen

Feuerverzinnen wird heute nur noch als Stückverzinnung ausgeführt. Dabei kann nach zwei verschiedenen Verfahren gearbeitet werden. Bessere Oberflächenqualitäten erreicht man im "Zweikesselverfahren": Dabei wird die Zinnschicht in zwei nacheinander zu durchlaufenden Kesseln erzeugt. Das gereinigte Werkstück wird im ersten Kessel durch eine aufschwimmende Flußmittelschicht, die $SnCl_2$ enthält, in das Zinnbad eingetragen. Die Flußmittelwirkung beruht auf der Reaktion

$$Fe + SnCl_2 = FeCl_2 + Sn$$

Nach Erreichen einer Temperatur von 300°C, bei der sich auf dem Werkstück eine Grundschicht aus $FeSn_2$ von 2 bis 20 µm Dicke ausbildet, wird das Werkstück in einem zweiten Zinnbad, das mit Öl und geschmolzenem Fett (Talg) abgedeckt ist, geführt, in dem bei 250°C die Zinn-Deckschicht gebildet wird. Das fertige Werkstück wird durch Abblasen mit Heißluft oder Abstreifen mit Rollen bei 250°C auf eine Schichtdicke von 1,5 bis 2,5 µm gebracht und mit kaltem Öl oder im Kaltluftstrom abgeschreckt.

Beim Einkesselverfahren wird lediglich der zweite Sn-Schmelzekessel eingespart. Das Verfahren ist kostengünstiger als das Zweikesselverfahren, hat aber den Nachteil, daß Pickel aus $FeSn_2$ auf der Oberfläche sichtbar sind. Der Korrosionsschutz einer Zinnschicht beruht auf einer 1,5 bis 2 nm dicken dichten SnO-Schicht, die zwischen pH-Werten von 3,5 bis 11 praktisch nur von Komplexbildnern angegriffen wird. Oberhalb pH-Wert 11 löst sich die Zinnschicht unter Wasserstoffentwicklung und Bildung von Stannaten, unterhalb pH-Wert 3,5 entstehen unter Wasserstoffentwicklung lösliche zweiwertige Zinnsalze.

Anwendung findet das "Feuerverzinnen" als dekorative Schicht, zur Verbesserung des Lötvermögens, als Gleitschicht auf Gußeisen, als Korrosionsschutz und als Haftgrund vor dem Verbleien.

15.2 Feuerverzinken

Feuerverzinken von Stahl wird in großem Umfang sowohl als Stückverzinkung als auch als Bandverzinkung ausgeführt. Man verzinkt Stahl vor allem aus Gründen des Korrosionsschutzes, wobei man beachten muß, daß die Korrosionsschutzwirkung von Zink die Wirkung einer Zink-Opferanode ist (vgl. Abschn. 14.6.3). Eine geschlossene Zinkschicht dagegen wird im Idealfall durch eine Schicht aus basischen Zinkcarbonaten geschützt. Im Realfall unserer heutigen Industrieatmosphäre dagegen entstehen lösliche Zinknitrate und -sulfate, so daß der Zinkabtrag bei 7 bis 12 µm pro Jahr entsprechend 35 bis 84 g/m^2 Oberfläche beträgt.

15.2.1 Stückverzinkung

Die Stückverzinkung wird bei vielen, auch sicherheitstechnisch relevanten Werkstücken angewendet. Dabei kann man drei verschiedene Verfahrensvarianten unterscheiden:

- Trockenverzinkung
- Naßverzinkung
- verkürzte Naßverzinkung

Die Unterschiede der Verfahren liegen dabei in der Zahl der Arbeitsgänge, die jeweils eingesetzt werden. Zu bemerken ist dabei, daß das verkürzte Naßverfahren nur günstig einsetzbar ist, wenn die Art der bei der Produktion eingesetzten Befettungen stets gleichbleibend ist. Bei der Stückverzinkung treten eine Reihe intermetallischer Phasen zwischen Zink und Eisen auf, die teilweise in den Basiswerkstoff Eisen hineinwachsen und deren Dicke von der Dauer der Behandlung im Schmelzkessel abhängig ist (Bild 16-2). Folgende Phasen werden beobachtet:

α - Schicht   im Innern des Basiswerkstoffs. Diffusionsschicht mit nicht-stöchiometrischem Zinkgehalt

Γ - Schicht   im Innern des Basiswerkstoffs. $FeZn_3$, Fe_3Zn_{10} und Fe_5Zn_{21} mit 21 bis 28% Fe. Die Schicht ist spröde.

Δ_1 - Phase   ragt aus dem Basiswerkstoff heraus. Sie enthält $FeZn_7$ und $FeZn_{10}$ mit 7   bis12% Eisen und ist plastisch.

ζ - Schicht   spröde Palisadenschicht aus $FeZn_{13}$.

η - Schicht   Reinzinkschicht

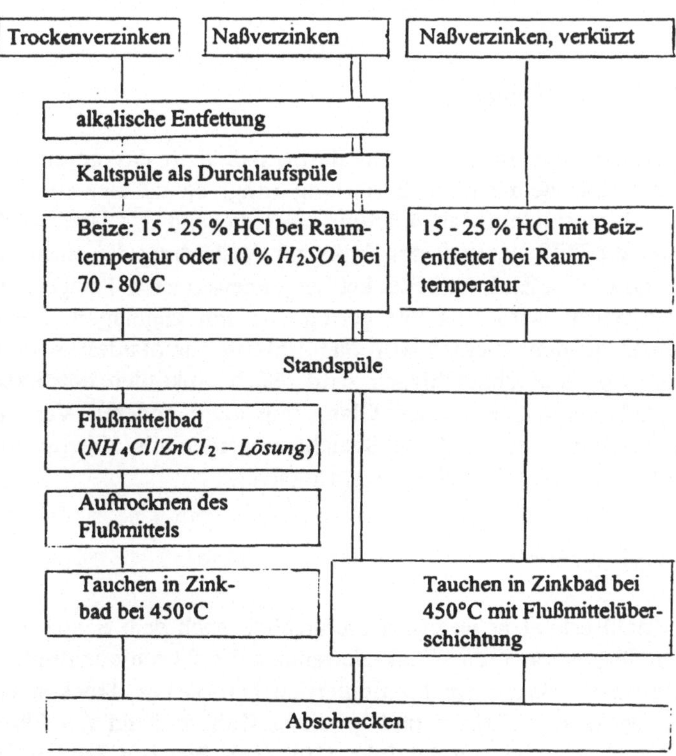

Tabelle 15-2: Verfahren zur Stückverzinkung

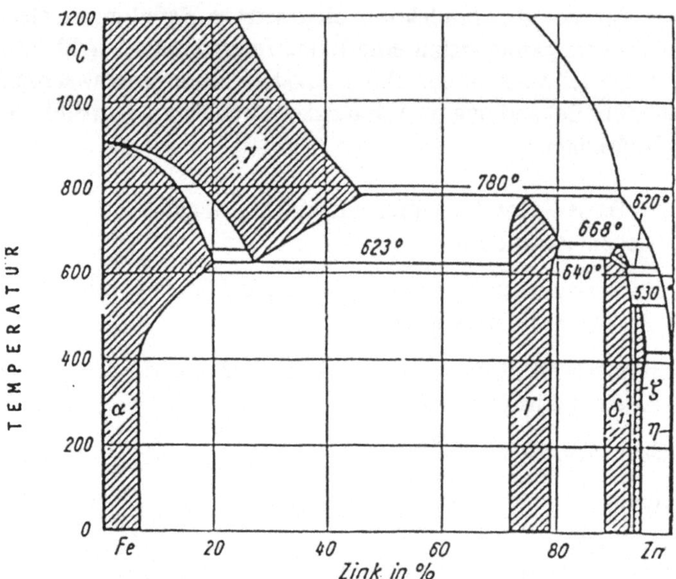

Bild 15-1: Phasendiagramm des Systems Eisen/Zink

Eine Abwandlung des Verzinkungsverfahrens besteht darin, daß man das gereinigte Werkstück kurzzeitig mit geschmolzenem Zink in Berührung bringt, so daß sich eine erste Eisen/Zink-Diffusionsschicht ausbildet. Man überführt anschließend das Werkstück in geschmolzenes Blei, so daß die Diffusionszeit des Zinks zur Ausbildung der eisenreicheren Γ - Schicht ausreichend ist. Da Zink und Blei bei den angewendeten Temperaturen eine Mischungslücke aufweisen, wird Blei nur geringfügig mit angelagert. Beim Herausnehmen des Werkstücks aus dem Bleibad wird das Zinkbad durchlaufen, so daß auf der Werkstückoberfläche Reinzink abgeschieden wird. Nach Abkühlen entstehen verzinkte Werkstücke, die sich durch spiegelnden Glanz von allen anderen Verzinkungsverfahren unterscheiden. Derart ausgebildete Schichten werden als Korrosionsschutz und dekorative Schicht geschätzt (Hersteller: Verticalgalva).

15.2.2 Verzinken von Bandstahl

Die Beschichtung von Bandstahl erfolgt heute fast ausschließlich nach dem Sendzimir-Verfahren. Lediglich in den USA ist noch das Cook-Nortemann-Verfahren anzutreffen. Während das Cook-Nortemann-Verfahren ein kontinuierlich betriebenes Trockenverzinkungsverfahren darstellt, bei dem entfettetes und gebeiztes Kaltbreitband mit Flußmittel behandelt, getrocknet und anschließend verzinkt wird, verzichtet das Sendzimir-Verfahren auf chemische Behandlungsschritte. Der Verfahrensablauf beim Sendzimir-Verfahren umfaßt folgende Arbeitsschritte.

- Abbrennen des Kaltbreitbandes bei 450 bis 600°C, Bandtemperatur (Ofentemperatur 1000 bis 1200°C)
- Reduzieren der Oberfläche mit H_2/N_2-Gemisch mit 30-35 Vol% H_2 bei 900 bis 980°C
- Kühlen unter N_2/H_2-Gasgemisch mit 30-35 Vol% H_2 auf etwas mehr als 450°C
- Tauchen des Bandes in geschmolzenes Zink bei 450°C
- Abstreifen von überflüssigem Zink mit Rollen/durch Anblasen (Heißluft 450°C)
- Kühlen des Bandes mit Luft
- Kühlen des Bandes mit Wasser
- Trocknen des Bandes
- Richten des Bandes im Dressier und im Richt-Streck-Gerüst
- Auftragen einer Chromatpassivierung durch Rollenauftrag
- Trocknen
- Aufhaspeln oder Schneiden des Bandes

Bild 15-3 zeigt den Ablauf des Verzinkungsverfahrens, wie es allgemein üblich ist. Der im Bild gezeigte Kessel ist keramisch ausgemauert und wird elektrisch beheizt. Die Schmelze wird bei Schmelzewechsel entweder aus dem Kessel mit Hilfe einer Kreiselpumpe entnommen und in einen Vorratskessel gepumpt, oder es wird der gesamte Kessel ausgetauscht. Das Eintauchen des Breitbandes in die Zinkschmelze erfolgt unter völligem Luftausschluß. In der Schmelze selbst befinden sich Umlenk- und Stabilisierungsrollen, mit denen das Band geführt wird. Beim Austritt aus dem Schmelzbad wird überschüssiges Zink durch Abstreifrollen oder mit Hilfe von Druckluft durch eine abstandsgeregeltes Düsensystem abgestreift. Die Kristallgröße der kristallisierenden Zink-Metallschicht kann durch Bestäuben mit Zinkstaub und durch die Intensität der Kühlung eingestellt werden. Wird Zink mit etwa 0,2 Gew.% Pb-Gehalt verwendet, erstarrt die Zinkschmelze auf der Oberfläche in Form großer "Blumen", reines bleifreies Zink führt dagegen zu feinkristallinem Material.

Da bei verzinktem Breitband oft unterschiedliche Korrosionsschutzanforderungen an beide Seiten des Blechs gestellt werden, ist unterschiedlich dicke Verzinkung auf beiden Blechseiten gewünscht. Verzinktes Material mit einseitig dickerer Zinkauflage wird als „Monogal" bezeichnet. Man erzeugt es durch einseitiges Abbürsten der Bandoberfläche mit Stahlbürsten, solange das Zink noch flüssig ist, und erhält eine Restzinkauflage von nur 10 g/m² in Form einer Fe/Zn-Schicht. Da die Bandgeschwindigkeit mit 130 m/min sehr hoch ist, bildet sich die Palisadenschicht nicht aus.

Unter „Galvannealed" versteht man eine Bandstahlverzinkung, bei der durch nachträgliche Verlängerung der Diffusionszeit eine einheitliche Zn/Fe-Mischkristallschicht mit im Mittel 7-12% Fe erzeugt wird.Dazu wird das Band nach Verlassen der Abstreifvorrichtung in einer Ofenzone nachgeglüht. Dieses Blech wird im Automobilbau eingesetzt.

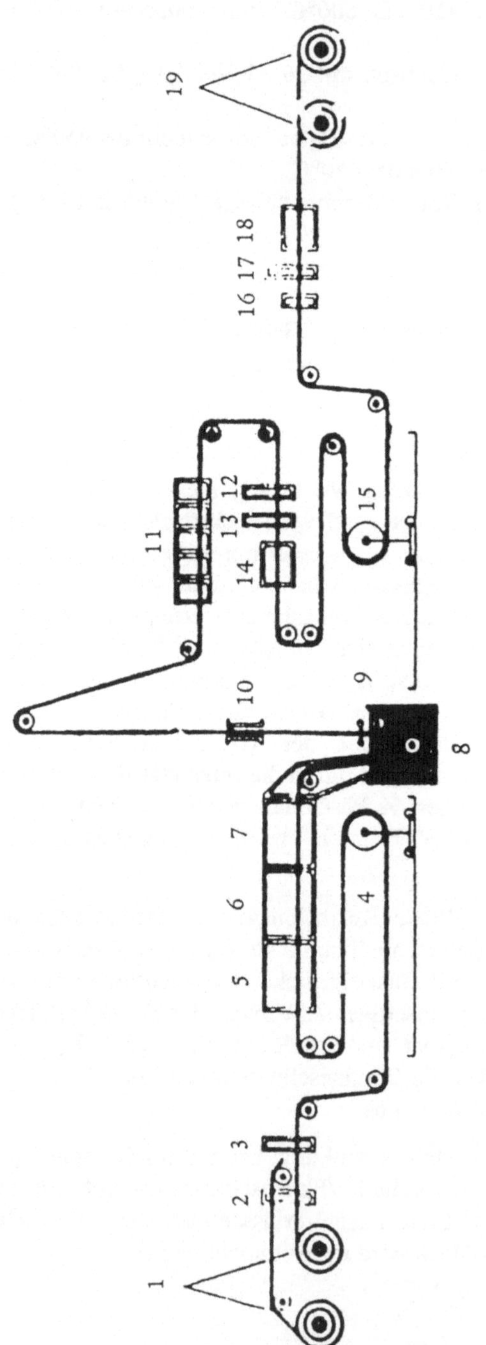

Bild 15-2: Schema einer Bandstahlverzinkung

In zunehmendem Maße werden außer Zinkschichten Zink-Aluminium-Legierungsschichten im Schmelztauchverfahren nach Sendzimir aufgetragen. Erste Entwicklung war eine Legierung aus 95% Zn und 5 Gew.% Al mit geringen Zusätzen an Cer und Lanthan, um die Benetzbarkeit des Stahls zu verbessern. Schichten dieser Art, die Galfan (Galvanising fantastique oder fantastic) genannt wurden, zeigten besseres Korrosionsschutzverhalten als reine Zinkschichten. Dem Phasendiagramm Zink/Aluminium entnimmt man, daß der Schmelzpunkt bei einem Eutektikum mit einer Schmelztemperatur von 382°C liegt. Die Legierung ist 6,61 g/cm^3 spezifisch leichter als Zink (Dichte 7,14 g/cm^3). Beschichtungen mit Galfan erfordern spezielles keramisches Kesselmaterial, weil sie aggressiver als Zinkschmelzen sind, und verstärkte Nachkühleinrichtungen.

Weitere Entwicklungen führten durch Arbeiten der Bethlehem Steel (USA) zur Entwicklung einer Beschichtungslegierung mit einer Reindichte von nur 3,75 g/cm^3, die bei 600°C als Schmelze auf Stahlband aufgetragen wird. Die Schmelze besteht dabei aus 55 Gew.% Al, 43,4 Gew.% Zn und 1,6 Gew.% Si. Der Werkstoff erhielt den namen Galvalume. Die Schicht besteht aus einer zinkreichen netzartigen Phase, verteilt in einer aluminiumreichen Grundphase mit einer dünnen Fe/Al/Zn/Si-Legierungsschicht. Bei korrosivem Angriff wird Zink selektiv herausgelöst, während eine Al/AlO(OH)-Schicht zurückbleibt, die ebenfalls Korrosionsschutz bietet. Weitere Markennamen dieses Produktes sind Aluzink, Zinkalume, Algafort, Zalutite. Die Schicht verbessert den Flächenschutz im Vergleich zu Galfan. Galvalume-Schichten werden ebenso wie Galfan-Schichten in Dicken von 7 bis 20 µm normalerweise eingesetzt.

Übungsaufgaben:

Frage 15.1:   Wie funktioniert die Reinigung beim Sendzimirverfahren?

Frage 15.2:   Welche Zink/Eisen-Mischkristalle fehlen beim Bandverzinken?

Frage 15.3:   Mit welchem Verfahren erzielen Sie Hochglanz-Zinkschichten beim Feuerverzinken?

16 Diffusionsschichten

Unter Diffusionsschichten werden Schichten verstanden, die durch Diffusionsprozesse entstehen. Solche Schichten können durch Aufnahme eines Werkstoffs in die Werkstückoberfläche oder durch wechselseitiges Ein- und Auswandern von Fremdatomen und das Werkstück aufbauende Atome entstehen. Im einzelnen werden darunter verstanden und behandelt

- Härten und Aufkohlen
- Carbonitrieren
- Nitrieren
- Borieren
- Inchromieren
- Alitieren und Sherardisieren

16.1 Härten

Härten bedeutet bei Eisenwerkstoffen, die Härte der Oberfläche durch Erwärmen über die Austenitisierungstemperatur zu bringen, Kohlenstoff dabei zu lösen und durch rasche Abschreckung ein martensitisches Gefüge zu erhalten. Beim Härteprozeß spielen folgende kristalline Phasen eine Rolle (Bild 16-1):

α - Eisen, γ - Eisen, Austenit und Martensit. Austenit ist, wie das Gitter zeigt, eine feste Lösung von Kohlenstoff in γ -Eisen. Martensit entsteht als metastabiles Umwandlungsprodukt aus Austenit. Die Bildung des Austenits beruht darauf, daß in den Zentren und Kantenmitten der Elementarzelle des γ - Eisens bis zu 8 Atom% C-Atome eingelagert werden können, d.h. es kann nicht jeder Gitterplatz gleichzeitig von C-Atomen besetzt werden. Austenit hat daher den Charakter einer festen Lösung, wobei sich beim Einlösen von Kohlenstoffatomen das Gitter geringfügig aufweitet. Martensit entsteht beim Abschrecken von Austenit und läßt sich demnach als feste Lösung von Kohlenstoff in α-Eisen bezeichnen, wobei das Gitter in einer Raumrichtung aufgeweitet und leicht verzerrt wird. Weitere Phasen des Eisen-Kohlenstoff-Diagramms (Bild16-2) sind

- der Zementit, ein Carbid der Zusammensetzung Fe_3C
- der Ledeburit, ein eutektisches Gemisch von Zementit und an Kohlenstoff gesättigtem Austenit
- der Perlit, ein eutektoides,d.h.im festen Zustand entmischtes, Gemenge aus α - Eisen und Zementit
- der Ferrit, das α - Eisen

Betrachtet man das Diagramm Bild 16-2, so erkennt man, daß bei Einlösen von Kohlenstoff zunächst der Schmelzpunkt des Eisens längs der Linie AE sinkt. Bei Überschreiten der eutektischen Zusammensetzung beim Punkt E steigt mit weiterer Erhöhung des Kohlenstoffgehalts der Schmelzpunkt längs der Linie EB wieder an. Eisenschmelzen mit 4,2% C erstarren am Punkt E und bilden Ledeburit. Aus Schmelzen mit < 4,2% C scheiden sich zunächst Mischkristalle von γ - Eisen und C (Austenit) ab, die kohlenstoffärmer als die Schmelze sind. Mit einer Schmelze der Zusammensetzung von Punkt b auf der Liquiduskurve steht ein Mischkristall der Zusammensetzung a auf der Soliduskurve AC im Gleichgewicht.

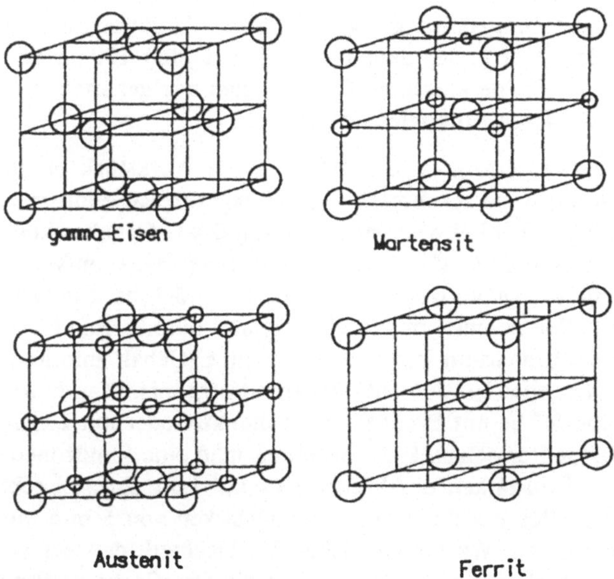

Bild 16-1: Gitteraufbau von Austenit, Martensit, Ferrit und γ-Eisen

Mit fortschreitender Abkühlung wird der C-Gehalt im Austenit immer größer, bis der Punkt C mit 1,7 % C erreicht ist. Die dazu im Gleichgewicht stehende Schmelze hat dann die Zusammensetzung von Punkt E erreicht. Bei Temperaturen zwischen den Punkten F und D geht Austenit in Ferrit und Perlit über. Bei dieser Umwandlung entsteht als Zwischenprodukt der durch außerordentliche Härte ausgezeichnete Martensit, der bei raschem Abkühlen erhalten bleibt. Der Punkt G ist der Umwandlungspunkt von α - Eisen in β - Eisen bei 769°C. Beim Härten trachtet man nun danach, durch Erhitzen auf 900°C zunächst Austenit zu erzeugen und danach durch Abschrecken Martensit zu stabilisieren.

Nach dem Härten wird Spannungsabbau durch Anlassen bewirkt, bei dem man also das Werkstück eine Zeit lang wieder auf erhöhte Temperatur bringt. Erhitzt man aber das Werkstück beim Anlassen stärker oder über längere Zeit, nimmt die Härte wieder ab, weil sich Perlit fein verteilt ausscheidet.

Als Stahl bezeichnet man Werkstoffe mit < 2% C. Unlegierte oder Kohlenstoffstähle enthalten also nur die Begleitelemente, die durch die metallurgischen Arbeiten im Stahl verblieben sind Das sind die Elemente bis 0,8% Mn, bis 0,5% Si, bis 0,03% P und bis 0,03% S. Für bestimmte Umform- und Verbindungsarbeiten sind kohlenstoffarme Stähle erforderlich (Schmieden, Schweißen). Für Schweißarbeiten gelten Grenzwerte je nach Schweißverfahren von 0,2 bis 0,35% C. Oberhalb von 0,8 % C steigt die Festigkeit des Stahl nur noch wenig mit steigendem C-Gehalt an, die Härte dagegen nimmt weiter zu. Ist der C-Gehalt des Werkstücks zu klein, kann ein einfaches Härten nicht zu einer wesentlichen Steigerung der Härte führen.Zum Härten geeignete Stähle (Vergütungsstähle) werden dadurch gekennzeichnet, daß man hinter dem Buchstaben C den 100 fachen Wert des Kohlenstoffgehaltes schreibt. Stähle unterhalb C 25 können nur gehärtet werden, wenn man den Kohlenstoffgehalt durch Aufkohlen erhöht.

Härten durch Erhitzen und Abschrecken erfolgt derart, daß man das Werkstück bis in den Bereich des γ - Gebietes erhitzt und dann abschreckt. Dabei steigt die Härte mit steigendem C-Gehalt bis 0,8% C an, bleibt aber bei weiterer Erhöhung des C-Gehaltes konstant, weil nicht gelöster Zementit eine dem Martensit vergleichbare Härte aufweist. Bleibt beim Härten eine nenneswerte Menge an restlichem Austenit zurück, ist das Härteergebnis vermindert. Unlegierte Stähle nehmen nur in einer relativ dünnen Randzone höhere Härten an, wobei die Tiefe der Einhärtung mit zunehmendem C-Gehalt zunimmt. Die Art des Erhitzens ist beim Härten ohne Einfluß auf das Arbeitsergebnis. Man härtet in Kammeröfen oder erhitzt die Oberfläche mit Brennern oder induktiv oder mit Laser-Strahlen, die man dann sogar punktuell einsetzen kann, wodurch man eine Randzonenhärtung erzielt. Während geringe Wandstärken des Werkstücks mit Luft abgeschreckt werden können, kann ein wirkungsvolles Abschrecken ab Wandstärken von 5 mm nur mit Wasser oder Öl durchgeführt werden. Wasser hat dabei den Nachteil, daß der im Wasser gelöste Sauerstoff mit dem Stahl reagiert, wodurch sich die Oberfläche verfärbt (Oxidbildung). Ebenso kann beim Abschrecken mit Wasser das Leidenfrostphänomen auftreten, so daß in bestimmten Partien des Werkstücks die Abkühlung wegen fehlender Benetzung mit Flüssigkeit verzögert wird. Dadurch treten Weichfleckigkeit und Verziehen der Werkstücke ein. Zusatz von 10-15 Gew.% NaCl und bis 2 % NaCN zum Wasser verbessert den Abschreckungsverlauf. Stark frequentierte Abschreckbäder sollten gekühlt werden. Abschrecken mit Härteölen sollte mit Mineralölen erfolgen. Öle nativen Ursprungs liefern Crack-Produkte (Ölkohle), die schlecht entfernbar sind. Bild 16-3 zeigt den härtetechnisch wichtigen Teil des Zustandsschaubildes Eisen-Zementit. Man erhitzt das Werkstück zunächst über die A_1-Linie und wählt eine auf der Härtetemperaturkurve dem C-Gehalt entsprechende Temperatur. Man muß dabei bedenken, daß der Härte-

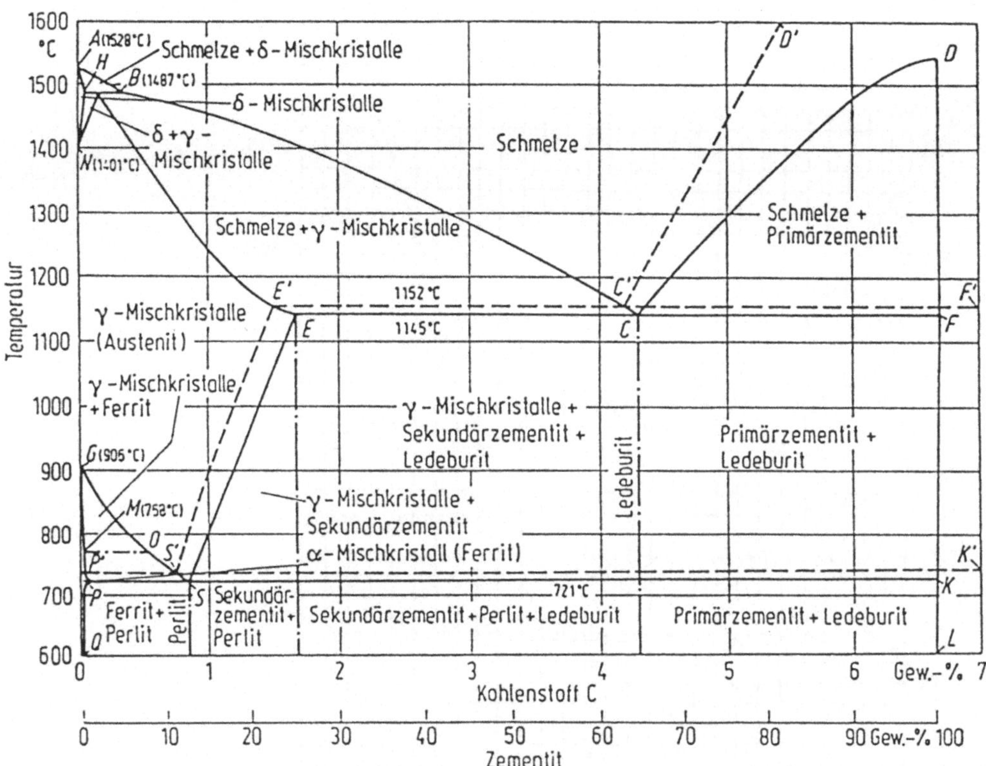

Bild 16-2 : Das System Eisen-Kohlenstoff. Gestrichelt : Stabiles System; ausgezogen : Metastabiles System

vorgang ein kinetischer Vorgang ist, bei dem also außer der Härtetemperatur auch die Härtezeit dem Werkstück angepaßt werden muß. Dazu verwendet man das TTT-Diagramm (Temperature - Transformation - Time) Bild 16-4. Wenn das Werkstück auf A_1-Temperatur erhitzt wurde, benötigt es die Zeit bis zum Erreichen der linken S-Kurve, bis die Austenitisierung beginnt. Nach Erreichen der rechten S-Kurve ist die Austenitisierung abgeschlossen. Beim Abschrecken bildet sich Martensit ab der Linie Ms, deren Temperatur wiederum vom Kohlenstoffgehalt abhängig ist (Bild 16-5).

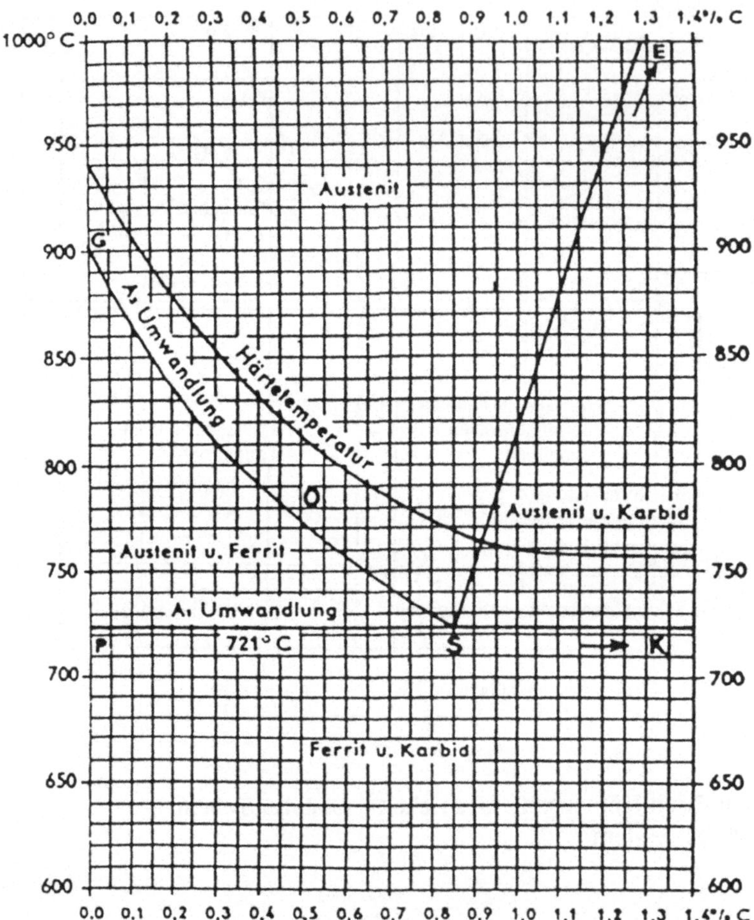

Bild 16-3: Härtetechnisch wichtiger Teil des Systems Eisen/Zementit

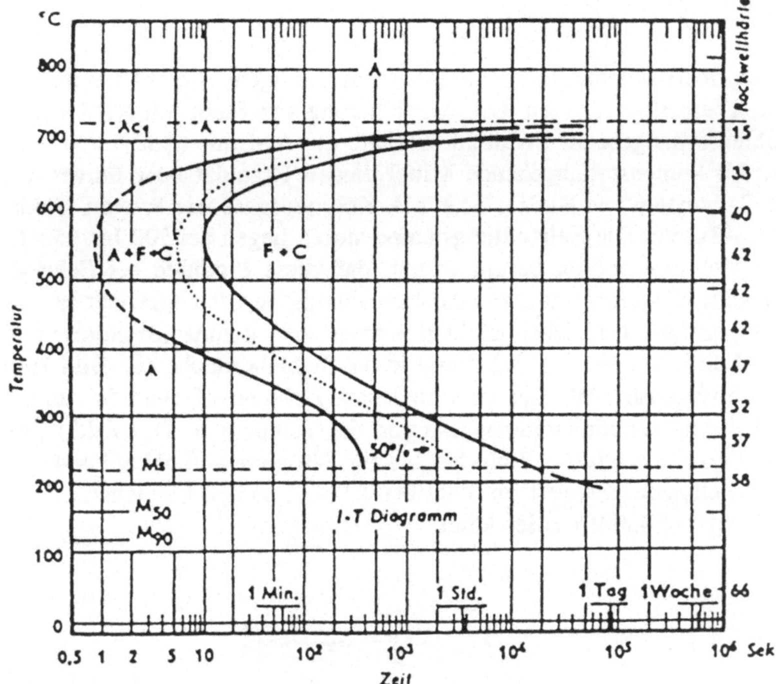

Bild 16-4: Das TTT-Diagramm

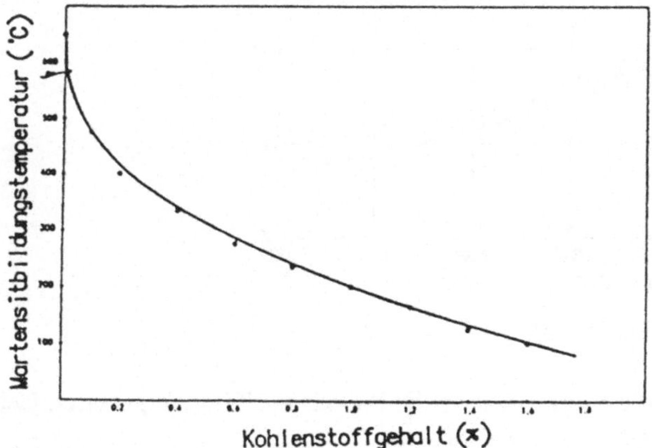

Bild 16-5: Die Abhängigkeit der Martensitbildungstemperatur vom C-Gehalt

16.2 Aufkohlen

Zur Verbesserung der Oberflächenhärte von Stählen mit geringem C-Gehalt muß der Oberfläche Kohlenstoff zugeführt werden. Die Anreicherung von Stahl mit Kohlenstoff durch Glühen in kohlenstoffabgebenden Mitteln oberhalb der A_1-Linie (Bild 16-3) wird Aufkohlen genannt. Als kohlenstoffabgebende Mittel dienen Granulat oder Pulver aus Koks, gemischt mit Carbonaten wie $BaCO_3$ oder z.B. Kohlungsgase wie Propan, Stadtgas, Erdgas unter CO_2-Zusatz. Die Behandlungstemperaturen liegen bei 900 bis 950°C. Die Behandlung mit Kohlungsmitteln beruht darauf, daß diese Produkte bei Behandlungstemperatur zunächst CO bilden, das, wie das Boudouardsche Gleichgewicht es vorschreibt, in C und CO_2 zerfällt. Der dabei gebildete Kohlenstoff ist zunächst atomar und damit sehr reaktiv und diffusionsfreudig und dringt in die Stahloberfläche ein. Bild 16-6 zeigt die Gleichgewichtslage für Stahl mit verschiedenem Kohlenstoffgehalt in Abhängigkeit vom CO-Gehalt des Reaktionsraumes und von der Temperatur. Das Bild zeigt, daß z.B. ein Gas mit 80% CO bei 770°C Stahl fast bis zur Sättigung aufkohlen kann. Bei 940°C liegt aber der Gleichgewichtswert im Stahl bei 0,1% C, so daß C-reicherer Stahl mit in 80% igem CO sogar entkohlt werden kann.

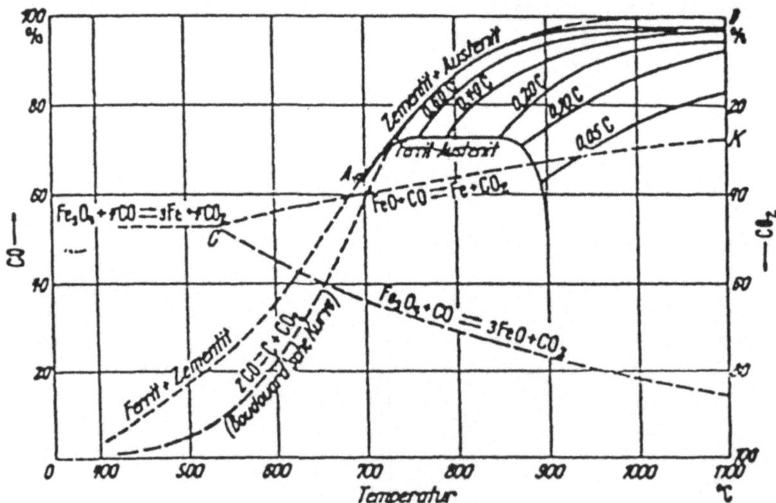

Bild 16-6: Aufkohlungsdiagramm für Stahl

Bei der Pulveraufkohlung werden die Werkstücke in die Pulvermischung eingebettet. Bei 900 bis 950°C erfolgt dann die Reaktion

$$C + BaCO_3 = BaO + 2\,CO$$

und an der Stahloberfläche das Boudouardsche Gleichgewicht

$$2\,CO \Longleftrightarrow C + CO_2$$

Die Aufkohlungsgeschwindigkeit beträgt dabei etwa 0,15 mm/h.

Bei der Gaskohlung erfolgen folgende chemische Reaktionen:

- Stadtgas (ein Gemisch aus CO und H_2) außer der Boudouardschen Reaktion des CO

$$CO + H_2 = C + H_2O$$

- Erdgas $\qquad CH_4 = C + 2\,H_2$

  oder bei CO_2-Zusatz $\qquad CH_4 + CO_2 = 2\,C + 2\,H_2O$

- Methanolgas $\qquad CH_3OH = C + H_2 + H_2O$

Bei Verwendung von Propan, Erdgas oder anderer C-Quellen wie Alkoholen, Aldehyden etc. wird zunächst ein Endogas durch endotherme Verbrennung in einem Endogaserzeuger katalytisch hergestellt, das in etwa die Zusammensetzung 40Vol% N_2, 40Vol% H_2 und 20 Vol% CO besitzt. Dazu wird eine definierte Menge an "Fettungsgas" (Alkoholdämpfe, Aldehyde etc.) zugesetzt, um den notwendigen Kohlenstoffpegel einzustellen. Je nach Art der Gaszusammensetzung werden dann bestimmte Kohlenstoffübergangszahlen (Aufkohlungsgeschwindigkeiten) und Kohlenstoffverfügbarkeiten (vom Gas abgebbare C-Mengen) erreicht. Bei Gaskohlung lassen sich Aufkohlungsgeschwindigkeiten von 0,4 mm/h erzielen. Um Flächen am Werkstück vor dem Aufkohlen zu schützen und um ein Werkstück nur partiell aufzukohlen, verkupfert man diese Werk-stückpartien. Zwischen Randkohlenstoffgehalt, Kohlungsdauer und Kohlungstemperatur besteht naturgemäß ein Zusammenhang, weil hier Diffusionsprozesse ablaufen, die die Geschwindigkeit bestimmen. Bild 16-7 zeigt, daß die Aufkohlung umso tiefer eindringt, je höher die Temperatur und je länger die Kohlungszeit ist.

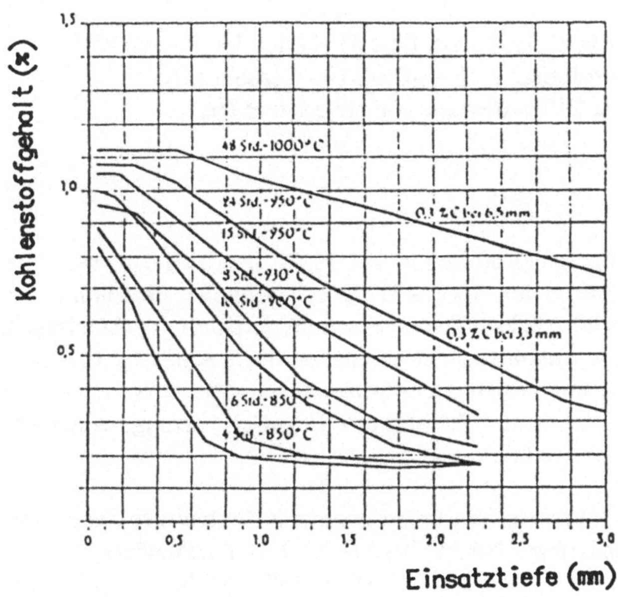

Bild 16-7:
Einsatztiefe und Randkohlenstoffgehalt in Abhängigkeit von Kohlungsdauer und Kohlungstiefe

Stähle, die sich aufkohlen lassen, nennt man Einsatzstähle. Nach dem Aufkohlen wird das Werkstück dann dem Härteprozeß unterworfen. Bei großen Schmiedestücken etc. kohlt man nur die Randzonen des Werkstücks auf und beläßt den Werkstückkern in C-ärmerem Zustand. Dadurch erhält man einen Verbundwerkstoff mit der Zähigkeit des ursprünglichen Werkstoffs aber verbesserter Oberflächenhärte.

16.3 Carbonitrieren

Behandelt man Stahloberflächen mit cyanidhaltigen Salzschmelzen, so diffundiert neben Kohlenstoff auch Stickstoff in die Oberfläche ein. Dadurch werden Schichten gebildet, die beide Atomsorten enthalten und die "Carbonitridschichten " genannt werden. Den gleichen Effekt wie mit Schmelzen erreicht man, wenn man Gase einsetzt, die aus NH_3, H_2 und CO bzw. NH_3, CO und Kohlenwasserstoffen bestehen. Carbonitrieren in der Gasphase erfolgt bei 600°C.

Beim Carbonitrieren in cyanidischer Salzschmelze bei 750 bis 900°C laufen folgende chemische Reaktionen ab:

$$2\,NaCN + O_2 = 2\,NaCNO$$

$$4\,NaCNO = Na_2CO_3 + 2\,NaCN + CO + 2\,N$$

$$2\,CO = C + CO_2$$

Der in der zweiten Reaktion gebildete Stickstoff wird zunächst ebenfalls atomar sein, so daß er sehr reaktiv und diffusionsfreudig ist. Carbonitrierschichten haben folgenden Aufbau:

10 - 20 μm Schicht mit 1,1 bis 1,2% C und 7 bis 8% N mit den Phasen Fe_3C (Zementit), Fe_4N (Eisennitrid) und ε - $Fe_{2\text{-}3}C_xN_y$ (ε - Carbonitrid), darunter liegend eine innere Diffusionszone von etwa 1 mm Dicke.

16.4 Nitrieren

Das Lösevermögen von α-Eisen für Stickstoff beträgt bei 590°C maximal 0,10 % N. Bei Raumtemperatur sinkt die Löslichkeit auf 10^{-5}% N. Durch schnelle Abkühlung von Temperaturen oberhalb 590°C wird Stickstoff vom Eisenmischkristall in übersättigter Lösung gehalten. Bei langsamem Abkühlen oder mehrstündigem Anlassen bei Temperaturen oberhalb 200 bis 250°C bilden sich nadelförmiges Fe_4N. Beim Nitrieren wird neben γ-Fe_4N das ε-$Fe_{2\text{-}3}N$ und in manchen Verfahrene ε-$Fe_{2\text{-}3}C_xN_y$ erzeugt. Angewendet werden unterschiedliche Nitrierverfahren.

- Schmelzbadnitrieren: die Werkstücke werden in einer KCN-haltigen Schmelze aus anorganischen Salzen bei 550 bis 580°C, 1-10 h behandelt. Chemische Reaktion: $2\,KCN + 2\,O_2 = K_2CO_3 + CO + 2\,N$

- Pulvernitrieren: Einlegen der Werkstücke in eine Mischung aus Ca-Cyanamid und Tonerde (Aktivator). 470 bis 570°C, 1-25 h Haltezeit. Der Aktivator gibt bei erhöhter Temperatur noch Wassermoleküle ab. Die in der Tonerde enthaltenen Aluminiumsilikate reagieren mit dem Cyanamid, wodurch die Zersetzung beschleunigt wird.

  Chemische Reaktion: $CaCN_2 + 3\ H_2O = CaO + 2\ NH_3 + CO_2$
  $2\ NH_3 = 3\ H_2 + 2\ N$

- Gasnitrieren: die Werkstücke werden in eine beheizte Begasungskammer eingesetzt   und bei 490 bis 590°C 10 bis 100 h in einem NH_3-haltigen N_2-Strom behandelt. Chemische Reaktion: $2\ NH_3 = 3\ H_2 + 2\ N$.

- Plasmanitrieren: das Nitriergut wird in einer Vakuumkammer bei 10 bis 1000 Pa (0,1 bis 10 mbar) in einer aus NH_3, CH_4 und N_2 bestehenden Gasmischung über 0,25 bis 48 h behandelt. Die Behälterwandung wird dabei zur Anode, das Werkstück zur Kathode geschaltet und Gleichspannung von 300 bis 1200 V angelegt. Im entstehenden Plasma erfolgt dann die chemische Reaktion wie bei Gasnitrieren, nur daß die entstehende Werkstücktemperatur zwischen 350 und 600°C liegen kann.

Die beim Nitrieren entstehenden Schichten werden in folgender Tabelle aufgeführt:

Tabelle 16-1: Schichtbildung beim Nitrieren von Stahl

Nitrierverfahren	-härtetiefe	Verbindungszone	Diffusionszone
Badnitrieren	200-400μm	γ-Fe_4N, ε-$Fe_{2\text{-}3}N$, ε-$Fe_{2\text{-}3}C_xN_y$	Nitride in Matrixmetall
Pulvernitrieren	200-400 μm	ε-$Fe_{2\text{-}3}N$	Carbonitride in Matrixmetall
Gasnitrieren	300-700 μm	γ-Fe_4N, ε-$Fe_{2\text{-}3}N$	Nitride in Matrixmetall
Plasmanitrieren	30-500 μm	γ-Fe_4N, ε-$Fe_{2\text{-}3}N$, ε-$Fe_{2\text{-}3}C_xN_y$	Nitride in Matrixmetall

Enthalten die Werkstoffe der eingesetzten Werkstücke Legierungsbestandteile wie V, Cr oder Al (Nitrierstähle), so entstehen Nitride dieser Elemente und dadurch besonders harte Schichten. Ebenso kann Titan oder Titanstahl durch Nitrieren gehärtet werden. Die Eindringtiefe der Nitrierung ist bei unterschiedlichen Nitrierstählen unterschiedlich (Bild 16-8). Die Härtereialtsalze stellen als cyanidhaltige Ware ein Sondermüllproblem dar, obgleich es gelang, die Standzeit der Schmelzbäder durch Zusatzprodukte (MELON) zu verlängern. Öfen zum Gasnitrieren, die vielfach im Einsatz sind, arbeiten mit vollautomatisierten Verfahren, weshalb dieses Verfahren oft bevorzugt wurde.

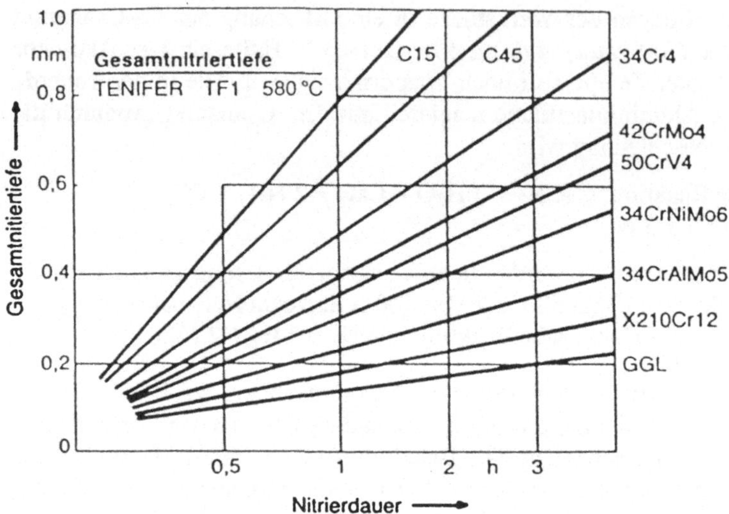

Bild 16-8: Gesamtnitriertiefe beim Schmelzbadnitrieren

16.5 Sherardisieren

Massenteile lassen sich nicht kostengünstig in einer Stückverzinkung bearbeiten (feuerverzinken). Bettet man jedoch derartige Stahlteile in eine Mischung aus Zinkstaub und Quarzsand oder Zinkstaub und Kaolin ein und erhitzt die Mischung im Drehofen 2-4 h auf 350 bis 420°C, so erhält man grau aussehende, rauhe Zinkschichten von 10 bis 15 μm Dicke, die hervorragenden Korrosionsschutz bieten. Werden die Schichten > 25 μm dick, neigen sie zur Rißbildung. Der Materialverbrauch beträgt bei diesem Verfahren etwa 300 g Zinkstaub/ m². Die Schichten enthalten die Abfolge

$$Fe/\ \Gamma\text{ - Schicht}\ /\ \delta_1\text{-Schicht}$$

Übungsaufgaben:

Frage 16.1: Welche Bedeutung hat das Boudouardsche Gleichgewicht beim Aufkohlen?

Frage 16.2: Was ist der Unterschied zwischen Härten, Carbonitrieren und Nitrieren?

Frage 16.3: Wie kann man ein Werkstück partiell nitrieren?

17 Metallische Dickschichten

Reparaturschichten, aber auch abrasiv besonders belastete Schichten, müssen eine Auftragsstärke im Millimeterbereich erhalten. Methoden, um solche Schichten herzustellen, wurden beim chemisch Metallisieren bereits besprochen. Andere Werkstoffe als Nickel, harte metallische Legierungen etc. können nur durch spezielle Dickschichtverfahren wie Auftragsschweißen, Panzern, Plattieren oder Flammspritzen aufgetragen werden.

17.1 Dickschichtauftrag durch Schweißen

Zum Aufbringen von dicken Metallschichten durch Schweißverfahren kann jede bekannte Schweißtechnik eingesetzt werden. DIN 1912 und DIN 140 geben vor, wie die zeichnerische Darstellung einer Auftragung aussehen muß. Ferner sollten Angaben über das Schweißverfahren, die Schweißposition, Schweißzusatzwerkstoffe nach DIN 8555, die Schweißfolge und -richtung, die Vorwärmtemperatur, Wärmenachbehandlung und Prüfungshinweise in der Zeichnung enthalten sein.

Beim Schweißen zum Zweck der Auftragung einer abrasiv schützenden Metallschicht wird im allgemeinen ein härterer, verschleißbeständigerer Werkstoff auf das Basismetall aufgetragen. Dies unterscheidet Auftragsschweißen vom Fügeverfahren. Beim Auftragsschweißen ist daher Sorge dafür zu tragen, daß sich der Basiswerkstoff nicht zu sehr mit dem Auftragswerkstoff vermischt und so dessen Eigenschaften unerwünscht verändert. Der Materialauftrag beim Auftragsschweißen erfolgt in Raupenform, wobei die Wannenposition (d.h. waagrechtes Arbeiten, Decklage oben) die erwünschte ist. Beim Raupenauftrag pendelt das Schweißgerät mit einer vorgegebenen Pendelfrequenz und führt Bewegungen durch, die durch die Pendelbreite b_p beschrieben werden. Dabei wird eine Raupenbreite b aufgelegt, die breiter ist als b_p, weil das Material fließt. Definiert wird auch die Pendelamplitude $p_A = b_p/2$. Die maximale Auftragsdicke d_{max} wird von der Werkstückoberfläche aus gemessen. Dazu wird noch die maximale Einbrandtiefe t_{max} ermittelt um den Grad der Aufmischung zu beschreiben:

Aufmischung (%): $\qquad A = t_{max} * 100/(t_{max}+d_{max})$

Je größer die Aufmischung A, desto stärker haben sich Grund- und Auftragswerkstoff miteinander gemischt, umso größer ist die Veränderung der Eigenschaften des Auftragswerkstoffs im Vergleich zum ursprünglich eingesetzten. Beim Aufmischen werden jedoch nicht in jedem Fall alle Bestandteile der Basislegierung vom Auftragswerkstoff aufgenommen. Man kennzeichnet deshalb die Verteilung eines Elements zwischen Basiswerkstoff und Auftragswerkstoff durch einen Übergangskoeffizienten

$\eta_E = E_s/E_z$
E_s = Konzentration des Elementes E im Schweißgut
E_z = Konzentration des Elementes E im Auftragswerkstoff
$\eta_E < 1$ bedeutet Abbrand z.B. durch Verschlacken
$\eta_E > 1$ bedeutet Zubrand z.B. aus dem Basiswerkstoff

Das Auftragen einer Schicht erfolgt meist nur durch mehrfaches Schweißen, d.h. man legt eine Raupenbahn neben die andere und sorgt für eine Überdeckung der Raupen. Dieser Raupenüberdeckungsgrad soll maximal 70% betragen. Bild 17-1 zeigt die Definitionen graphisch.

$$U(\%) = 100*b_{\ddot{u}}/b$$

soll maximal 70% betragen. Bild 18-1 stellt die Definitionen graphisch dar.

Die Rauhigkeit auftragsgeschweißter Schichten ist naturgemäß mit 0,5 bis 2 mm groß. Die Schichtstärke liegt in der Größenordnung von 3 mm.

Auftragsschweißen kann auch ohne Lichtbogen oder Flamme erfolgen, wenn man Auftragsmaterial und Basiswerkstoff unter Druck gegeneinander reibt. Bei diesem sogenannten Reibschweißen, das ebenfalls aus der Fügetechnik bekannt ist, erfolgt die Wärmeerzeugung durch Reibung. Dabei kann der Auftragswerkstoff sowohl in Stangenform als auch in Pulverform aufgetragen werden (Bild 17-2). Entweder läßt man den in Stangenform vorliegenden Werkstoff mit 1500 bis 4000 U/min rotieren und führt das Werkstück langsam unter der Stirnfläche des Stabes hindurch, oder man preßt in einer Vorrichtung das Pulver mit einer Druckstange gegen das schnell rotierende Werkstück, wodurch der Auftragswerkstoff plastisch und teigig wird. In beiden Fällen lassen sich nur Auftragsleistungen von bis 1,5 bis 2,5 kg/h erzielen, wobei die Nacharbeit wie z.B. das Entgraten zu beachtlichen Werkstoffverlusten des allerding billigen Werkstoffs führt. Reibschweißen wird auch wegen des notwendig hohen Geräteaufwandes als Auftragsverfahren nur selten eingesetzt.

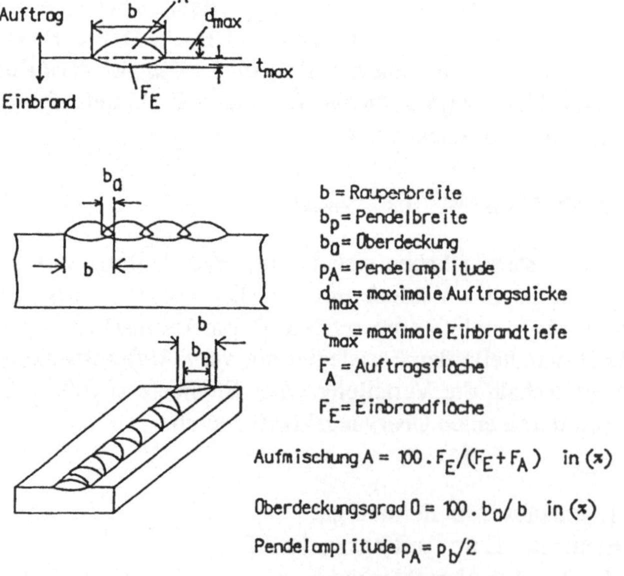

Bild 17-1: Begriffe zum Auftragsschweißen

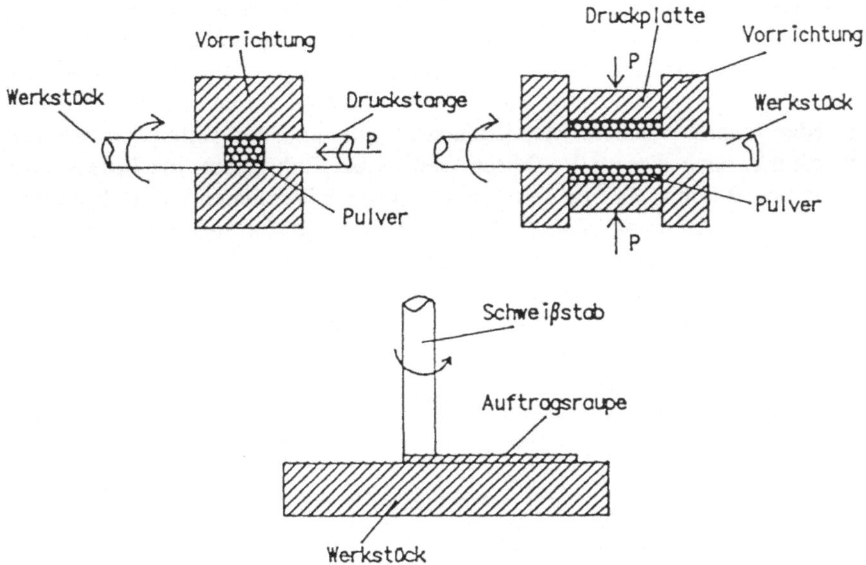

Bild 17-2: Reibschweißen

17.2 Plattieren

Unter Plattieren versteht man das flächenartige Aufbringen eines Auftragswerkstoffs auf einem Basismaterial. Plattiert werden vor allem sehr teure Werkstoffe, die auf billigere Trägerwerkstoff aufgetragen werden. Die Eigenschaften der teureren Werkstoffe wie z.B. die mechanischen Eigenschaften, werden dadurch auf billigere Werkstoffe, die die Stabilität und Form etc. bestimmen, übertragen. Z.B. kann man Tantalschichten zum Bau von Reaktionskesseln auf das stählerne Kesselmaterial durch Plattieren aufbringen, wodurch man quasi einen Tantalkessel erhält. Die einfachste und häufigste Form des Plattierens ist das Kaltpreßschweißen, bei dem durch plastisches Verformen unter Druck zwei Werkstoffe vereint werden. Bei Blechen erfolgt dies durch Walzplattieren, bei Stangen oder Rohren durch Ziehvorgänge, bei Hohlkörpern durch Fließpressen (Bild 17-3).

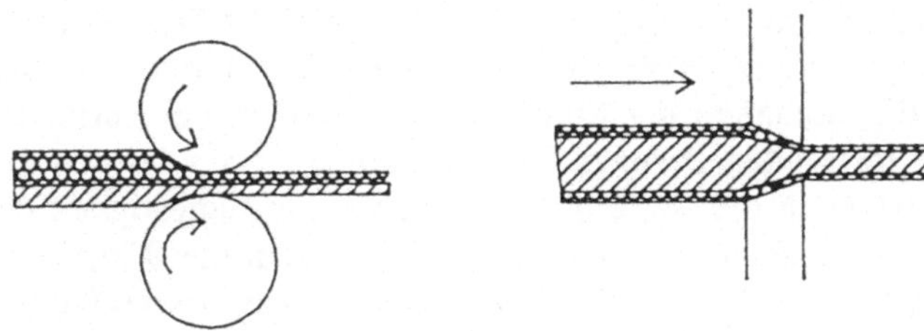

Bild 17-3: Plattieren durch Kaltfließpressen

Eine Abart des Plattierens ist das Explosions- oder Schockschweißen. Bei diesem Verfahren wird ein Auftragswerkstoff durch Explosionsdruck mit dem Grundwerkstoff vereint. Eingesetzt werden herkömmliche Sprengstoffmischungen mit Detonationsgeschwindigkeiten von 2000 bis 4000 m/s. Bild 17-4 veranschaulicht den Arbeitsvorgang, bei dem zwei oder mehrere dickere Metallschichten mit einander verbunden werden können, Plattierungen nach diesem Verfahren werden bei Rohrböden, als Innen- und Außenplattierung von Rohren, als Überlappschweißung zum Verbinden von Rohren etc. ausgeführt. Plattiert werden Titan, Tantal, Molybdän oder Zirkon auf Stahl, austenitischer Cr/Ni-Stahl oder Aluminium auf Stahl, Kupfer und Stahl auf Gußeisen mit Kugelgraphit oder z.B. Kupfer auf Aluminium für die Elektroindustrie.

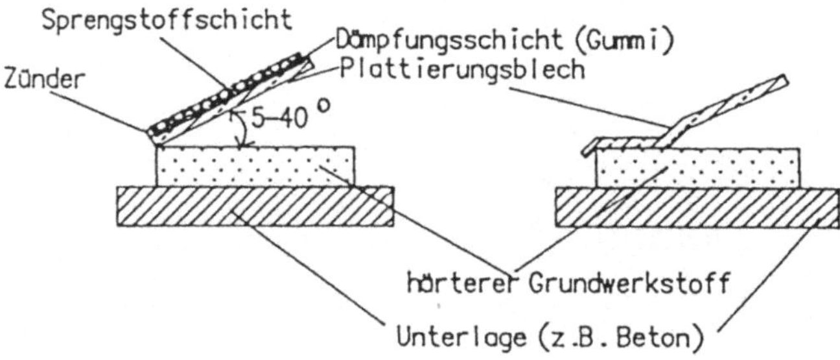

Bild 17-4: Explosionsschweißen

17.3 Metallspritzen

Metallspritzen ist eine Dickschichtauftragsform, die heute vielfache Anwendung gefunden hat. Dabei muß allerdings vor dem Spritzauftrag eine fachgerechte Haftgrundvorbehandlung gemäß DIN 8567 erfolgen, damit die Spritzschichten sich nicht ablösen. Vorbehandlungsarbeiten bestehen vor allem darin, die Rauhigkeit der Werkstückoberfläche zu vergrößern, weil beim Spritzen die Haftung der Spritzschicht vorwiegend auf einer mechanischen Verklammerung mit dem Werkstück beruht. Vorgesehen wird daher die Behandlung mit Strahlmitteln, Hobeln oder Raudrehen, Eindrehen von Haftgewinde, Rundgewinde oder Sägezahngewinde und eventuell Spritzen einer Zwischenschicht als Haftvermittler. Gespritzt werden Metalle und Legierungen wie Al, Zn, Ni, Mo, Pb, Al/Mg-Legierungen, Co-Werkstoffe mit Zusatz von Al_2O_3 oder Cr_2O_3, Tribaloy (CoMoSi), NiAl, NiCr, Messing, Bronze, Hartlegierungen aber auch Boride, Carbide und verschiedene Oxide. Die Eigenschaften der Spritzschichten werden bei Spritzverfahren an der Luft oder mit oxidierenden Brenngasen durch Bildung von Oxiden des Auftragswerkstoffs beeinflußt, wodurch die Härte oft erhöht, aber die Zugfestigkeit der Spritzschicht vermindert wird. Auftretende Porosität vermindert zudem die Wärmeleitfähigkeit der Schicht im Vergleich zum Ausgangswerkstoff, ebenso auch dessen Dichte. Man kennt zahlreiche verschiedene Formen des thermischen Spritzens.

Beim Flammspritzen wird der Auftragswerkstoff einer Acetylen/Sauerstoffflamme in Form von Drähten oder Pulver zugeführt. Der Auftragswerkstoff schmilzt in der Flamme. Die Tropfen werden durch den Druck des Brennergases oder, unterstützt durch zusätzliches Zerstäubergas, auf die Oberfläche des durch die Flamme erhitzten Basismaterials geschleudert. Erzielt werden dabei Schichtdicken bis 1,5 mm Dicke.

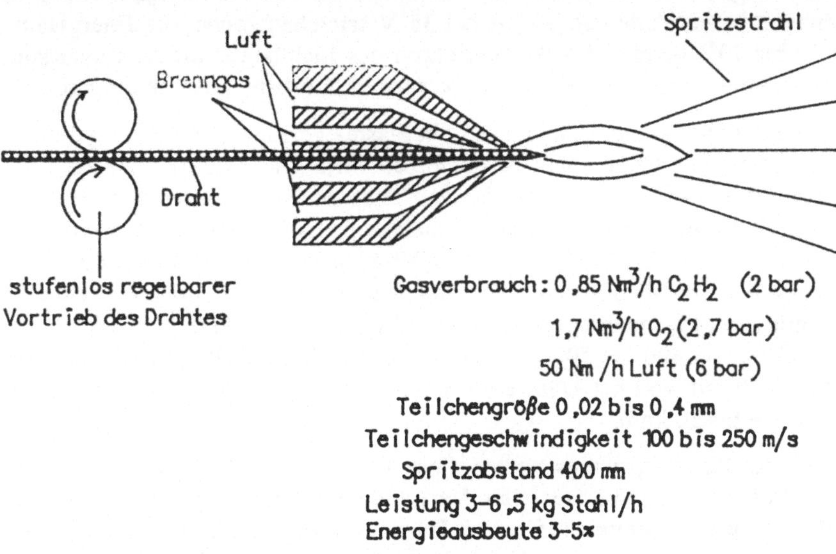

Bild 17-5: Drahtflammspritz-Brenner, schematisch

Beim Drahtflammspritzen wird der Draht motorgetrieben dem Brenner zugeführt, so daß die Zufuhrgeschwindigkeit einstellbar ist. Die Metalltröpfchen erreichen einen Durchmesser von 0,02 bis 0,4 mm und eine Partikelgeschwindigkeit von 100 bis 250 m/s. Die Spritzleistung liegt dabei bei bis 7 kg/h, wobei allerdings die Energieausnutzung nur 3-5% beträgt.

Beim Pulver-Flammspritzen werden Pulver mit Körnungen von bis 0,2 mm aus einem Vorratsbehälter vom Gasstrom angesogen (Injektorprinzip), in der Brennerflamme aufgeschmolzen und auf die Werkstückoberfläche geschleudert. Die Spritzleistung liegt etwa bei 2,5 kg/h.

Durch Flammspritzen erhaltene Metallschichten weisen vielfach Mikroporen und Oxideinschlüsse auf.

Beim Lichtbogenspritzen wird zwischen zwei Elektroden ein Lichtbogen erzeugt. Durch die Elektroden werden Drähte aus dem Auftragswerkstof motorgetrieben geführt, die im Lichtbogen zu Tropfen abschmelzen. Die Tropfen werden dann durch einen Luftstrom, der gleichzeitig zur Kühlung der Elektroden dient, zum Werkstück geführt. Dabei können auch zwei Drähte aus unterschiedlichem Auftragsmaterial verwendet werden. Der Drahtdurchmesser liegt bei 1,6 bis 2 mm, die Spritzleistung kann bis 20 kg/h betragen. Der Stromverbrauch kann Werte von 350 A bei 35 V erreichen, wobei die Energieausnutzung etwa 50 bis 70% beträgt. Da das Verfahren des Lichtbogenspritzens insbesondere als Reparaturverfahren von Bedeutung ist, werden oft fahrbare Anlagen eingesetzt.

Beim Plasmaspritzen wird in einem Lichtbogen ein Plasma gezündet, in dem zugeführtes Metallpulver, Metalloxide oder -carbide geschmolzen wird. Die Partikelgröße der Metallpulver beträgt dabei 20-45 µm, bei Oxiden oder anderen hochschmelzenden Pulvern wird Material mit < 20 µm gewählt. Beim Normalgeschwindigkeitsspritzen werden an der Düse Temperaturen von bis 2700°C mit 40 KW-Anlagen erreicht, wobei die Partikelgeschwindigkeit bei 200 bis 300 m/s liegt. Hochgeschwindigkeitsspritzen verwendet 80 KW-Geräte mit einer Plasmatemperatur an der Düse von bis 10000 °C, wobei Partikelgeschwindigkeiten von 400 bis 500 m/s erzielt werden. Die Werkstückoberfläche ist dabei etwa 80 bis 150 mm von der Düse entfernt. Die Auftragsleistung ist beträchtlich. Sie beträgt bei Al_2O_3 bis 50 kg/h.

Moderne Formen des Plasmaspritzens nutzen diese Technik im Vakuumplasmaspritzen (VPS), um porenfreie Überzüge herzustellen. Verwendet wird beim VPS ein Stickstoff/-Wasserstoff-Plasma, dessen Temperatur an der Düse bis 12000°C 120 KW-Anlagen erreicht. Die Partikelgeschwindigkeit liegt hier bei bis 800 m/s je nach Entfernung von der Düse. Bild 1-6 zeigt eine Zeichnung einer VPS-Anlage.

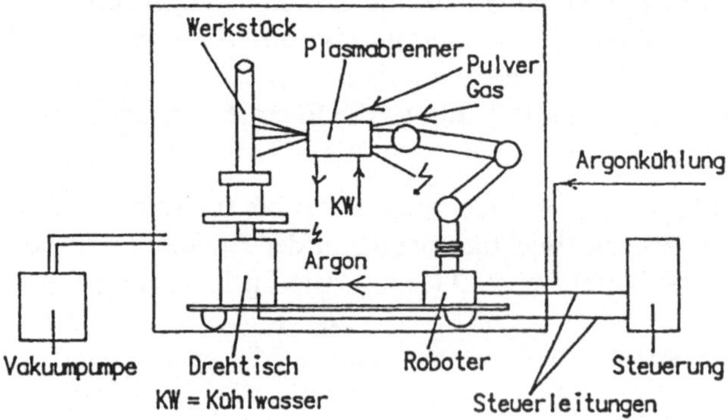

Bild 17-6: Schema einer VPS-Produktionsanlage nach Plasma-Technik AG, Wohlen/Schweiz

Stickstoff und Wasserstoff werden in einem Lichtbogen in die Atome aufgespalten, die dann das Plasma bilden. Die Atome rekombinieren nur bei Zusammenstoß mit einer Wandung oder einem dritten Stoßpartner, der die dabei frei werdende Energie aufnimmt.

$$H_2 + \text{Energie} \leftrightarrow 2\,H \qquad\qquad N_2 + \text{Energie} \leftrightarrow 2\,N$$

Als Plasmagas werden auch Helium oder Argon eingesetzt, die dabei ionisiert werden

$$Ar + Energie \leftrightarrow Ar^+ + e \qquad\qquad He + Energie \leftrightarrow He^+ + e$$

Bei den hohen Temperaturen, die im Plasma herrschen, können aber auch Stickstoff- und Wasserstoffatome ionisiert werden, so daß Ionen und Elektronen nebeneinander im Plasma vorliegen.

$$H + Energie \leftrightarrow H^+ + e \qquad\qquad N + Energie \leftrightarrow N^+ + e$$

Beim Schmelzbadspritzen erhitzt man das Auftragsmetall durch Widerstandsheizung bis zum Schmelzen und zerstäubt das flüssige Metall mit einem gasbetriebenen Zerstäuber. Schmelzbadspritzen ist im Gegensatz zu bislang beschriebenen Auftragsverfahren an niedrigschmelzende Metalle gebunden.

Beim Detonationsspritzen, auch Flammplattieren oder Schockspritzen genannt, wird ein aus dem Auftragswerkstoff bestehendes Pulver in einer Detonationskanone mit Acetylen und Sauerstoff gemischt. Nach Zünden des Gasgemischs schmilzt das Pulver und wird durch den Detonationsdruck und die Geschwindigkeit des ausströmenden Verbrennungsgases auf die Oberfläche des Werkstücks geschleudert. Das Verfahren arbeitet naturgemäß diskontinuierlich. Mit Hilfe dieses Verfahrens können auch Hohlräume plattiert werden. Die Anlagen arbeiten mit einer Schußfolge von 250/min, wobei die Schichtdicke je nach Schußüberlagerung 0,05 bis 0,25 mm beträgt. Die Werkstückoberfläche erreicht dabei bis 200°C, so daß weniger eine Materialdiffusion als eine mechanische Verklammerung durch den mit dreifacher Schallgeschwindigkeit auf die Oberfläche auftreffenden Materialstrom erfolgt.

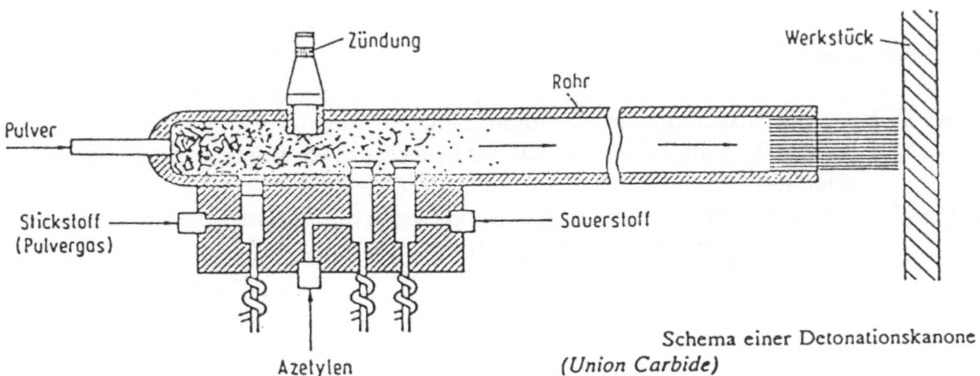

Bild 17-7: Schockspritzen

Zu bemerken ist, daß die Porosität schockgespritzter Oberflächen maximal 2% beträgt, daß das Werkstück sich nicht verzieht, keine Gefügeveränderung entsteht und außer Werkstücken aus Metall auch solche aus Glas und Keramik beschichtet werden können.

Beim Induktionsspritzen wird ein Draht des Auftragswerkstoffs induktiv geschmolzen und die Schmelztropfen durch ein Trägergas auf die Werkstückoberfläche geführt. Induktionsspritzen ist damit eine Abart des Lichtbogenspritzens.

Beim Kondensatorentladungsspritzen wird ein diskontinuierlich zugeführter Draht elektrisch überlastet. Der Draht schmilzt, bildet Tropfen, die explosionsartig auf die Beschichtungsfläche geschleudert werden.

Nach dem Aufbringen einer Spritzschicht erfolgt im allgemeinen eine Nachbearbeitung mechanischer Art durch Drehen, Schleifen und Polieren, thermischer Art zur Verringerung der Mikroporosität und zur Verbesserung der Haftung oder chemisch-physikalischer Art z.B. zur Schutzschichtbildung oder durch Eintragen von Öl als Depotschmierstoff. Als Beispiel der Verfahrensweise zeigt Bild 17-8 die Reparaturbehandlung einer Welle.

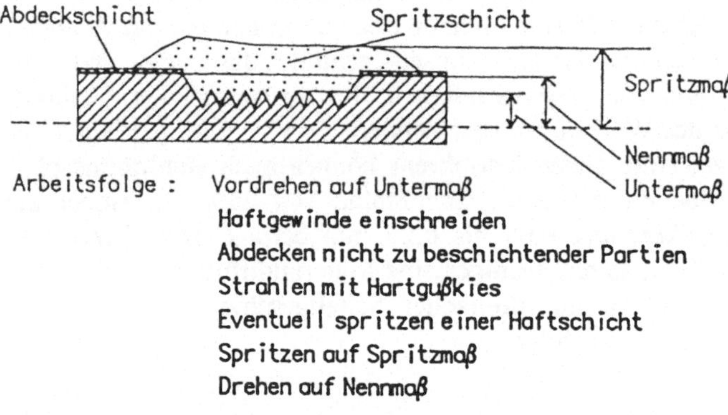

Bild 17-8: Reparaturbehandlung einer Welle

Übungsaufgaben:

Frage 17.1: Welche Bedeutung hat die Aufmischung?

Frage 17.2: Welche Vor- und Nachteile hat das Schockspritzen gegenüber dem Draht-Flammspritzen?

Frage 17.3: Welche Vorbehandlung ist notwendig, wenn durch Auftragsschweißen eine Reparatur vorgenommen werden soll?

18 Dünnschichttechnologie

Das Abscheiden dünner Schichten mit besonderen Eigenschaften kann auf zwei prinzipiell unterschiedlichen Wegen erfolgen, wobei die Grenzen zwischen beiden Verfahren fließend sind. Ein Weg zu dünnen Schichten besteht darin, daß man die chemische Schichtbildungsreaktion lokalisiert auf der Oberfläche des Werkstücks ablaufen läßt. Man nennt Verfahren dieser Art CVD-Verfahren (Chemical Vapour Deposition).

Der andere Weg zur Bildung dünnern Schichten besteht darin, daß man gezielte Oberflächenbearbeitungen und Ablagerungen von Schichten durch physikalische Vorgänge wie Verdampfen und Kondensieren etc. ablaufen läßt. Derartige Verfahren werden entsprechend PVD-Verfahren (Physical Vapour Deposion) genannt. Eine Vielzahl der Verfahren wird durch Plasma unterstützt. Obgleich die Technik heute in rasanter Entwicklung begriffen ist, wird im folgenden Abschnitt ein Überblick versucht.

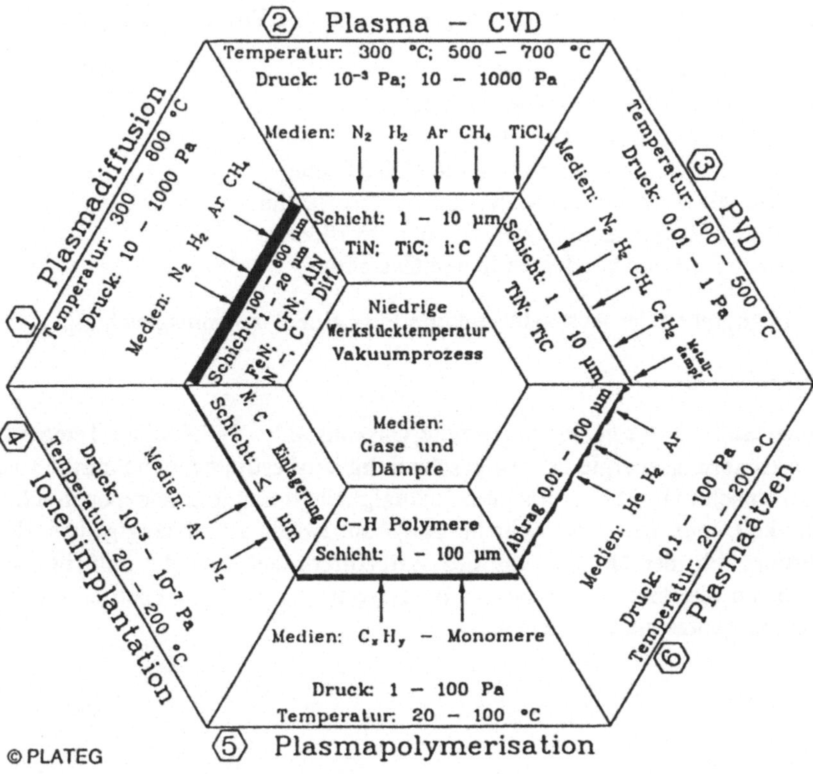

Bild 18-1: Plasmaunterstützte Verfahren nach [40]

18.1 CVD-Verfahren

CVD-Verfahren sind daran gebunden, daß die chemischen Reaktanten in gasförmiger Form im Reaktionsraum vorhanden sind und erst an der Werkstückoberfläche gezielt zur Reaktion gelangen. Homogene Gasphasenreaktionen sollen nicht stattfinden oder nicht zu festen oder flüssigen Produkten führen, weil sonst eine Schichtbildung unterbleibt (Staubbildung). Eingesetzt werden Pyrolysereaktionen, Reduktionsreaktionen, Oxidationsreaktionen, Hydrolysereaktionen, Disproportionierungsreaktionen aber auch reine chemische Transportreaktionen und Synthesereaktionen wie die Nitridbildung und die Carbidbildungsreaktionen. Die bei den Umsetzungen günstigsten Konzentrationen und Reaktionstemperaturen sind von der Thermodynamik der Reaktion und der Kinetik des Systems abhängig. Thermodynamische Daten gelten für die Gasphase und bestimmen letztlich die Gleichgewichtslage bei homogener Gasphasenreaktion. Zur Berechnung der Vorgänge muß man natürlich sämtliche möglichen Reaktionen berücksichtigen. Aus der Verschiebung der Gleichgewichtslage mit Änderung von Prozeßparametern, wie z.B. der Temperatur kann man dann voraussagen, ob eine Schichtbildung erfolgt. Die Geschwindigkeit der Schichtbildung in CVD-Verfahren wird durch die Gesamtkinetik der Abscheidevorgänge bestimmt. Dabei spielen folgende kinetische Prozesse eine Rolle:

- Diffusion der Reaktanten zur Oberfläche
- Adsorption der Reaktanten an der Oberfläche
- chemische Reaktion auf der Oberfläche
- Wanderung der Reaktionsprodukte auf der Oberfläche
- Gittereinbau von Reaktionsprodukten auf der Oberfläche
- Desorption von Reaktionsprodukten von der Oberfläche
- Diffusion von Reaktionsprodukten in den Gasraum

Die Temperaturabhängigkeit der Abscheidereaktion folgt einer Arrheniusgleichung

$$r = a. \exp(-\Delta E/RT)$$

mit r = Reaktionsgeschwindigkeit, R= universelle Gaskonstante, T= absolute Temperatur. ΔE ist eine Aktivierungsenergie für den geschwindigkeitsbestimmenden Schritt, a ist ein Frequenzfaktor nach [41]. Die Temperaturabhängigkeit ist damit eine exponentielle. Die Geschwindigkeit, mit der eine Schicht aufgebaut wird, ist abhängig von der Substratorientierung, d.h. der Orientierung des Wirtsgitters, auf dem die Schicht aufwächst. Dabei spielen die Zahl und Natur der Bindungen, die Zahl der energetisch bevorzugten Wachstumsplätze u.a.m. eine Rolle.

Zur Herstellung von CVD-Schichten werden unter Normaldruck kontinuierliche und diskontinuierliche Reaktoren betrieben. Ebenso werden diskontinuierlich betriebene Niederdruckreaktoren eingesetzt. Die Reaktoren können dabei mit unterschiedlicher Temperatur oder mit Temperaturgradienten betrieben werden. Normaldruckreaktoren für den kontinuierlichen Betrieb werden z.B bei der Produktion von Silizium-WAFERN eingesetzt. Dabei werden die zu beschichtenden Teile auf einem Transportband aufgelegt und unter einer Gasverteilung hindurchgeführt. Das Transportband wird unterseitig erwärmt. Durch die Zuführungskanäle wird z.B. mit N_2 verdünntes SiH_4 geleitet, das sich erst auf der Oberfläche zu Si und H_2O mit Sauerstoff umsetzt. Die entstehenden Reaktionsgase sollten dann möglichst rasch von der Oberfläche entfernt werden.

Viele CVD-Abscheidungen erfolgen erst bei erhöhter Temperatur. Hochtemperaturreaktoren sind dabei solche, die bei T> 500°C arbeiten. Man unterscheidet dabei heißwandige und kaltwandige Reaktoren. Exotherme chemische Reaktionen benötigen zu ihrem Ablauf einen Stoßpartner, der beim Zusammenstoß die frei werdende Energie aufnimmt. Die Abscheidereaktion erfolgt dann eher an den kälteren Teilen eines Reaktionsraumes. Um die Abscheidung nicht an der Reaktorwandung, sondern auf dem Substrat zu erhalten, wird dann die Reaktorwandung auf höhere Temperatur als das Substrat gebracht (heißwandiger Reaktor). Umgekehrt erfolgt eine endotherme Reaktion besser an den heißeren Teilen eines Reaktionsraumes, so daß man in diesem Fall das Substrat stärker aufheizt als die Reaktorwandung (kaltwandige Reaktoren). Niederdruck-CVD-Verfahren arbeiten bei Drücken von etwa 50 Pa werden vielfach eingesetzt, um eine Substratvorbehandlung der Beschichtung vorausschicken zu können. Dabei werden die Reaktionsgase z.B. erst nach einer Ionenätzung mit Ar^+-Ionen zugeführt, oder es wird die Umsetzung selber durch Plasma unterstützt.

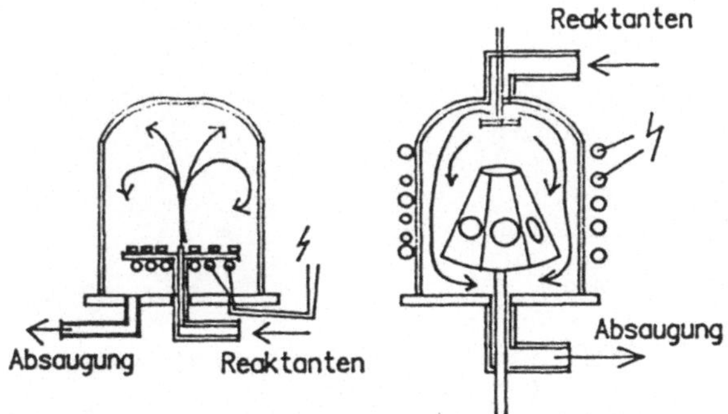

Bild 18-2: Anlage zur Plasma-CVD-Beschichtung

Bei der Strom-Spannungskurve eines Plasmas ist charakteristisch, daß zunächst ein kräftiger Spannungsberg überwunden werden muß, ehe das Plasma zu brennen beginnt. Auf der Strecke AB ist die Leistung des Plasmas am größten.

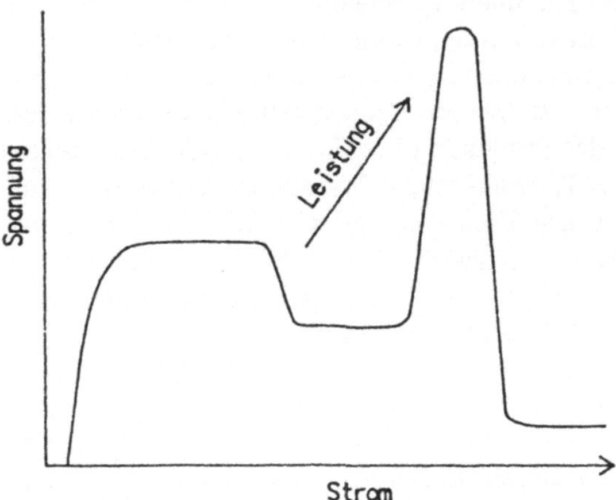

Bild 18-3: Strom-Spannungs-Charakteristik eines Niederdruck-Plasmas

Zur Kontrolle von CVD-Prozessen müssen mindestens die Einsatzgasmengen, die Reaktor- und Substrattemperatur und der Druck im Reaktor bei Niederdruckreaktoren geregelt werden. CVD-Schichten wachsen mit etwa 1 µm/min. Die Herstelltemperaturen sind im allgemeinen jedoch relativ hoch. Tabelle 18-1 enthält eine Zusammenstellung technisch interessanter CVD-Schichten außerhalb der Elektroindustrie, in der insbesondere Halbleiterschichten aus der Gruppe IV, III-V-Halbleiter und II-VI-Halbleiter durch CVD-Abscheidung hergestellt werden [42]. Über die Anwendung von CVD-Verfahren beim Beschichten von spanabhebenden Werkzeugen berichtet [40].

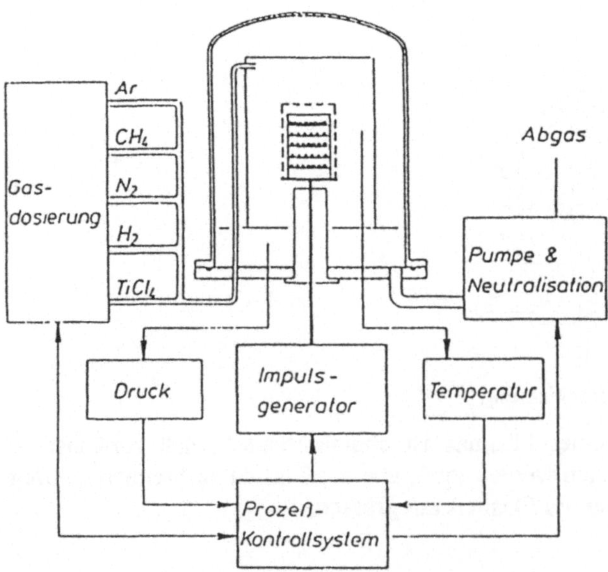

Bild 18-4: Plasmaunterstütztes CVD-Verfahren [43]

Tabelle 18-1: Bekannte CVD-Verfahren

Schichtmaterial	Abscheidereaktion	–temperatur	Anwendung
Aluminium	$6\,AlCl \longrightarrow 4\,Al + Al_2\,Cl_6$		
Aluminiumoxid	$Al_2\,Cl_6 + 3\,CO_2 + 3\,H_2 \longrightarrow$ $Al_2\,O_3 + 3\,CO + 6\,HCl$	$300\ bis\ 500$ C $800\ bis\ 1400^{\circ}$ C	Korrosionsschutz Verschleißschutz
Bor	$BCl_3 + 3/2\,H_2 \longrightarrow B + 3\,HCl$	ca. 1000° C	Verschleißschutz
Bornitrid	$BCl_3 + NH_3 \longrightarrow BN + 3\,HCl$	$500\ bis\ 1500^{\circ}$ C	Verschleißschutz
Chrom	$(C_9H_{12})_2\,Cr \longrightarrow Cr + 2\xi\,H_2$	$400\ bis\ 600^{\circ}$ C	Verschleißschutz
Molybdän	$2\,MoCl_5 + 5\,H_2 \longrightarrow Mo + 10\,HCl$	$900\ bis\ 1100^{\circ}$ C	Gleitschicht Verschleißschutz
Nickel	$Ni(CO) \longrightarrow Ni + 4\,CO$	$150\ bis\ 200^{\circ}$ C	Korrosionsschutz Teileformung
Niob	$2\,NbCl_5 + 5\,H_2 \longrightarrow 2\,Nb + 10\,HCl$	$600\ bis\ 1000^{\circ}$ C	Korrosionsschutz
Tantal	$2\,TaCl_5 + 5\,H_2 \longrightarrow 2\,Ta + 10\,HCl$	$800\ bis\ 1000^{\circ}$ C	Korrosionsschutz
Titan	$TiJ_4 + 2\,H_2 \longrightarrow Ti + 4\,HJ$	$700\ bis\ 1000^{\circ}$ C	Korrosionsschutz
Titancarbid	$TiCl_4 + CH_4 \longrightarrow TiC + 4\,HCl$	$800\ bis\ 1100$ C	Verschleißschutz
Titan-carbonitrid	$2\,TiCl_4 + N_2 + 2\,CH_4 \longrightarrow$ $2\,Ti(C_xN_y) + 8\,HCl$	$> 1000^{\circ}$ C	Verschleißschutz
Titannitrid	$2\,TiCl_4 + N_2 + 4\,H_2 \longrightarrow$ $2\,TiN + 8\,HCl$	$> 1000^{\circ}$ C	Verschleißschutz
Wolfram	$WF_6 + 3\,H_2 \longrightarrow W + 6\,HF$	$500\ bis\ 1000^{\circ}$ C	Teileformung

18.2 PVD-Verfahren

Unter PVD-Verfahren werden im Prinzip folgende Verfahren verstanden:

- Ionenätzen
- Vakuumaufdampfen
- Sputtern
- Ionenplattieren

PVD-Verfahren unterscheiden sich von CVD-Verfahren prinzipiell auch dadurch, daß die beim Aufbringen der Schicht auftretende Temperaturbelastung maximal 500°C nicht überschreitet.

Ionenätzen: Unter Ionenätzen versteht man den Vorgang, daß man im Vakuum bei Drücken im 1 Pa-Bereich zwischen Werkstück (Substrat) und Ionenquelle eine hohe elektrische Spannung anlegt. Man erzeugt im Reaktor Ar^+-Ionen, die im elektrischen Feld beschleunigt werden und ihrer hohen Atommasse wegen mit großem Impuls auf die Substratoberfläche treffen. Dort wird die Auftreffenergie dazu genutzt, um oberflächliche Atome abzutragen und die Oberfläche dadurch zu reinigen. Ionenätzen wird aus diesem Grund sehr oft vor der Schicht-abscheidung als letzte Reinigungsstufe angewendet. Ätzvorgänge können auch chemisch unterstützt werden. Man setzt dazu dem Reaktorgas eine durch Stoßionisation spaltbare oder aktivierbare Substanz zu, die mit der Substratoberfläche unter Bildung einer flüchtigen Verbindung reagiert.

$$CF4 + e \rightarrow CF3+ + F + 2e, \quad Si + 4 F \rightarrow SiF4$$

Wird als reaktives Gas Sauerstoff verwendet, können z.B. alle organischen Verbindungen auf einer Oberfläche abgetragen werden (Trockenreinigen). Abwandlungen des chemischen Ätzens sind:

Aufdampfen: Aufdampfen im Vakuum ist eine sehr weit verbreitete Technik. Der Dampfdruck einer Flüssigkeit oder Schmelze ist exponentiell von der Temperatur abhängig. Es gilt

$$p_s = A * e^{-B/T}$$

A und B sind Konstanten und T ist die Temperatur in (°K). p_s ist der Sättigungsdampfdruck bei der Temperatur T. Aus dem Sättigungsdampfdruck berechnet sich mit Hilfe der kinetischen Gastheorie der je Zeit- und Flächeneinheit abdampfende Menge G in $(g/cm^2\ s)$ zu

$$G = 0,044 * ps * (M/T)1/2$$

M ist darin die relative Molmasse oder Atommasse der abdampfenden Substanz. Nicht nur in Laboratorien sondern vor allem zur Erzeugung von dünnen Schichten aller Art wird Vakuumverdampfen eingesetzt. Da die Temperaturbelastung beim Vakuumverdampfen mit 400 bis 500°C ohne Kühlung relativ gering ist, weil eine Wärmezufuhr nur über die Kondensationswärme des Bedampfungsmaterials erfolgt, ist die Temperaturbelastung für das Substrat geringer als bei CVD-Verfahren. Größter Anwender des Vakuumbedampfens ist die Kunststoffindustrie. Das Anlagenprinzip zeigt Bild 18-5. Die Bedampfung erfolgt allgemein im Druckbereich von etwa 0,01 bis 1 Pa (10^{-2}-10^{-4} mbar).

Die Abscheiderate beim Vakuumverdampfen kann sehr unterschiedlich sein. Sie ist ungefähr gleich der Verdampfungsrate und liegt bei 0,05 bis 25 µm/s. Da die Abscheiderate exponentiell von der Temperatur abhängig ist, muß Aufwand für die Temperaturregelung betrieben werden, um gleichmäßige Schichtausbildung zu erreichen. Zur Beschichtung von Masseteilen wie optische Gläser etc. verwendet man Anlagen, bei denen die Bedampfungszeit zum Materialaufstecken und -abnehmen vom Träger ausgenutzt wird.

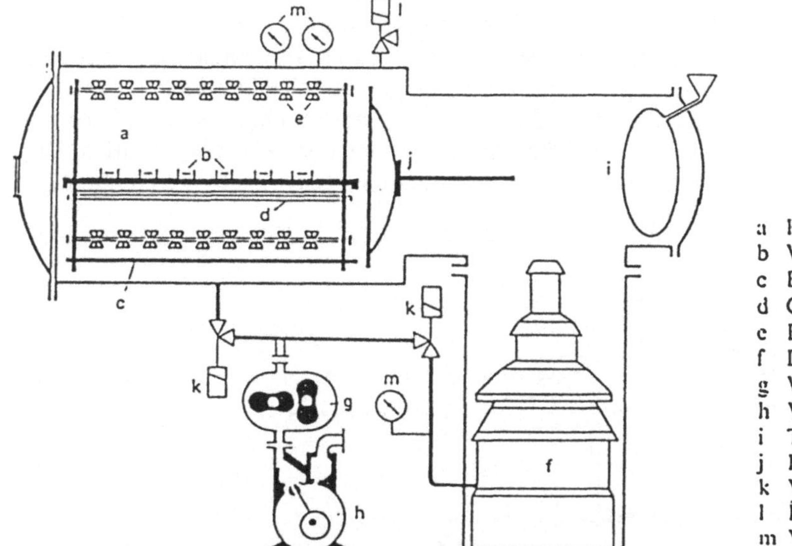

Bild 18-5: Chargenanlage zu Kunststoffbedampfen

Beim ionenunterstützten Aufdampfen wird dem aus dem Verdampfer aufsteigenden Dampf ein Ionenstrahl überlagert, dessen Ionen Energien in Höhe von etwa 100 eV besitzen. Man kann zum Herstellen von Oxidschicht z.B. dem Ionenstrahl ein reaktives Gas überlagern, so daß aus Metalldampf und Ionenstrahl eine Oxidschicht entsteht.

Sputtern:

Beim Sputtern wird das Beschichtungsmaterial in Form von Einzelatomen, Molekülen oder Atomgruppen (Clustern) aus der Kathode (Beschichtungsmaterial) durch Ar^+-Ionen beim Druck von 0,1 bis 10 mPa mit Hilfe einer Glimmentladung herausgeschossen und auf der Substratoberfläche kondensiert. Argonionen werden dabei in einem Plasma erzeugt. Ein Plasma ist ein nach Außen hin elektrisch neutraler Partikelstrom, der im Innern freie positive und negative elektrische Ladungsträger nebeneinander enthält. Der Materialstrahl (Target) bildet sich dann durch Herausschlagen des Materials aus der Kathode beim Auftreffen energiereicher Partikel wie Ar^+ aus dem Plasmastrahl. Die einfachste Ausführungsform eines durch Plasma aktivierten Zerstäubers ist die DC-Diodenzerstäubung. Bei der DC-Dioden-zerstäubung stehen sich im Reaktionsraum in

Abstand weniger Zentimeter zwei Elektroden gegenüber. Die Anode (das Substrat) wird geerdet. Zwischen Kathode (Targetmaterial) und Anode liegen einige kV Spannung Gleichstrom. Man evakuiert den Reaktionsraum, beschickt ihn bei 1 Pa mit Argon und erzeugt eine Glimmentladung. Die Direct-Current- Diodenmethode ist nur für elektrisch leitendes Targetmaterial geeignet. Erhöht man den Ionisationsgrad des Plasmas durch Elektronen, die aus einer Glühkathode emittiert werden, muß man eine Triodenanordnung wählen. Bei einer Triodenanordnung werden aus einem auf 2500°C erhitzten Wolframdraht Elektronen abgegeben. Der Glühkathode gegenüber steht eine Anode. Zwischen beiden Elektroden bildet sich ein Plasma aus, in dem Argonatome ionisiert werden. Ordnet man neben dem Plasma eine Targetscheide an, der man ein gegen Masse negatives Potential gibt, so werden die Ionen des Plasmas zu Targetmaterial abgelenkt, auf dem sie zerstäubend wirken. Das Substrat kann dann an beliebiger Stelle gegenüber dem Targetmaterial angeordnet werden. Gibt man dem Substrat dagegen eine kleine negative Spannung, so wird auch dessen Oberfläche von Ionen des Plasmas getroffen. Dadurch wird die aufwachsende Schicht von adsorbierten Gaspartikeln gereinigt. Man nennt dieses Verfahren "Bias-Sputtern".

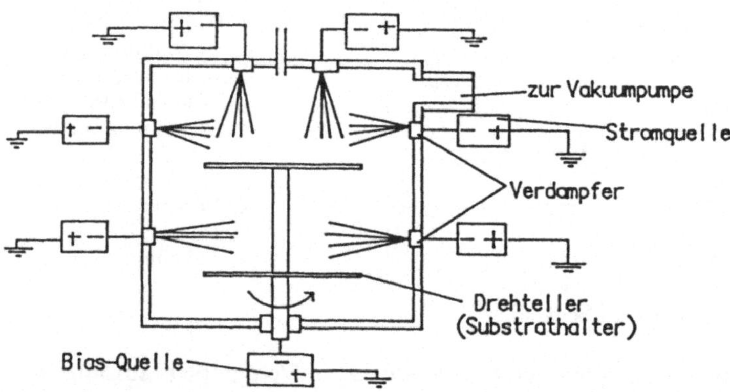

Bild 18-6: Bias-Sputtern

Die Energie des Sputtergases kann durch Hochfrequenzfelder erhöht werden. Das Plasma kann auch durch Magnetfelder gerichtet und vor dem Targetmaterial konzentriert werden, wozu Permanentmagneten eingesetzt werden. Das Targetmaterial wird unter negative Spannung gesetzt, so daß Ionen aus dem Plasma zur Materialoberfläche gelangen und dort Material herausschlagen. Auch das Sustrat liegt auf negativer Spannung (Bias-Spannung), so daß ein Teil der Ionen des Plasmas auch dorthin gelangen und die Oberfläche durch Ionenätzen reinigen, wodurch sich die Haftfestigkeit von gesputterten Überzügen erhöht. Die Kristallisation des Überzuges kann dann noch durch eine Substratheizung beeinflußt werden. Die Abscheiderate in Sputterprozessen liegt in der Größenordnung von 0,0001 bis 0,01 µm/s. Eingesetzt werden sowohl Metalle und Legierungen als auch Oxide Hartstoffe, Gleitstoffe oder PTFE.

Eine Abwandlung des Sputterns ist das reaktive Sputtern, ein Prozeß, der zwischen einem PVD- und einem CVD-Verfahren anzuordnen ist. Beim reaktiven Sputtern reagiert das Target (z.B. Titan) mit Bestandteilen des Plamas (z.B. O_2), so daß das chemische Reaktionsprodukt (z.B. TiO_2) auf der Oberfläche des Substrats abgeschieden wird. Als Plasma wird hierbei eine Mischung aus Argon mit einem reaktiven Gas (z.B. O_2) eingesetzt.

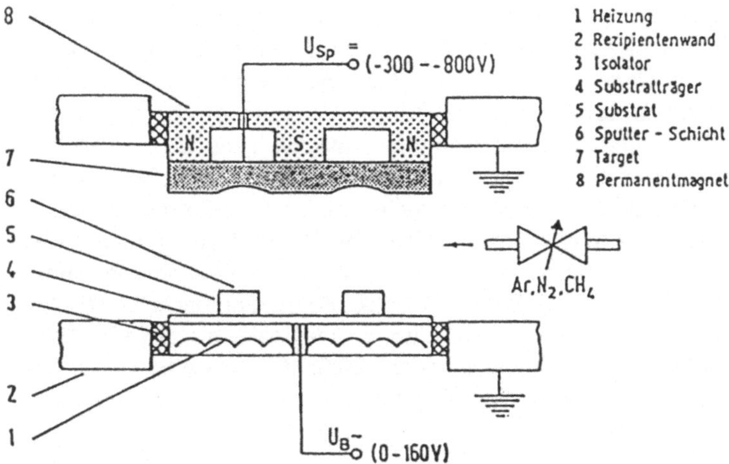

Bild 18-7: Prinzip des reaktiven Sputterns, Foto METAPLAS, Bergisch-Gladbach

Ionenplattieren:

Beim Ionenplattieren wird das Beschichtungsmaterial in einer als Anode geschalteten Verdampferquelle verdampft und in einen Plasmaraum abgegeben. Im Argonplasma wird das Beschichtungsmaterial ionisiert. Da das Substrat als Kathode geschaltet wird, werden die Ionen auf die Substratoberfläche hin beschleunigt und bei Auftreffen entladen. Die gebildete Schicht verankert sich dadurch sehr fest auf dem Substratmaterial. Zum Ionenplattieren gibt es eine Vielzahl von Abarten, die sich im elektrischen Aufbau der Anlagen unterscheiden. Am erfolgreichsten ist bislang das gesteuerte Arc-Verdampfen. Beim Arc-Verdampfen wird das Bedampfungsmaterial durch einen Vakuum-Lichtbogen aus dem Kathodenmaterial verdampft. Dabei werden die Metallatome des Beschichtungsmaterials überwiegend ionisiert. Durch eine am Substrat liegende negative Spannung (Bias-Spannung) werden die Metallionen dann auf die Oberfläche geschleudert und bilden dort eine Beschichtung aus. Man kann den Lichtbogen und damit die Verdampfung durch Magentfelder steuern. Einsatz von beweglichen Magneten (Steered Arc) verbessert die Gleichmäßigkeit des Materialabtrags und damit auch des Schichtaufbaus dadurch, daß der Kathodenfleck, den der Vakuumlichtbogen auf dem Targetmaterial einbrennt, jetzt systematisch über die Oberfläche des Targetmaterials geführt werden kann.

18.3 TiC-, TiN- und TiAlN- Schichten

Beschichtungen dieser Systeme dienen heute als bevorzugte Hartstoffbeschichtungen beim Bau von Schneid- oder Preßwerkzeugen. Sie werden aber auch zu dekorativen Zwecken eingesetzt [44]. Nitrid und Carbonitridschichten zeichnen sich durch intensive Farbgebung aus. Die Schichten sind aber nicht nur dekorativ, sondern weisen zudem Verschleißfestigkeit und Korrosionsschutz den Eigenschaften der jeweiligen Hartstoff-schicht entsprechend aus. Die Härte der Schichten (Bild 18-8) ist sehr groß. Allerdings wird der Einsatzbereich der Hartstoffschichten durch Oxidationsprozesse bei erhöhter Temperatur begrenzt. TiC-Schichten und TiN-Schichten können einmal im CVD-Verfahren hergestellt werden. Derart gebildete Schichten weisen je nach Partialdruck der Gase $TiCl_4$ und CH_4 unterschiedliche stöchiometrische Zusammensetzung auf. Man kann Nitridschichten auch so herstellen, daß man z.B. zunächst Titan als PVD-Schicht aufträgt und währen des Auftrags ein reaktives Plasma erzeugt (z.B. durch NH_3-Zusatz), das mit Ti reagiert. Man kann diese Schritte auch nacheinander durchführen und die Ti-Schicht in einer Plasmanitrierung in eine Nitridschicht überführen. Dabei laufen diffusi-onskontrollierte Reaktionen ab, die relativ langsam sind, so daß die Behandlungstemper-tauren zwar niedriger als bei CVD-Verfahren, die Behandlungszeiten aber relativ lang sind. Schneller geht die Umsetzung, wenn man ein geeignetes Reaktionsgas (z.B. Ar/N_2) auf unter einem Laser aufgeschmolzenes Ti einwirken läßt. Dabei werden beachtlich große Nitrier- bzw. Carburiertiefen bei technisch interessanten Vorschubleistungen er-reicht.

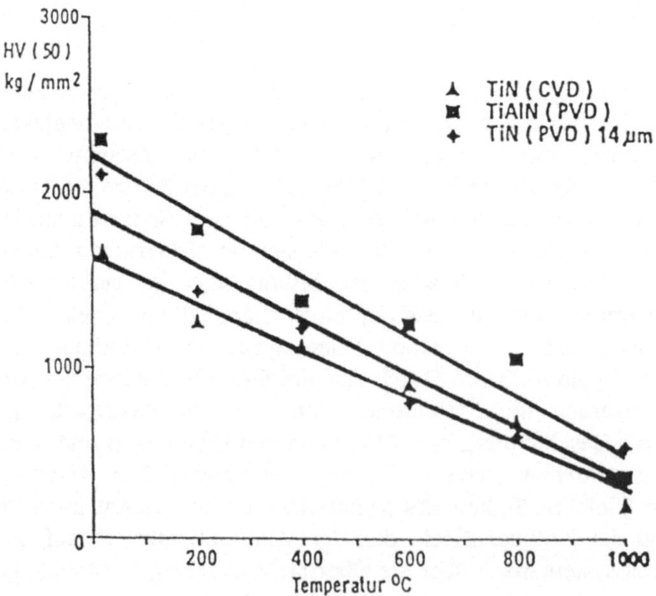

Bild 18-8: Härte in Abhängigkeit von der Temperatur nach [45]

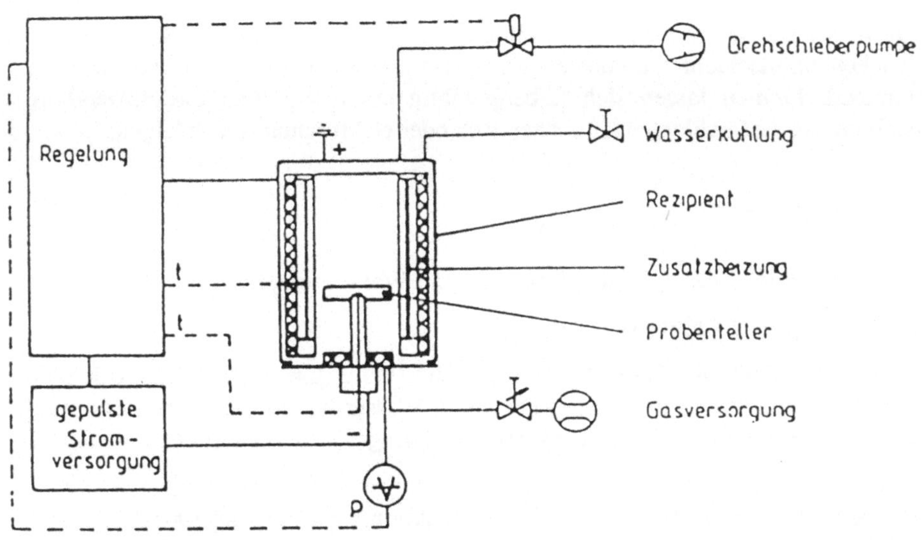

Bild 18-9: Plasmanitrieranlage nach [46]

Übungsaufgaben:

Frage 18.1: Welche Vorbehandlung sollten Werkstücke aus Stahl vor dem Plasmanitrieren bekommen?

Frage 18.2: Was ist der Unterschied zwischen Bedampfen und Sputtern, und worin liegt der Vorteil des Sputterns?

Frage 18.3: Was ist zu beachten, wenn temperaturempfindliches Material bedampft werden soll?

Frage 18.4: Wie sieht der Zusammenhang zwischen Bedampfungsgeschwindigkeit und Temperatur aus?

19 Aluminiumoxidschichten

Aluminiumwerkstoffe werden durch Ausbildung einer Oxidschicht vor Korrosion geschützt. Dickere Oxidschichten dienen als Dielektrikum bei elektrischen Kondensatoren. Aluminiumoxidschichten lassen sich farbenprächtig einfärben ohne Lackanwendung. Die Herstellung solcher Schichten kann chemisch oder elektrochemisch erfolgen.

19.1 Chemische Schichtbildung

Zur chemischen Schichtbildung wird Aluminium mit Wasser umgesetzt gemäß

$$2\,Al + 4\,H_2O = 2\,AlO(OH) + 3\,H_2$$

Die abgeschiedene AlO(OH)-Schicht bildet eine 0.6 bis 3 µm starke Böhmit-Schicht. Man kann diese Schicht durch Umsatz mit reinem Wasser bei 75 bis 120°C oder durch Behandeln mit oxidierenden alkalischen Reaktionslösungen erzeugen. Im Einsatz sind

- VAW-Verfahren mit $NH_3/(NH_4)_2S_2O_8$- Reaktionsmischung bei 80°C.
- Alrock-Verfahren mit $Na_2CO_3/K_2Cr_2O_7$- Reaktionsmischung bei 100°C
- Pyluminverfahren mit Na_2CO_3/Na_2CrO_4-Reaktionsmischung bei 100°C.

19.2 Anodisieren von Aluminium

Oxidschichten können auf Aluminium auch durch anodische Oxidation in einem Anodisationsbad hergestellt werden. Dazu wird das Al-Werkstück im Bad, das gekühlt werden muß, als Anode geschaltet, der beidseitig Kathoden gegenüber stehen. Die erste Oxidation auf der Al-Oberfläche beginnt punktweise. Da an den kleinen Partialflächen, die auf diesem Weg eine Al-Oxidschicht erhalten, der Übergangswiderstand für den elektrischen Strom erhöht ist, erfolgt die weitere Oxidation an Flächen, die noch blankes Metall, also einen minderen elektrischen Übergangswiderstand aufweisen. Auf diese Weise wachsen langsam alle metallischen Flächen zu. In den Zwickeln, die sich zwischen den einzelnen Oxidinseln bilden, ist dann der Widerstand wieder vergleichsweise vermindert, wodurch die zweite Schicht über den Zwickeln aufwächst. Bild 19-1 zeigt den Wachstumsmechanismus. Auf diese Weise erhält die Oxidschicht eine Zellenstruktur. Die Zellen werden größer, wenn die Anodisierungsspannung steigt, weil bei höheren Spannungen etwas größere elektrische Widerstände noch überwunden werden können als bei niederen Spannungen, so daß das Wachstum erst bei größeren Zellendurchmessern abbricht. Im Schnitt weist die anodische Oxidschicht dann eine Kanalstruktur auf, die am Boden unmittelbar über dem Metall durch eine dichte Sperrschicht abgeschlossen wird. Im Gegensatz zur chemischen Schichtbildung arbeiten Anodisierbäder im sauren Bereich.Eingesetzt werden Chromsäure-, Schwefelsäure, Oxalsäure-, gemischte Schwefelsäure/Oxalsäure-, Schwefelsäure/ Chromsäure- oder Borsäurebäder. Tabelle 19-1 zeigt Badzusammensetzungen und -betriebsweisen verschiedener Anodisierbäder. Tabelle 19-2 beschreibt die Schichtzusammensetzung von Anodisierschichten. Die Schichtbildungsgrenze bei anodischer Schichtbildung liegt bei 0,1 nm/V für die dichte Sperrschicht und bei 1,4 nm/V bei der porigen Außenschicht. Es gibt im Prinzip drei verschiedene Elektrolytarten, unterschieden nach den Fähigkeiten des Elektrolyten, die entstandene Anodisierschicht nicht, nur teilweise oder sehr stark aufzulösen. Das Schichtwachstum endet, wenn die Bildung der Schicht genauso schnell verläuft wie die Auflösung der Schicht im Elektrolyten, oder wenn der elektrische Widerstand der Schicht nicht mehr überwunden werden kann. In Borsäure- oder Citronensäureelektrolyten bildet sich auf dem Aluminium eine sehr harte, nicht poröse Schicht von etwa 0,1 bis 1 µm Schichtdikke, die z.B. zur Herstellung von Elektrolytkondensatoren eingesetzt wird. Dieser Elektrolyttyp löst die Anodisierschicht praktisch nicht auf. Schwefelsäure, Chromsäure und Oxalsäure vermögen die Anodisierschicht merklich zu lösen. Neben einer sehr dünnen und kompakten Sperrschicht, die unmittelbar auf dem Metall sitzt, bildet sich eine darübergelegene poröse Hauptschicht mit Porengrößen von 0,01 bis 0,05 µm und Porenvolumina, die je nach Badspannung bis in die Größenordnung von 25% reichen können. Die Stromausbeute sinkt dabei auf 50 bis 80%, weil ein Teil des gebildeten Aluminiumoxids wieder aufgelöst wird. Die Oxidschichten sind saugfähig und enthalten daher auch die Anionen des Elektrolyten in Mengen von ca. 10%.

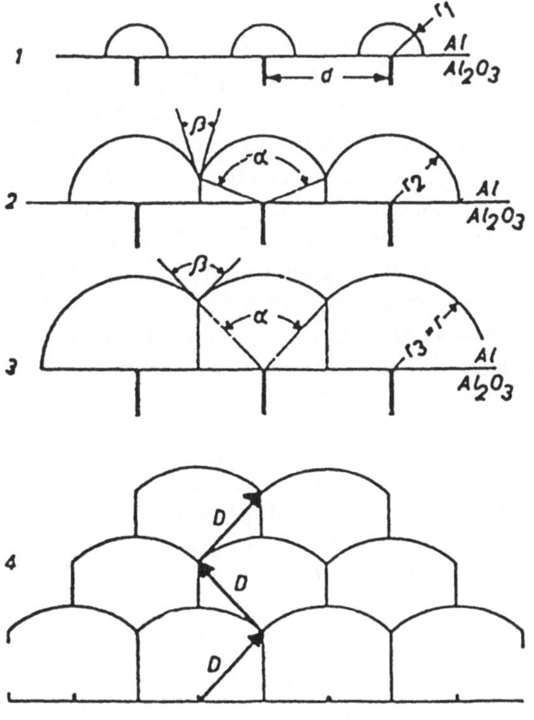

Bild 19-1: Wachstumsdiagramm für Anodisierschichten

Bei Elektrolyten mit starkem Lösevermögen für die Anodisierschicht wie Alkalicarbonate, Phosphorsäure oder Flußsäure ergibt sich eine starke Glättung und Einebnung der Oberfläche. Eine eigentliche Oxidschicht bildet sich   nicht aus. Der elektrische Strom findet dabei in erster Linie Zugang zu den Spitzen der Oberflächenrauhigkeit, die angegriffen, oxidiert und im Elektrolyten gelöst werden. Der Effekt, der mit anderen Elektrolyten auch bei anderen Metallen erzielt werden kann, ist das elektrolytische Polieren. Beim Wachsen der Anodisierschicht wird Grundmetall in Oxid umgewandelt. Da das Oxid eine geringere Dichte (3,1 g/cm^3) als das Aluminium besitzt, wächst die Schicht etwa zur Hälfte nach außen. Das Werkstück nimmt an Dicke zu. Die Anodisierung kann diskontinuierlich und kontinuierlich erfolgen. Folgende Arbeitsschritte sind notwendig:

- Reinigen. Öl- und Fettreste geben fleckige Oxidschichten. Deshalb wird am besten zweistufig gereinigt mit alkalischen Reinigern
- Spülen. Gründliches Spülen ist notwendig zur Entfernung der Reinigerbestandteile
- Beizen mit HNO_3/HF-Beizen zur Entfernung von Oxidschichten.
- Spülen
- Anodisieren

mit i = Stromdichte in (A/dm^2), d = Schichtdicke in (µm) und ß = anodischer Wirkungsgrad in (%/100). Die Badzusammensetzung muß überwacht, die Badtemperatur auf +/- 2 °C konstant gehalten werden. Deshalb werden die Bäder entweder durch Einblasen von Luft oder durch Kühlwasser, das durch Rohre aus Pb oder Ti gepumpt wird, gekühlt. Als Kathode werden Edelstahlelektroden bei Chromsäureelektrolyten, Bleikathoden in Schwefelsäureelektrolyten oder allgemein in anderen Elektrolyten Stahl-, Blei- oder Kohlekathoden eingesetzt. Verwendet werden Gestelle aus Al, Cu, Phosphorbronzen oder Titan. Am häufigsten werden heute mit PVC überzogene Gestelle mit Titanspitzen zum elektrischen Kontakt mit den Werkstücken verwendet. Beim Aufhängen der Werkstücke sollte der Werkstückabstand untereinander etwa dem zur Kathode gleich werden. Die Steuerung der Anodisierung erfolgt dann über den Stromverbrauch. Dabei gilt folgende Beziehung:

$$\text{Anodisierdauer (min)} \qquad t = \frac{d}{0,3 * i * \beta}$$

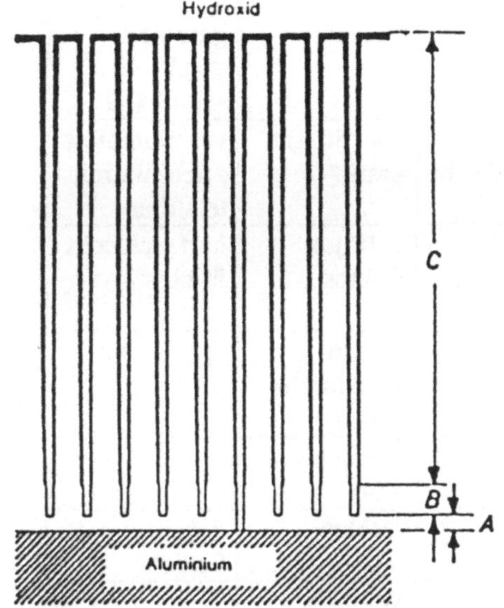

Schema der anodischen Oxidschichtbildung nach
Rummel [34].
A = ursprüngliche Oxidschicht teilweise
      durchbrochen
B = aus der ursprünglichen Oxidschicht
      entstandene Schicht, noch ohne Berührung
      mit dem Elektrolyten
C = Oxid-Hydroxidschicht in Berührung mit
      dem Elektrolyten

Bild 19-2:
Kanalstruktur der Anodisierschicht

Bei der Bandanodisierung werden Aluminiumbänder bis 600 mm Breite bei Bandgeschwindigkeiten von etwa 150 m/min mit einer etwa 1,5 µm dicken Oxidschicht bei 1,5
A/dm^2 und 15-20 V in 10% H_2SO_4 bei 21 - 27°C beschichtet. Das Blech wird z.B. zur
Herstellung von Fischkonservendosen eingesetzt. Die Nachbehandlung nach dem Anodisieren kann gegebenenfalls durch Einfärben und durch chemischen Verschluß
(Behandeln mit siedendem reinem Wasser) erfolgen. Dabei entsteht eine Al_2O_3-Schicht
von 0,1 nm und darüber eine 0,25 nm dicke Böhmitschicht

Tab.19-1: Anodisierverfahren.

Bezeich-nung/Ver-fahrenstyp	Elektrolyt Anwendung	Stromdichte/ Spannung	Temperatur /Behand-lungszeit	Schichtdicke /Farbe	Bemerkungen
Bengough-Stuart GC	2,5-3% CrO_3	0,1-0,8 A/dm^2 bis 50 V	40°C bis 20 min	2,5-15 µm grau	schützend, nicht für Le-gierungen
Bengough-Stuart, Be-schleun. GC	5-10% CrO_3	0,1-0,3 A/dm^2 40 V	35°C 30 min	2-3 µm grau	dichte Über-züge

Alumilite GS	10-20% H_2SO_4	1-1,7 A/dm² 10-20 V	15-25 °C 10-30min	5-30 µm farblos	hart, färbbar, gute Anstrichgrundlage
Dicke GS-schicht	7% H $_2$SO$_4$	1-5 A/dm² 23-120 V	0-3°C bis 240 min	bis 250 µm grau	verschleißfest , Schmiermittelaufnahme
GSX Schichten	10-15 % H_2SO_4 1-2% Oxals.	1-2A/dm² 20-25V	20-27°C 10-30min	5-30 µm farblos	hart, schlecht färbbar
Brit.+ Amerikanische GX	5-10% Oxalsäure	1-1,8 A/dm² 50-65V	30°C 10-30min	15 µm halbdurchscheinend	
GX-Verfahren	3-5% Oxalsäure	1-2,5A/dm² 40-60 V	18-20°C 40-60 min	10-65 µm gelb	
GXh-Verfahren	3-5% Oxalsäure	1-2,5A/dm²	35°C	farblos	dekorative Schicht
WX-Verfahren	3-5% Oxalsäure	2-3,5A/dm² 40-60 V	25-35°C 40-60 min	gelblich	
WGX	3-5% Oxalsäure	1.G 2- 3,5A/dm² 30-60 V 2. W,40-60V 1-2,2 A/dm²	20-30°C 15-30 min	gelblich	
Dicke GX-Schichten	3-5% Oxalsäure	1-2,5A/dm² 40-60 V	3-5 °C	bis 600 µm gelb	vgl. Dicke GS-Schicht
Ematal/GX	3-5% Oxalsäure + Ti od. Zr	0,2-0,3 A/dm² 120V	50-70°C 20-40min	10-18 µm	schützend, dekorativ wie Porzellan
Borsäureverfahren	0-0,25% Borax 9 - 15% Borsäure	- 50-500V - 230-250V	90-95°C 90-95°C	2,5-8 µm 2,5-8 µm	dünne dielektrische Filme für Kondensatoren

Es bedeuten: G = Gleichstrom, W = Wechselstrom, S = Schwefelsäure, X = Oxalsäure.

Tab.19-2: Zusammensetzung der Schicht

Bildungs-bedingungen	Sperrschicht-dicke (nm)	Gesamtschicht-dicke (µm)	Struktur
Luft -trocken, 20°C -trocken, 500°C	1 - 2 2 - 4	0,001 - 0,002 0,04 - 0,06	amorph, Al_2O_3 amorph + h-Al_2O_3
O_2 - trocken, 20°C - trocken, 500°C	1 - 2 10 - 16	0,001 - 0,002 0,03 - 0,05	amorphes Al_2O_3 amorphes + h-Al_2O_3
Luft- feucht, 20°C - feucht, 300°C	0,4 - 1 0,8 - 1	0,05 - 0,1 0,1 - 0,2	AlO(OH) Böhmit + Al(OH)$_3$ Hydrargillit AlO(OH) Böhmit
Wasser-kochend, 100°C - unter Druck, 150°C	0,2 - 1,5 bis 1	0,2 - 2 1 -5	AlO(OH) Böhmit AlO(OH) Böhmit
Anodisiert, 18 - 25°C	10 - 15	5 - 30	amorphes Al_2O_3
Hart anodisiert, 0-6°C	15 - 30	50 - 200	amorphes Al_2O_3

19.3 Einfärben von Oxidschichten auf Aluminium

Aluminiumoxid ist nach dem Anodisieren mit Säureanionen bedeckt. Beim Färben können diese Anionen durch solche eines Farbstoffs ersetzt werden. Das Färben kann mit organischen Farbstoffen oder mit anorganischen Farben erfolgen. Dabei müssen die färbenden Lösungen entlang der Kanäle in die Oxidschicht eindiffundieren, was entsprechend lange Behandlungszeiten erforderlich macht.

Als organische Farbstoffe werden z.B. wasserlösliche Azofarbstoffe eingesetzt, die bei Temperaturen bis 100°C aufgezogen werden.

Anorganische Farbstoffe werden durch Reaktion einer Schwermetallösung mit einem nachdiffundieren Fällungsagens hergestellt. Färbende Verbindungen sind:

Tabelle 19-3: Färbende Verbindungen für Anodisierschichten

$PbCrO_4$ oder CdS	gelb
SnS	braungelb
$PbSO_4$	weiß
Sb_2S_3	orange
$Cu_2[Fe(CN)_6]$	rotbraun
$Ag_2Cr_2O_7$	braun
Co(OH)$_3$ oder PbS	dunkelbraun
$Fe_4[Fe(CN)_6]_3$	blau
CoS	schwarz
CuS oder $Cu_3(AsO_4)_2$	grün

Oxidschichten, die mit Wechselstromanodisierung in Schwefelsäure hergestellt wurden, enthalten merkliche Mengen an Sulfid. Dadurch können derartige Fällungsfarben auch ohne Fällungsagens hergestellt werden, wenn das eingeführte Element nur einen farbigen Sulfidniederschlag ergibt.

Mehrfarbeneffekte lassen sich erzielen, wenn man nach der ersten Färbung trocknet und die zweite Färbung danach aufzieht. Dabei kann auch die färbende Lösung im Spritzverfahren aufgetragen und gegebenenfalls nicht einzufärbende Partien durch eine Maske abgedeckt werden. Auch Auftrag der färbenden Lösung im Siebdruckverfahren ist möglich.

Übungsaufgaben:

Frage 19.1: Beschreiben Sie die Herstellung von blau eingefärbten Eloxalschichten

Frage 19.2: Beschreiben Sie die Herstellung von Harteloxalschichten.

Frage 19.3: Wie entsteht die Kanalstruktur in einer Eloxalschicht?

20 Behandlungsgerechtes Konstruieren

Die Behandlung in oberflächentechnischen Verfahren und Prozessen erfordert die Einhaltung bestimmter Konstruktionsregeln, ohne deren Einhaltung die Behandlung erschwert oder gar unmöglich gemacht wird. Bislang haben zu diesem Problem nur die einzelnen Fachverbände Stellung bezogen und teilweise Broschüren mit auf ihre Produktionen zugeschnittenen Regeln herausgegeben. Vergleicht man jedoch diese Regelwerke, so schälen sich allgemeingültige Konstruktionsregeln heraus, die man gelegentlich nur mit Ergänzungen für den Spezialfall versehen muß. Folgende Regeln sollten beachtet werden:

I. Die Konstruktion eines Werkstücks soll so ausgelegt sein, daß alle gasförmigen, flüssigen oder festen Behandlungsmedien die Oberfläche ungehindert erreichen und ungehindert wieder verlassen können. Das gilt für die Einwirkung von Gasen beim Nitrieren ebenso wie für die Einwirkung von Pulverlacken beim Auftragen und speziell auch für die Einwirkung flüssiger Medien wie Reinigerlösungen, Beizen oder auch metallischer Schmelzen. Insbesondere bei flüssigen Einwirkungsmedien müssen notfalls Ablaufbohrungen angebracht werden

II. Vertiefungen aller Art sollten so angebracht werden, daß sie beim Tauchen in flüssige Medien ohne Bildung von Luftblasen befüllt und ohne Bildung von Rückständen entleert werden können.

III. Falze und Bördelungen sollten so angeordnet sein, daß sie von Behandlungsmedien ungehindert befüllt und entleert werden können. Geschlossene Falzverbindungen sollten so dicht ausgeführt werden, daß im Falzinneren keine Luft eingeschlossen wird, die beim Einbrennen von Lack oder Email z.B. Anlaß zur Blasenbildung gibt.

IV. Scharfe Kanten sollten durch Runden oder Abschrägen entschärft werden.

V. Bohrungen sollten so ausgeführt werden, daß kein Materialstau am Einlauf durch scharfe Kanten entsteht. Am besten sollten Bohrungen versenkt werden.

VI. Bohrungen sollten im Werkstück so angeordnet werden, daß sie ohne Bildung von Luftblasen voll benetzt und danach wieder vollkommen entleert werden können.

VII. Löcher sollten so angeordnet werden, daß zwischen Loch und Rand genügend Material stehen bleibt, um unnötige Biegebeanspruchungen zu vermeiden. Als minimaler Lochabstand vom Rand wird $a = 5\,s$ mit $s = $ Materialstärke empfohlen.

VIII. Löcher sollten von Biegekanten weit genug entfernt sein, damit in den Biegeradien keine Beschädigungen durch Befestigungselemente entstehen. Wurden die Löcher vor dem Biegen angebracht, muß der Abstand von der Biegekante auch deshalb groß genug sein, damit beim Biegen keine Lochdeformation entsteht.

IX. Grate sollten stets an der Innenseite der Kante liegen, um keine sichtbaren Beschichtungsfehler hervorzurufen.

X. Beim Vorgeben eines Krümmungsradius von Winkeln etc. sollten stets die Materialeigenschaften des Beschichtungsmaterials und die daraus resultierenden Mindestkrümmungsradien berücksichtigt werden. Empfohlen werden für Lack, galvanische Schichten, Email etc. Mindestbiegeradien von r = 5 mm oder von r = 1,5 s mit s = Materialstärke.

XI. Erhebungen vom Untergrund durch Schweißnähte oder Niete sollten vermieden werden. Dazu sollten Schweißnähte abgeschliffen oder Nietköpfe versenkt werden.

XII. Spitze Ecken oder .Winkel sollten durch Schweißauftrag ausgefüllt werden.

XIII. Schraubverbindungen sollten mit zusätzlicher Kappe und Dichtung versehen werden.

XIV. Schweißnähte sollten dicht und ausgefüllt sein, so daß keine Taschen oder Kapillaren entstehen, die Anlaß zu Fehlbeschichtungen geben.

XV. Punktschweißverbindungen sollten als Buckelschweißverbindung ausgeführt werden, damit keine Kapillaren entstehen.

XVI. Hohe Kantenpressungen bei Nuten, Keilnuten, Kanten, Stirnflächen, Stützkanten oder Flanschen können durch Anschleifen von Winkeln und Abrundungen vermieden werden.

XVII. Beim Anziehen von Flanschen durch Schraubverbindungen sollte die Materialstärke der Flansche so gewählt werden, daß keine Flanschdeformation durch die vorgesehenen Anzugsmomente erfolgt, damit aufliegende oder angrenzende Beschichtungen nicht abplatzen.

XVIII. Knotenpunkte sollten so ausgeführt werden, daß keine spitzen Ausläufe entstehen.

Besonderheiten sind ferner zu beachten, wenn das Werkstück beim Beschichten auf höhere Temperaturen erwärmt wird, so daß Verzug droht. Zu beachten ist dann z.B. beim Emaillieren oder beim Aufbringen von Schmelztauchschichten:

XIX. Das Entstehen von Schweißspannungen ist durch Aufstellen eines Schweißplan (Schweißnähte möglichst symmetrisch zur Schwerpunktsachse) zu vermeiden.

XX. Vertiefungen durch Sicken oder Versteifungen durch Abkantungen z.B. am Rand des Werkstücks sollten zusätzlich zur Versteifung des Blechs angebracht werden. Der Krümmungsradius der Sicken darf dabei nicht zu klein gewählt werden, die Abkantung nicht zu scharfkantig sein.

XXI. Bei Gußwerkstücken (z.B. Gußeisen) sollten Versteifungsrippen angebracht werden, die schlank gestaltet sein und nicht zu viel Material enthalten sollten, um die Bildung von Haarrissen in der Versteifungsrippe zu vermeiden.

21 Korrosion und Verschleiß der Oberflächen

21.1 Korrosion

Unter Korrosion metallischer Oberflächen solte man jede auf äußere Einwirkung mechanischer, chemischer oder physikalischer Art zurückzuführende Veränderung einer Oberfläche bezeichnen. Auch ein im Sonnenlicht vergilbter Anstrich ist als ein korrodierter zu betrachten, weil nach DIN 55900 eine meßbare Veränderung des Werkstoffs vorliegt. Ebenso kann auch eine Farbveränderung einen Schaden darstellen, der z.B. zu einem Auswechseln eines Schildes zwingen kann. Eine Unterteilung der Korrosion in schädigende und nichtschädigende Korrosion ist überflüssig. Sie betrachtet die Korrosion lediglich als Angriff auf die mecha-nischen Eigenschaften. Im Sinnen der Oberflächentechnik ist Korrosion einer Oberfläche oft, aber nicht immer, verbunden mit der Schädigung des Basiswerkstoffs, aber stets verbunden mit einer Beeinträchtigung der Gebrauchsfähigkeit oder Funktionalität der Oberfläche.

Im folgenden Abschnitt wird die Diskussion jedoch auf wichtige Erscheinungsbilder und Ursachen, die zu einer mechanischen Schädigung der Oberfläche führen, begrenzt, wobei Erscheinungen, die durch Reibbeanspruchung entstehen, in Kap. 23 behandelt werden.

21.1.1 Korrosionserscheinungen

Unter ebenmäßiger Korrosion versteht man alle Korrosionserscheinignen, bei denen die Oberfläche flächenhaft gleichmäßig angegriffen wird. Ursache ist meist Angriff durch Atmosphärilien. Werden die Korrosionsprodukte beseitigt, entsteht eine zwar aufgerauhte, aber ebene neue Metallfläche. Muldenförmige Korrosion weist nach Entfernen der Korrosionsprodukte muldenartige Vertiefungen auf, deren Durchmesser größer als die Vertiefung sind. Diese Korrosionsform ist verwandt mit der von Technikern gefürchteten Lochfraßkorrosion, bei der nadelförmige Vertiefungen in die Oberfläche eingefressen werden. Korrosion in Spalten, die sich innerhalb eines Materials befinden, wird als Spaltkorrosion bezeichnet. Werden die Spalten durch Berühren mit anderen Werkstoffen gebildet, wird die Korrosion auch Berührungskorrosion genannt. Unter Kontaktkorrosion versteht man die Korrosion, die auftritt, wenn sich zwei metallische Werkstoffe unterschiedlicher Zusammensetzung und Stellung in der Spannungsreihe berühren oder gar miteinander verschweißt wurden. Dazu sind sowohl Werkstoffe aus unterschiedlichen metallischen Elementen wie auch unterschiedliche Legierungen befähigt, wenn sie in Elektrolyte eintauchen (Bildung von Lokalelementen). Selektive Korrosion liegt vor, wenn durch den Korrosionsangriff spezielle Gefüge- oder Legierungsbestandteile angegriffen werden. Dazu zählen die Spongiose des Gußeisens, bei der gezielt Ferrit und Perlit im Gußeisen angegriffen werden, ebenso auch die Entzinkung von Messing in bestimmten Behandlungsbädern und die innerkristalline Korrosion an Korngrenzen im metallischen Gefüge. Spannungsrißkorrosion tritt auf, wenn auf dem Werkstück eine

Zugspannung lastet, wobei gleichzeitig eine Minderung der Werkstoffeigenschaften durch korrosiven Angriff erfolgt. Risse in Kunstofformteilen durch Einwirkung von Tensiden oder von Lösemitteln oder Risse in Stahlseilen durch im Stahl gelösten Wasserstoff gehören zu diesem Bild. Als Kavitation bezeichnet man Korrosionserscheinungen, die unter der Einwirkung von in Flüssigkeiten entstehenden Unterdruckblasen und dem chemischen Angriff der Flüssigkeit selbst entstehen. Man beobachtet Kavitation z.B. in Turbinenlaufrädern in Wasserkraftwerken etc.

Unter Erosion versteht man Korrosionsschäden, die durch mechanische Einwirkung von Staub oder Flüssigkeitstropfen (z.B. Regenerosion) auf schnell bewegte Flugzeugkomponenten oder auch auf die Oberfläche von dem Regen zugewandten Bauteilen (z.B. Leitplankenoberkanten) auftreten. Ursache der Kavitation und der Erosion ist zunächst die Zerstörung der Schutzschicht infolge des mechanischen Angriffs mit zusätzlicher chemischer Einwirkung auf die Oberfläche. Verfärben oder Vergilben, oft verbunden mit mechanischer Zerstörung des Matrials (Altern) wird bei organischen Produkten beobachtet. Anstriche, Lacke oder Kunststoffartikel werden durch Licht, insbesondere der energiereiche Anteil des Spektrums (UV-Licht) und Wärme, gegebenenfalls auch von Ozon und anderen Atmosphärilien, verfärbt. Daneben kommt es zu Abbau von Kunstharzmolekülen, verbunden mit einer mechanischen und optischen Schädigung des Materials.

21.1.2 Die elektrochemische Ursache der Korrosion

Als wichtigste Ursache im Bereich der Metallverarbeitung soll die elektrochemische Grundlage der Korrosion näher beleuchtet werden. Die elektrochemische Ursache, die vielen Korrosionsvorgängen zugrunde liegt, ist begründet durch eine Stromfluß, der dann auftritt, wenn sich in einem Elektrolyten ein Element mit Anode und Kathode ausbildet. Kontaktieren zwei Metalle aus verschiedenen chemischen Elementen mit einander, z.B. Eisen und Zink, so zeigt schon die Spannungsreihe der Elemente an, daß ein Potentialunterschied besteht, so daß bei Eintauchen in einen Elektrolyten sich ein Metall auflöst und das andere als Kathode geschützt bleibt. Aber auch Legierungen unterschiedlicher Zusammensetzung können in einer Spannungsreihe aufgelistet werden, so daß man erkennt, daß sich Lokalelemente, also auf kleinstem Raum befindliche Elemente, ausbilden können, in denen das anodisch geschaltete Element sich auflöst, also korrodiert. Auf diese Erscheinung sind z.B. Kontaktkorrosion, muldenförmige Korrosion, Lochfraß, aber auch Spaltkorrosion etc. zurückzuführen.

Den gleichen Effekt können aber auch Fremdströme erzeugen. Elektrische Erdleitungen, aber auch unter Umständen kathodisch geschützte unterirdische Behälter etc. geben Streuströme an die Umgebung ab, die unter ungünstigen Umständen einen anderen erdverlegten metallischen Gegenstand zur Anode werden lassen. Dann tritt anodische Auflösung, d.i. Korrosion durch Fremdströme, auf. Die physikalisch-chemischen Grundgesetze, die der elektrochemischen Reaktion zugrunde liegen, wurden im Kap. Galvanik verzeichnet.

21.1.3 Anlaufen metallischer Schichten

Anlaufen metallischer Schichten ist eine unter Einwirkung erhöhter Temperatur ablaufende Oxidationsreaktion an der Oberfläche von Metallen. Man beobachtet diese Reaktion z.B. als Verfärbung von Schweißnähten etc. Dabei reagiert der feste Reaktionspartner Metall mit dem gasförmigen Reaktionspartner O_2, wobei das Reaktionsprodukt ein Festkörper ist. Wenn nicht einer der Reaktionspartner das Reaktionsprodukt durchwandern könnte, würde die Reaktion schon nach kurzer Zeit zum Stillstand kommen. Der Transportvorgang durch das feste Reaktionsprodukt erfolgt je nach Reaktant zumeist durch Diffusion einzelner Moleküle oder Atome. Beim Anlaufen zeigt es sich [182], daß geringe Mengen des Metalls sich in der gebildeten Oxidschicht lösen, durch die Schicht hindurchdiffundieren und an der Oberfläche abreagieren. Die Dicke der Anlaufschicht x wächst daher entsprechend dem 1.Fickschen Gesetz

$$dn/dt = D*(c_0-c_x)*q/x$$

Darin sind D der Diffusionskoeffizient, q die betrachtete Fläche, c_0-c_x das Konzentrationsgefälle und dn/dt die Zahl der pro Zeiteinheit diffundieren Partikel. Die Schichtbildung erfolgt diffusionsbestimmt, d.h. die Diffusion ist der bei weitem langsamste Schritt bei der Schichtbildung. Da c_0 die Konzentration des Metalls auf der Metallseite ist, kann c_0-c_x durch c_0 ersetzt werden, wegen $c_0 >> c_x$. Da Proportionalität zwischen dem Materialstrom dn/dt und dem Schichtwachstum dx/dt besteht, kann man die Gleichung in

$$dx/dt = k/x$$

umformen, wobei die Konstante k den Diffusionskoeffizienten enthält. Integriert entsteht für das Schichtwachstum die zuerst von G. Tammann beschriebene Gleichung

$$x = (2*k*t)^{1/2}$$

ein Wurzel-Zeit-Gesetz.

Anlaufschichten erhalten ihre Farbigkeit durch Lichtinterferenzen. Die dünnen Oxidschichten lassen einen Teil des Lichts hindurch, das am Metall reflektiert wird und anschließend interferiert. Dicke Anlaufschichten allerdings erhalten ihre Farbe von der gebildeten Oxidphase.

21.2 Verschleiß

Die Wissenschaft über Vorgänge bei der Reibung wird Tribologie genannt. Wenn zwei Werkstückoberflächen sich berühren, berühren sich nicht zwei glatte Flächen, sondern zwei Rauhigkeiten. Die Mikrogeometrie einer rauhe Oberfläche wird durch folgende Kenngrößen bestimmt:

Die Rauhtiefe R_m ist der Abstand zwischen der Spitzenlienie und der Grundlinie der Rauhigkeiten innerhalb der Rauhigkeitsbezugsstrecke l (Bild 21-1).

Die mittlere Rauheit R_z ist das arithmetische Mittel der absoluten Beträge der jeweils 5 größten Profilkammhöhen und Profiltaltiefen innerhalb der Rauheitsbezugsstrecke

$$R_z = 0{,}2 * \left(\sum_{i=1}^{5} \left| y_{pm,i} \right| + \sum_{i=1}^{5} \left| y_{vm,i} \right| \right)$$

Der arithmetische Mittenrauhwert R_a ist das arithmetische Mittel der absoluten Beträge der Profilabweichungen innerhalb der Rauheitsbezugsstrecke L.

$$R_a = \frac{1}{L} * \int_{0}^{L} \left| y(x) \right| * dx$$

oder angenähert $$R_a = \frac{1}{n} * \sum_{i=0}^{n} \left| y(x_i) \right|$$

mit $x_i = i * l / n$ und n = Zahl der Intervalle, (n+1) = Anzahl der Profilpunkte

Die Profillänge L_0 ist die gestreckte Linie aller Profilkämme und Profiltäler innerhalb der Rauheitsbezugsstrecke.

Die mittlere arithmetische Profilneigung Δa charakterisiert die Profilform.

$$\Delta a = 1/n \sum \left| \Delta y / \Delta x \right|_i$$

Dieser Wert stellt damit das arithmetische Mittel der Tangenswerte der Neigungswinkel des Profils innerhalb der Rauheitsbezugsstrecke dar.

Die Summe der Schnittlängen, die innerhalb der Rauheitsbezugsstrecke im Werkstoff des Profils durch eine äquidistante Linie zur mittleren Linie gebildet wird mit dem Niveauabstand u, ist die tragende Länge L_p. Das Verhältnis von L_p zur Strecke L bildet den Profiltrageanteil t_p.

$$L_p = \sum_{i=1}^{n} b_i \qquad \text{und} \qquad t_p = \frac{L_p}{L}$$

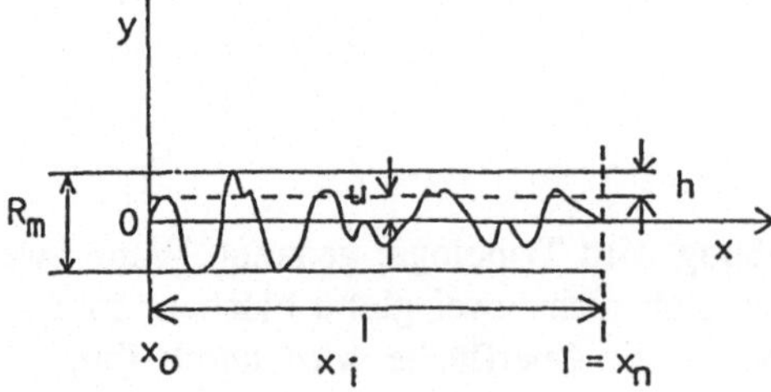

Bild 21-1: Rauheitskenndaten

Man nennt zwei Flächen, die sich unabhängig von einander berühren, ein Reibpaar. Ein Reibpaar berührt sich nicht mit seiner geometrischen Fläche A_o sondern mit einer erheblich kleineren realen Berührungsfläche A_r. Trägt man das Verhältnis A_r/A_o gegen die relative Eindringtiefe h/R_m des einen Reibpartners in die Rauhigkeit des anderen auf, so erhält man die Abbotsche Stützflächenkurve (Bild 21-2).

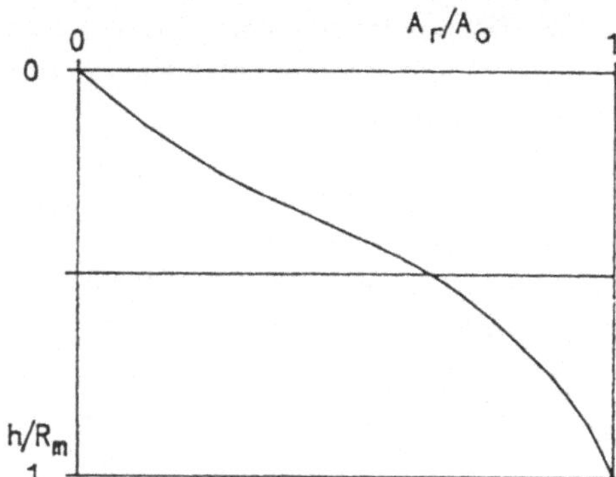

Bild 21-2: Abbotsche Stützflächenkurve

Berührt eine harte rauhe Oberfläche eine andere harte rauhe, so entstehen eine Vielzahl an Kontaktpunkten, die die Kraft einer Pressung aufnehmen. Berührt eine glatte weiche Oberfläche eine harte rauhe Oberfläche, dringen die Rauhigkeiten in die weiche Oberfläche bei einer Pressung ein (Bild 21-3 und 21-4).

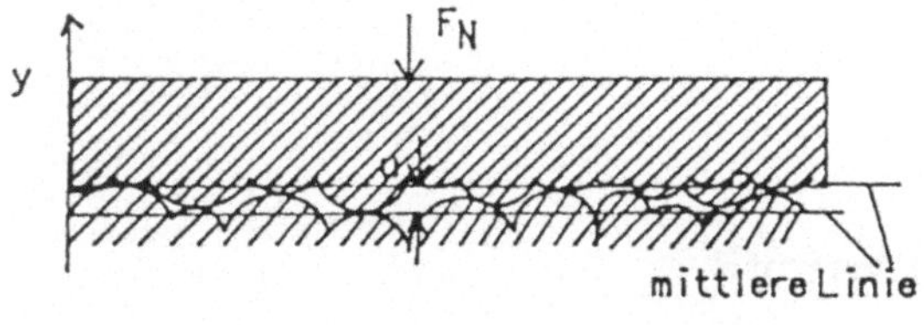

Bild 21-3 :
Modell unterschiedlicher
Oberflächenkontakte:
2 harte rauhe Reibpartner

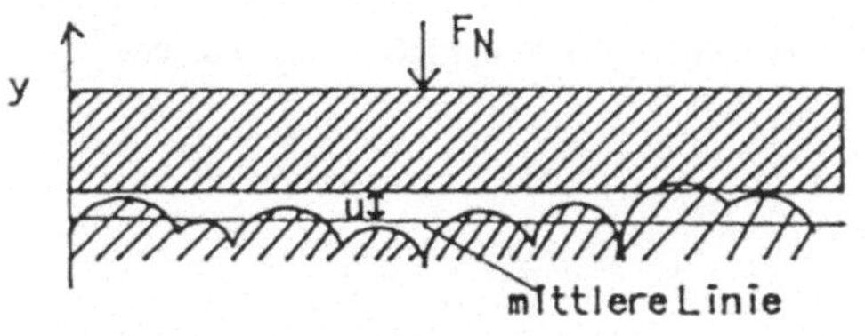

Bild 21 -4:
Modell unterschiedlicher
Oberflächenkontakte:
Harte, rauhe gegen weiche, glatte Fläche

Berührungskontakte zwischen zwei festen Kontaktstellen führen zunächst zu elastischen Deformationen, auch Hertzsche Kontakte genannt. Überschreitet die Deformation einen kritischen Wert, entsteht ein plastischer Kontakt verbunden mit plastischem Fließen. Bild 21-5 zeigt dies am Beispiel eines Reibpaares aus rauher harter Oberfläche mit weicher glatter. Die hohen Rauhigkeitsspitzen werden plastisch deformiert, die flacheren Spitzen elastisch beansprucht. Frische technische Oberflächen zeigen schon bei leichtestem Kontakt plastisches Verhalten. Durch die Reibbeanspruchung kommt es dann zur Einebnung der Oberfläche und damit zu einer Oberflächenverfestigung. Werden zwei Körper relativ zueinander bewegt und berühren sich beide dabei, spricht man von Reibung. Gleitreibung ist gekennzeichnet durch die Haftreibungszahl μ_0 und die Gleitreibungszahl μ. Die Haftreibungszahl μ_0 ist etwas größer als die Gleitreibungzahl μ. μ_0 wird berechnet aus dem Winkel α , wenn der Gegenstand auf einer schiefen Ebene gerade zu rutschen anfängt . Bei örtlich unterschiedlichen Gleitreibungszahlen μ kann es zu Stotterbewegungen, genannt "Stick-Slip-Effect", kommen, der z.B. für das Anklingen einer Geigensaite verantwortlich ist. Bohrreibung ist ein Spezialfall der Gleitreibung. Sie tritt z.B. bei Spitzenlagern in Uhrwerken aber auch z.B. beim Reibschweißen auf.

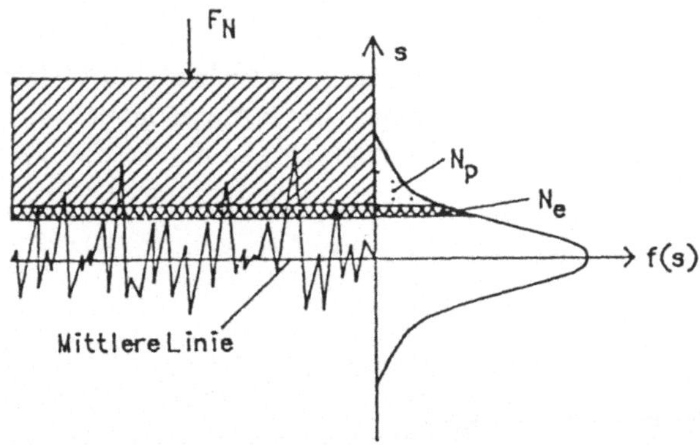

Harte, rauhe Oberfläche mit normalverteiltem Profil
gegen glatte, weiche Oberfläche .
Rechts die Verteilungsdichte f(s)
N_p bedeutet Anteil der Rauheiten, die die kritische Deformation w_K überschreiten.

N_e bedeutet Anteil der Rauheiten, die sich elastisch verhalten.

Bild 21-5: Elastische und plastische Deformation zwischen weichen, glatten und harten, rauhen Reibpartnern

Reibung bedeutet Energieverlust, der durch Schmierung vermindert werden kann (vgl. dort). Trennt ein geschlossener Schmierfilm zwei Festkörperoberflächen, liegen zwischen den Oberflächen nur schwache van der Waalssche Haftkräfte von etwa 2.10^{-7} J/mm² vor. Wird der Schmierfilm durchbrochen und berühren sich zwei Oxidfilme der Festkörperflächen, so erhöhen sich die Haftkräfte auf etwa 2.10^{-6} J/mm² durch Ausbildung kovalenter Bindungen. Wird aber die Oxidschicht ebenfalls durchbrochen, berühren sich zwei frische Metallflächen,und es entstehen metallische Bindungen mit etwa 4.10^{-6} J/mm² Haftkraft. Tritt zusätzlich plastischer Kontakt auf, erfolgt ein Verschweißen der Reibpartner, verbunden mit Materialausbrechen aus der Oberfläche. Dabei erfolgt die Abscherung dort, wo die Scherfestigkeit am kleinsten ist.

Der Verschleißvorgang ist also gekennzeichnet durch

- Bildung einer realen Kontaktfläche zwischen zwei Reibpartnern mit metallischer Berührung
- Aufreißen der Grenzschicht
- Erzeugung von Gitterbaufehlern und Versetzungen im Material
- Abscherung im Gebiet geringerer Scherfestigkeit.

Der durch Abscherung eingetretene Verschleiß kann aber auch durch Korrosion oder Materialermüdung unterstützt oder hervorgerufen werde. Man unterteilt daher den Verschleiß in folgende Verschleißarten:

I. Adhäsiver Verschleiß durch Ausbildung einer lokalen Verschweißung, wie beschrieben, z.B. bei Durchbrechen des Schmierfilms. Es erfolgt zunächst eine Zerstörung von Adsorptions- und Reaktionsschichten (z.B. Schmierfilm und Oxidfilm), Verschweißen der Reibpartner und Trennen der Reibpartner unter Herausreißen von Material. Danach wächst diese Erscheinung lawinenartig an. Beispiele sind unter Fressen und Festfressen bekannt. Als Gegenmittel können folgende Maßnahmen getroffen werden: Einsatz von geeigneten Schmierstoffen, richtige Werkstoffauswahl unter Beachtung des adhäsiven Verhaltens, gegebenenfalls Beschichten des Werkstoffs.

II. Beim abrasiven Verschleiß dringen die Rauhigkeitsspitzen des härteren Reibpartners oder lose Partikel zwischen den Reibpartnern in das Material ein und führen unter Pflugwirkung eine Mikrozerspanung durch. Es entstehen Riefen, die keine Gratbildung an den Rändern aufweisen, und Mikrospäne. Gegenmaßnahmen sind Schmierstoffeinsatz, Herabsetzen des Härteunterschiedes zwischen den Reibpartnern, Schmierstofffiltration, um den Abrieb herauszuholen.

III. Korrosiver Verschleiß entsteht dadurch, daß in tribochemischer Reaktion der Werkstückoberfläche mit Bestandteilen des Umgebungsmediums Oberflächenschichten mit verminderter Festigkeit entstehen (z.B. Triboxidation). Gegenmittel sind Schmierstoffeinsatz und Reduzierung der Einwirkung korrodierender Medien, Einsatz korrosionsfester Reibpartner und Wärmeableitung zur Verminderung der Temperatur im Reibsystem.

IV. Ermüdungsverschleiß entsteht durch wiederholte elastische und plastische Deformation der Oberflächenbereiche und dadurch bedingte Werkstoffermüdungen. Es entstehen Verschleißpartikel durch Mikrorißbildung und spröde Rißausbreitung. Diese Verschleißart kann auch bei genügendem Schmierstoffeinsatz im Gebiet der Flüssigkeitsreibung erfolgen. Charakteristisch ist, daß diese Verschleißart im Gegensatz zu anderen eine Inkubationsperiode besitzt, innerhalb der kein Verschleiß beobachtet wird. Nach einer bestimmten Laufzeit des Reibpaares (z.B. Wälzlager, Zahnradgetriebe etc) tritt Grübchen- oder Pittingbildung auf. Bis dahin unsichtbar gebliebene Versetzungsreaktionen im Werkstoff führen zu Mikrorissen.

Bild 21-6 zeigt den Aufbau einer Festkörperoberfläche in einem Reibpaar schematisch

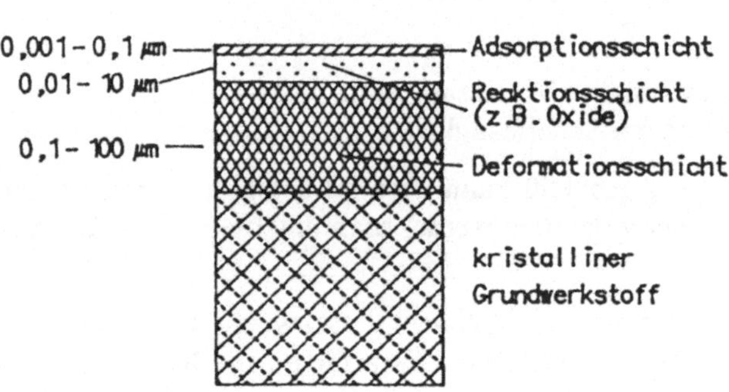

Bild 21-6: Aufbau der Festkörperoberfläche eines Reibpaares

22 Übungsaufgaben - Lösungen

Frage 2.1: Schlichtschleifen ----> Feinschleifen ----> Feinstschleifen ----> Polieren

Frage 2.2: 3 Maschinen

Frage 3.1: Glasperlen

Frage 3.2: Weil gebrauchtes Strahlkorn gegenüber neuen abgerundet ist

Frage 4.1: Emulgatoren, Inhibitoren, Konservierungsmittel

Frage 4.2: 2 - 3 μm

Frage 4.3: EP-Additive fehlen

Frage 5.1: Das Spritzregister darf erst nach Erreichen der unteren Gebrauchstemperatur des Reinigers in Betrieb genommen werden. Sonst erfolgt Schaumbildung.

Frage 5.2: 30 m, 15 m, 7,5 m wegen 3 Reinigungsstufen und 3 Abtropfzonen mit je 30 s Abtropfzeit

Frage 5.3: NaOH, Na_2SiO_3, Tenside

Frage 5.4: Schattenwurf durch falsche Aufstellung der Werkstücke
Gas- oder Dampfblasen, die den Schall absorbieren, in der Lösung als Folge zu hoher Temperaturen des Reinigungsbades

Frage 5.4: Weil bei höheren Temperaturen die Verdampfungs- und damit die Wärmeverluste zu groß werden

Frage 5.6: Es sind Fette im Einsatz, die chlorhaltig sind. Derartige Fette werden manchmal beim Ziehprozeß eingesetzt.

Frage 5.7: Hydrophobieren der Oberfläche, um die Überschleppungsmenge weiter zu verringern. Austragen des Feststoffs durch Zentrifugen (Tellerseparator, Zentrifugaldekanter)

Frage 6.1: Fußteil: Zinkphosphatierung, Rest: Eisenphosphatierung

Frage 6.2: Kopfteil: Fe-Ph ---> Fe-Ph ---> Fl-Spüle ---> Fl-Sp ---> CrO3-Versiegelung ---> Trocknung. Fußteil: Reinigung ---> Reinigung ---> Fl-Spüle ---> Fl-Spüle ---> ---> Aktivierung ---> Zn-Ph ---> Fl-Sp ---> Fl-Sp ---> CrO_3-Versiegelung ---> Trocknung

Frage 6.3: Fe-Ph und Zn/Ca-Ph

Frage 6.4: Schrank: 2 μm Zn-Ph + Lackierung; Schubladenträger: 8 μm Zn-Ph + Beölung

Frage 7.1: Gelbchromatierung wegen der relativ hohen Einbrenntemperatur

Frage 7.2: Transparentchromatierung

Frage 8.1: 15 % HCl + 0,1 % Urotropin bei Raumtemperatur oder 8 % H_2SO_4 + 0,05 % Thioharnstoff bei 75°C

Frage 8.2:   Frisch angesetzt oder mit mehr als 50 g Eisen/l beladen

Frage 8.3:   Entfetten in alkalischen Bädern, Spülen in einer Kaskadenspüle, Beizen in
               Mineralsäure, Spülen in einer Standspüle, Spülen in einer Fließspüle,
               Nachentfetten und Neutralisieren, Spülen in einer Fließspüle

Frage 9.1:   Das Spülverfahren entspricht dem nach einer sauren Beize: Standspüle mit
               anschließender Kaskadenspüle

Frage 9.2:   Kaskadenspüle, die mit vollentsalztem Wasser betrieben wird, um keine
               Ionen in die KTL einzuschleppen

Frage 11.1:   Auffangen des Oversprays auf Papierauskleidung und Entsorgung des Pa-
               piers nach Lacktrocknung oder Auffangen des Oversprays in Wasservor-
               hang und Koagulieren. Entfernen des festen Koagulats durch Ausräumen.

Frage 11.2:   Vorteile: geringe Umweltbelastung, keine thermische Nachverbrennung
               o.ä. Nachteile: schlechterer Verlauf des Lacks, erhöhter Energieaufwand
               beim Trocknen

Frage 11.3:   Die in die Kabinenwand geschnittene Öffnung muß durch eine Jalousie
               verschlossen werden, weil sonst die Strömungsgeschwindigkeit der Ab-
               saugluft vermindert wird.

Frage 11.4:   Pulverlacke. Aufheizen der Gußstücke auf mehr als die Einbrenntempera-
               tur und Pulverauftragen auf die heiße Oberfläche. Bei anderer Fahrweise
               verbleibt der Lack wegen der langen Aufheizzeit zu lange im Temperatur-
               bereich und kann verbrennen.

Frage 11.5:   Bei Eisen oder Stahl: Keine Korrosion des Werkstücks. Bei Aluminium
               dagegen   kann eine Teilzerstörung der Eloxalschicht auftreten.

Frage 11.6:   Vorteil ist die größere Variationsbreite in der Leistung der Pistole. Die Pi-
               stole ist auch für abrasive Pulver wie Emailpulver einsetzbar. Nachteil ist,
               daß der Pulverstrahl nicht mit Hilfe des Luftstrahls in das Innere von
               Höhlungen geführt werden kann, weil es sonst zu Entladungen zwischen
               Koronapistole und Werkstück kommt.

Frage 11.7:   Gitterroste und Gehänge können pyrolytisch oder chemisch gereinigt wer-
               den. Bei einer größeren Anzahl von Gitterrosten empfiehlt es sich, eine
               Reinigung mit Druckwasser vorzunehmen.

Frage 12.1:   Elektrochemische Korrosion unter der oxidischen Emailschmelze erzeugt
               Haftpunkte, die einen Druckknopfeffekt ermöglichen.

Frage 12.2:   Kratzfester, nicht aufrauhend durch normale Putzmittel, leichter zu reini-
               gen, graffitifest, temperaturstabil, lichtecht auch nach Jahrzehnten, Geruch
               und Geschmack nicht annehmend

Frage 12.3:   Im Aufheiz und insbesondere im Abkühlbereich steiler

Frage 12.4:   Emailpartikel sind dispers verteilt und tragen als Ladung ein Zeta-
               Potential. Elektrotauchlacke sind durch Ionenbildung geladene kolloiddis-
               perse Partikel.

Frage 13.1: Aluminiumwerkstoffe benötigen eine Zinkatbehandlung der Oxidhaut wegen.

Frage 13.2: Die amorph abgeschiedene Nickelschicht wird kristallin. Der Phosphor bildet Nickelphosphide, die Härte der Schicht nimmt zu.

Frage 13.3: Weil die Qualität der Überzüge mit wachsendem Gehalt an Phosphit abnimmt, bis die Druckspannung, unter der die Schicht steht, in eine Zugspannung umschlägt

Frage 14.1: Beim Start der Vernickelung liegt das Element Eisen gegen Nickel vor, nach erster Bedeckung jedoch Nickel gegen Nickel. Damit entfällt die Differenz der Normalpotentiale nach erster Vernickelung, und die Spannung sinkt.

Frage 14.2: Vorteil: Wesentlich umweltfreundlicher, weil sehr viel geringerer Chemikalienverbrauch. Nachteil: Ungleichmäßige Abscheidung an Spitzen, Kanten, in Bohrungen.

Frage 14.3: Nutzung der Abwärme des Verfahrens zum Eindampfen der Abfallösungen

Frage 14.4: Bedecken der Bäder mit Schaum, um das Versprühen von Chromsäure in den Raum zu verhindern und Randabsaugen der Bäder aus dem gleichen Grund

Frage 14.5: Beim Kontaktieren entstehen Übergangswiderstände, die den Stromfluß behindern und nur durch erhöhte Spannung überwunden werden können. Abblasen von Staub und Reduzieren des Oxidfilms mit Wasserstoff.

Frage 14.6: Alakalische Abkochentfettung, Ultraschallreinigung, Spüle, Beize, Spüle, elektrolytische Entfettung, Spüle, Dekapieren, Spüle, Vernickeln, Standspüle, Fließspüle.

Frage 14.7: 5 µm Cu entsprechen 5 cm³ Cu/m² oder mit der Dichte von 8,96 g/cm³ 44,80 g Cu/m². Das AE beträgt 1,186 g Cu/Ah bei sauer Kupfer, sodaß 44,80/1,186 Ah/m² notwendig werden. Multipliziert mit 5 V, dividiert durch 1000 ergeben sich die entsprechenden notwendigen Kwh. Multipliziert mit 0,60 DM/KWh entsteht der Endpreis aus der Formel

44,80. 5 . 0,60/1,186 . 1000 = 0,113 DM/KWh.

Ebenso berechnen sich mit einer Dichte von 8,90 g/cm³ für Nickel und dem AE = 1,095 g Ni/Ah Stromkosten von 0,243 DM/ m² für die Nickelschicht. Daraus resultieren Gesamtstromkosten von 0,37 DM/m² für die Beschichtung.

Frage 14.8: Abkochentfettung, Fließspüle, Verchromung, Fließspüle, Reduktionsbad, Fließspüle

Frage 14.9:   Lösung nach Formel 14-16: AE = 1,095 g Ni/Ah, i_k= 5 Ah/dm², $ß_k$ = 0,95, t = 60 min. Daraus resultiert eine Schichtdicke d = 0,58 µm.

Frage 15.1:   Abbrennen der Oberfläche und Reduktion der Oxidhaut mit Wasserstoff

Frage 15.2:   Es fehlt die Palisadenschicht (ζ-Phase)

Frage 15.3:   Mit dem Blei-Zink-Verfahren

Frage 16.1:   Es gibt quantitativ an, wieviel Kohlenstoff bei gegebener Temperatur und Gaszu sammensetzung zum Aufkohlen angeboten werden kann.

Frage 16.2:   Härten bedeutet Erzeugen und Einfrieren von Martensit. Carbonitrieren und Ni trieren bedeutet Erzeugen von Carbonitrid- und Nitrid-Randschichten auf der Oberfläche, die härter als das darunter liegende Material sind.

Frage 16.3:   Werkstück an den Stellen, an denen keine Nietrierung erfolgen soll, verkupfern

Frage 17.1:   Die Materialzusammensetzung der durch Auftragsschweißen aufgebrachten Schicht verändert sich gegenüber der Sollzusammensetzung, und damit verändern sich auch die Materialeigenschaften meist unerwünscht.

Frage 17.2:   Mit Schockspritzen erreicht man auch die Innenwand von Hohlkörpern. Die Verklammerung zwischen Werkstückoberfläche und Spritzgut wird durch den Druck der Aufbringung verbessert.

Frage 17.3:   Aufbringen von Haftrille durch Drehen oder Fräsen

Frage 18.1:   Extremes Reinigen durch wäßrige Reinigungsmethoden und anschließendes Niederdruck- Plasmareinigen

Frage 18.2:   Beim Sputtern werden ganze Atomgruppen (Cluster) auf die Oberfläche geschleudert, so daß die Oberfläche besser abgebildet wird.

Frage 18.3:   Das Material muß während des Bedampfens gekühlt werden.

Frage 18.4:   G = 0,44 . $(M/T)^{1/2}$. A. exp (-B/T) . Erklärung der Buchstaben im Text.

Frage 19.1:   Bildung einer Eloxalschicht, Tränken der Oberfläche mit $Fe(NH_4)(SO_4)_2$ Lösung, Abspülen, Tränken mit $K_4[Fe(CN)_6]$-Lösung, Abspülen und Versiegeln in siedendem VE-Wasser.

Frage 19.2:   Anwendung des GSX-Verfahrens (vgl. im Text)

Frage 19.3:   Dadurch, daß der elektrische Widerstand von mit AlO(OH) bedeckten Oberflächenpartien größer wird, so daß stets dort, wo diese Schicht noch dünner ist, erneut eine Schichtpartie aufwächst (vgl. Wachstumsdiagramm).

23 Literatur

[1] Horowitz, I.: Oberflächenbehandlung mittels Strahlmittel.
Band 1. Vulkan-Verlag, Essen 1982.

[2] Wuttke, W.: Tribophysik. C. Hanser Verlag, München-Wien 1987.

[3] Wagner, T.: Ermittlung von Produktionsfehlern beim galvanischen Beschichten von Kaltband. Diplom-Arbeit, OT-Labor der Märkischen Fachhochschule, Ltg. Prof. Dr.-Ing. K.-P.Müller, Iserlohn 1993.

[4] Haarst, E.F.M. van; Mulder, R.J.; Tervoort, J.L.J.: Untersuchung der Entfernung von Metallen aus Metallgluconatkomplexen in Abwässern.
Finishing Digest 3(1974), S. 237-240.

[5] Jansen, G.; Tervoort, J.: Anwendung von Gluconat in der Galvanik.
Galvanotechnik 75(1984), S.963-967.

[6] NN: Anthropogene Beeinflussung der Ozonschicht.
Dechema-Fachgespräche Umweltschutz, Frankfurt/Main 1987.

[7] Müller, K.-P.: Vorbehandlung in der Stahlblech-Emaillierung.
JOT 33(1993), 42-47.

[8] Evans, T.E.; Hart, A.C.; Skedgell, A.N.: The Nature of the Film on Coloured Stainless Steel. Inst. Metal Finishing 51(1973), S.105-112.

[9] Herzog, P. W.: Beizen von Kupfer und Kupferlegierungen (Wasserstoffperoxidbeizen als Alternative zur Gelbbrenne).
Diplomarbeit, OT-Labor der Märkischen Fachhochschule, Iserlohn 1992.

[10] Rother, H.-J.: Korrosionsschutz durch Inhibitoren. In Praxis des Korrosionsschutzes, Kontakt und Studium Werkstoffe, Band 64. erpert verlag 1981, S.250 ff.

[11] Bendig, H.; Landvatter, K.: Feinst verteilt. Maschinenmarkt 98(1992), H.36, S.28-31

[12] Busch, B.: Verarbeitung von Wasserlack. In"Umweltfreundliche Lackiersysteme für die industrielle Lackierung. Band 271, Kontakt und Studium.
expert verlag, Ehningen 1989, S.50 ff.

[13] Kreisler, R.: Das elektrostatische Lackieren von Masseteilen. Teil 1, S.28.
Benno Schilde Maschinenbau AG, Bad Hersfeld 1963.

[14] Unfall-Verhütungsvorschrift UVB 24.

[15] Eliasson, B.; Kogelschatz, U.; Esrom, H.: Neue UV-Strahler für industrielle Anwendungen. ABB Technik H.3, 1991.

[16] Schinzler, B.: Sanfte Entlackung mit TEA-CO_2-Lasern. LOT-Oriel Spectrum 51(1993), S.7.

[17] Meyer, B.D.: Pulverlacke. Band 271, Kontakt und Studium.
expert verlag, Ehningen 1989, S.146 ff.

[18] BETH-Handbuch Staubtechnik.
Maschinenfabrik BETH GmbH., Lübeck 1964, S.55.

[19] Kassatkin, A.G.: Chemische Verfahrenstechnik. Band 1, S.179.
VEB Deutscher Verlag für Grundstoffindustrie, Leipzig 1960.

[20] Gräfen, H.: Korrosionsschutz durch anorganische und organische Beschich-
      tungen. Band 64, Kontakt und Studium, S.183 ff. expert verlag, Grafenau
      1981.

[21] Email Information: Einführung in die Technologie.
      Hrsg. Deutsches Emailzentrum, Hagen.

[22] Edelmann, H.: Verformung von Blechteilen beim Emaillieren. Diplomarbeit,
      OT-Labor der Märkischen Fachhochschule, Iserlohn 1991.

[23] Hoffmann, H.: Metalloberfläche 42 (1988), S.393 ff.

[24] Vorrichtung zum Innenemaillieren von Hohlgefäßen. Austria Email EHT,
      Wien. Europ. Patent. Nr.0017648 v.27.3.80.

[25] Müller, K.-P.: Dach- und Straßenausrüstung in Email. Mitt. VDEFa
      42(1994),S.31

[26] Müller, K.-P.: Emaillierte Stahlleitplanken können verzinkte ersetzen.
      Bänder Bleche Rohre 33(1992),Nr.8, S.54 - 57.

[27] Lenz, M.; Sube, H.: Entwicklung einer Haltevorrichtung und die konstruktive
      Gestaltung emaillierter Dachplatten. Teil I und Teil II.
      Diplomarbeit, OT-Labor der Märkischen Fachhochschule, Iserlohn 1993.

[28] Schumacher, B.; Kühn, W.: Patent DE 3539047 A1(1985).
      Anwendungen. ABB Technik H. 3, 1991.

[29] Galvanisiergerechtes Konstruieren und Fertigen von Werkstücken.
      Arbeitsgemeinschaft der Deutschen Galvanotechnik, Düsseldorf.

[30] Wackernagel, K.: Techn. Ztg. für praktische
      Metallbearbeitung 60 (1966), H.8, S.507. Zitiert in [168]

[31] Grünwald, P.: Chemisch Nickelelektrolyte. Galvanotechnik 74(1983), S.1286

[32] Wiegand, H.; Heinke, G.; Schwitzgebel, K.: Eigenschaften chemischer
      Nickelniederschläge aus dem Hypophosphitbad.
      Metalloberfläche 22 (1968), S.304-311.

[33] Linka, G.; Riedel, W.: Korrosionsbeständigkeit von chemisch-reduktiv
      abgeschiedenen Nickel-Phosphor-Legierungsüberzügen als Funktion des
      Badalters. Galvanotechnik 77(1986), S.568-573.

[34] Kreye, H.; Müller, H.-H.; Petzel,T.: Aufbau und thermische Stabilität von
      chemisch abgeschiedenen Nickel-Phosphor-Schichten.
      Galvanotechnik 77(1986), S.561-567.

[35] Ellis, B.N.: Reinigen in der Elektronik. Eugen G. Leuze Verlag, Saulgau
      1989.

[36] Glasstone, S.: An Introduction to Electrochemistry. 10.Aufl.,
      D. Van Nostrand Co., Princeton, N.J., 1942,S.446-447.

[37] NN: The Engineering Properties of EN-Deposits. INCO-Publ. (1977).

[38] Vater, L.D.: Die Zink-Nickel-Abscheidung. Metalloberfläche 43(1989),
      S.201 ff. [39] Enger, H.:JOT 29(1989), H.7, S. 26 ff.

[40] NN: Plasmagestützte Verfahren der Oberflächentechnik. Arbeitskreis Plas-
      maoberflächentechnologie d. Dtsch. Gesellschaft f. Galvano- u. Oberflächen-
      technik, Düsseldorf.

[41] Glasstone, S.; Laidler, K.J.; Eyring, H.: The Theory of Rate Processes.
      McGraw-Hill Book Company, NewYork-London 1941.

[42] Thin Film Processes. Ed. J.L. Vossen, W. Kern. Academic Press, New York 1978.

[43] König, U.: Plasma-CVD-Beschichtungen von Hartmetallen. In Beschichtungen mit Hartstoffen. VDI-Verlag, Düsseldorf 1992, S. 239 ff.

[44] Schulz, S.; Seserko, P.; Kopacz, U.: Anforderungen an dekorative harte Schichten. In Beschichten mit Hartstoffen. VDI-Verlag, Düsseldorf 1992, S.51 ff.

[45] Quinto, D.T.; Wolfe, G.J.; Jindal, P.C.: High Temperature Microhardness of Hard Coatings Produced by Physical and Chemical Vapour Deposition. Thin Solid Films 153(1987), S.19-36.

[46] Rie, K.T.; Eisenberg, S.; Hoffmann, N.: Plasmanitrieren v. Titan u. Titanlegierungen. In Beschichten mit Hartstoffen. VDI-Verlag, Düsseldorf 1992, S. 163 - 175.

[47] Burkart, W.: Handbuch für das Schleifen und Polieren. 6.Aufl., Eugen G. Leuze Verlag, Stuttgart 1991.

[48] Lang, G.; Salje, E.: Moderne Schleiftechnologie und Schleifmaschinen. Vulkan Verlag, Essen 1985.

[49] Grube, G.: Schleifen mit Industrierobotern. Verlag TÜV Rheinland, Köln 1991.

[50] Horowitz, I.: Oberflächenbehandlung mittels Strahlmittel. Vulkan-Verlag, Essen   1982.

[51] Mang, T.: Die Schmierung in der Metallbearbeitung. Vogel-Buchverlag, Würzburg 1983.

[52] Müller, K.-P.: Praktische Oberflächentechnik. Friedr. Vieweg & Sohn Verlags ges. mbH., Braunschweig/Wiesbaden 1995.

[53] Stache, H.: Tensidtaschenbuch. C. Hanser Verlag, München-Wien 1981.

[54] Rausch, W.: Die Phosphatierung von Metallen. Eugen G. Leuze Verlag, Saulgau   1988.

[55] Jelinek, T.W.: Galvanisches Verzinken. Eugen G. Leuze Verlag, Saulgau 1982.

[56] Wernick, S.; Pinner, R.; Zurbrügg, E.; Weiner, R.: Die Oberflächenbehandlung von Aluminium. 2. Auflage. Eugen G. Leuze Verlag, Saulgau 1977.

[57] Dietzel, A.H.: Emaillierungen. Springer-Verlag, Berlin-Heidelberg-New York 1981

[58] Petzold, A.; Pöschmann, H.: Email und Emailliertechnik. Deutscher Verlag für Grundstoffindustrie, Leipzig-Stuttgart 1992.

[59] Riedel, W.: Funktionelle chemische Vernickelung. Eugen G. Leuze Verlag,   Saulgau 1989.

[60] Watson, S.A.: Galvanoformung mit Nickel. Eugen G. Leuze Verlag, Saulgau   1976.

[61] Strauch, A. Hrsg.: Galvanotechnisches Fachwissen. 3. Aufl., VEB Deutscher Verlag für Grundstoffindustrie, Leipzig 1990.

[62] Krusenstjern, A.V.: Edelmetallgalvanik. Eugen G. Leuze Verlag, Saulgau 1984.

[63] Brugger, R.: Die galvanische Vernickelung. Eugen G. Leuze Verlag, Saulgau
      1984.

[64] Jelinek, T.W.: Galvanisches Verzinken. Eugen G. Leuze Verlag, Saulgau
      1982.

[65] Durferrit-Handbuch. 9.Auflage. Degussa, Frankfurt/Main 1955.

[66] Mainka, J.: Härtereitechnisches Fachwissen. VEB Deutscher Verlag f. Grund-
      stoffindustrie, Leipzig 1977.

[67] Wirtz, H.; Hess, H.: Schützende Oberflächen durch Schweißen u. Metallsprit-
      zen. Deutscher Verlag für Schweißtechnik, Düsseldorf 1969.

[70] Kienel, G. Hrsg.: Vakuumbeschichtung. VDI-Verlag, Düsseldorf.
      Teil 1, 1995
      Teil 2, 1995
      Teil 3, 1994
      Teil 4, 1993
      Teil 5, 1993

[71] Frey, H.; Kienel, G Hrsg.: Dünnschichttechnologie. VDI-Verlag, Düsseldorf
      1987.

[72] Rother, B.; Vetter, J.: Plasma-Beschichtungsverfahren und Hartstoffschichten.
      Deutscher Verlag für Grundstoffindustrie, Leipzig 1992.

[73] Hübner, W.; Speiser, C.-T.: Die Praxis der anodischen Oxidation des Alumini-
      ums. 4.Aufl., Aluminium-Verlag, Düsseldorf 1988.

[74] Galvanisiergerechtes Konstruieren und Fertigen von Werkstücken. Arbeitsge-
      meinschaft der Deutschen Galvanotechnik, Düsseldorf.

[75] Emailliergerechtes Konstruieren in Stahlblech. Merkblatt 414,
      Deutsches Emailzentrum, Hagen.

Empfehlenswerte weiterführende Literatur:

Kapitel 2: Lit. [47 bis 49]
Kapitel 3: Lit. [50]
Kapitel 4: Lit. [51]
Kapitel 5: Lit. [52, 53]
Kapitel 6: Lit. [54]
Kapitel 7: Lit. [55]
Kapitel 8: Lit. [52, 56]
Kapitel 9: Lit. [52]
Kapitel 12: Lit. [52, 57, 58]
Kapitel 13: Lit. [59]
Kapitel 14: Lit.[60 bis 64]
Kapitel 15: Lit. [52]
Kapitel 16: Lit. [65, 66]
Kapitel 17: Lit. [67]
Kapitel 18: Lit. [70 bis 72]
Kapitel 19: Lit6. [56, 73]
Kapitel 20: Lit. [74, 75]

24 Sachwortverzeichnis